建筑钢结构设计疑难问题
解析与工程案例

The Analysis of Problems in Steel Structure Design and
the Engineering Projects

隋庆海　刘国银　阳小泉　著

中国建筑工业出版社

前　言

作为结构工程师，我是幸运的，参加了深圳宝安国际机场 A、B 楼改扩建，郑州新郑国际机场 T1 航站楼改扩建，大庆机场航站楼、南阳机场航站楼、郑州新郑国际机场 T2 航站楼及 GTC 等交通类建筑设计；参加了深圳大运中心体育馆、西安奥体中心体育馆和游泳跳水馆等体育建筑设计；参加了香港中文大学（深圳）校区一期工程，中山大学（深圳）校区 I 标段等教育建筑设计；还有幸参加了深圳北站汇隆商务中心、深圳前海信息枢纽高层建筑设计等。这些工程都跟钢结构有关，是很多人梦寐以求的好工程；我本人因此也有幸成为了中国钢协和广东省钢协的专家、广东省超限审查委员会的一员，还获得了辽宁省工程设计大师、中国建筑大师称号。

在完成上述工程和参加这些组织的活动中，尤其是在参加超限高层建筑审查时，一些好的结构让我心潮澎湃。有人说结构设计是辛苦的，甚至是痛苦的，也许是因为有了这些幸运的光顾，做结构设计对我来说一点都不会感到痛苦。相反，我愿意与大家分享我的心得、我的快乐。

我国现阶段的钢产量很大，发展钢结构建筑与我国建筑装配式产业政策十分契合，于是我常有一种冲动，想把自己知道、遇到的东西整理一下，分享给大家。希望以一个老工程师的实际工作体验与同行交流，哪怕对别人有一点点启发也好，有时又觉得自己似乎有点不知天高地厚，最终在窦南华老总的鼓励下，写了这本书，但愿不会误导别人。

本书介绍了我们完成的部分工程，这类工程较少，希望对同行的工作能有所参考和借鉴；理论水平不高，深度不深，希望能够让人看起来轻松、感觉着浅显、容易理解。本书第 1 章介绍了钢结构建筑的现状与发展前景，提出了对设计概念的理解；第 2 章介绍了建筑钢结构设计常见的疑难问题，重点关注了连接设计的连接系数、板件的宽厚比等级等问题；第 3 章讲述大空间钢屋盖结构设计的若干问题与工程案例，重点关注了一些特殊荷载、大空间屋盖钢结构与下部混凝土结构的单元协调等问题和五个工程案例；第 4 章讲述多高层钢结构设计的若干问题与工程案例，关注的重点包括有侧移和无侧移、节点设计等疑难问题和三个工程案例；第 5 章简述了大跨度组合楼盖结构设计的若干问题与工程案例，这是近些年经常遇到的一种新情况，重点关注组合楼盖设计及舒适度等问题和一个工程实例；第 6 章是柱脚设计的若干问题，从铰接、刚接、半刚接角度，介绍了其在有地下室、无地下室等情况下的应用；第 7 章介绍几个科研成果，谈一点体会，因介绍的工程均是已竣工的工程，荷载、荷载组合等未按新规范调整，参考时应注意。

　　本书写作过程中，吴一红总工程师对写作提出了很多指导性意见，王艺霖、王艳军、赵雪峰及陈锦涛对书中内容进行了校审，提出了修改意见。华南理工大学建筑学博士詹峤圣对本书很感兴趣，阅读了草稿，提出了一些修改建议，增强了本书的可读性。建筑师看了，知道结构也可以创造美，建筑与结构设计应该找到契合点，形成共振；从结构工程师的角度，明白了钢结构设计与混凝土结构设计的差别，知道钢结构的稳定设计和节点设计要给予更多重视。整体能做钢结构，局部也可做钢结构；从甲方的角度，钢结构在造价上可能略贵一点，但与装配式混凝土建筑比，差价又没那么大；选择钢结构体系，除了经济效益，还要考虑社会效益、环境效益以及施工便利性，一个好的设计，建筑空间可以做得更好，实际得房率更高；从施工人员的角度，知道施工方法不同对结构构件最终受力的影响也不同，施工方法与设计简图一致是相当重要的。从在校学生的角度，可以明白设计没有唯一解，只有可接受解。对设计人员而言，多积累些生活经验和生活常识，设计就会更加人性化，更加贴近生活，以建安成本为导向，精心设计、精心生产、精心施工、精心装修、精心维护，打造出高质量、高品质、高性能的钢结构产品，让人民群众住得放心，住得满意，希望未来的钢结构设计越来越普遍，越来越清晰，越来越方便，产品质量越来越好，倘若如此，也算是为满足人们对美好生活的向往做了一点贡献。由于钢结构设计难点浩如烟海，加之水平有限，所写内容不当之处望同仁斧正。

本书编写中，除了参编人员，还得到了很多同事、同行的指导与帮助，深圳大运中心方案 GMP、汇隆商务中心方案墨菲杨、深圳自然博物馆方案 B+H、香港中文大学行政楼方案嘉柏等为结构工程师提供了施展才华的平台，在此一并表示感谢。

中国建筑东北设计研究院有限公司

隋庆海

目　录

第 6 章 柱脚设计的若干问题

第 7 章 科研成果简介

第 1 章

钢结构建筑的现状与
发展前景

"观人以明己，鉴往知未来"。本章在介绍国内外建筑钢结构应用情况和钢结构建筑特点的基础上，对目前钢结构的设计现状进行了梳理，介绍了建筑钢结构应用与发展前景。

1.1 我国钢结构建筑的发展现状

改革开放以来，随着我国经济建设的高速发展，我国钢铁产业投资和产量也在逐年增加。2019 年，中国钢铁产量位居全球第一，为 9.96 亿 t，占全球钢铁产量的 53.31%，同比增长 7.33%，成为钢铁生产大国，如图 1-1-1 所示。然而，我国的钢结构建筑用钢量却明显低于发达国家。钢材在建筑中主要用于建筑钢结构、钢筋混凝土用钢筋、钢绞线、钢丝门窗等。我国的建筑用钢总量占全部钢产量的 20% ~ 25%，其中钢结构建筑用钢量约占 8%。钢结构建筑在欧美市场已有了几十年的历史，并以其自身的优势得到了普遍应用。钢结构建筑占比可达 30% 以上，美国和日本甚至已超过 50%，60% 以上的高档住宅也都采用了钢结构。通过对比，可以说我国钢结构建筑大发展的基础坚实，空间广阔。

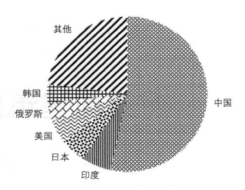

图 1-1-1　2019 年全球钢铁产量地区分布情况

目前，我国的钢结构主要使用在超高层建筑、复杂的高层建筑、公共建筑等中，以大型公共建筑为主，钢结构住宅的应用还比较少。从事相关业务尤其是从事钢结构设计的人员相对较少。钢结构住宅用量偏少的原因，一是受结构体系限制，钢结构住宅用钢量偏高，建造成本比混凝土结构略高；二是与住宅钢结构配套的预制外墙种类和规格少，其成本占比较高；三是与混凝土结构相比钢结构构件需要进行防腐和防火保护，人们对防火材料效果和保护年限等存在担心，对钢结构住宅的认识不足。因此，钢结构住宅推广任重道远。

近年来，随着经济的发展、技术的进步，质量品质逐渐成为消费者关注的重点。由于钢结构建筑有得房率高、方便改造等突出优点，钢结构建筑的市场需求在逐步提升，其在建筑结构中的使用比例将会有较大的提升空间。

2010 上海世博会吸引了国内外人士的眼球，在这个占地 5.28km^2 的园区内场馆使用钢结构的建筑比例高达 80%，已经昭示着钢结构建筑将迎来新的发展时代。十几年来，很多人实现了从不了解钢结构到逐步认识钢结构的飞跃。

1.2 钢结构建筑的特点

1.2.1 节能绿色环保

随着国家经济实力和科技水平快速提升以及低碳理念日益深入人心，绿色节能环保的建筑材料和建造方式越来越被提倡。与混凝土结构相比，采用钢结构能够大大减少建筑对砂、石、水泥的使用量，以及对不可再生资源的消耗；钢构件的加工制作在工厂内完成，现场安装简单快速，产生的噪声和粉尘较少，对周边环境的污染影响程度较低；施工现场基本采用干式施工工艺，有利于节省水资源；当达到建筑使用期限时，建筑拆除产生的固体垃圾较少，且钢材可 100% 回收循环利用等，是重要的战略资源储备方式，符合绿色环保建筑理念，钢结构建筑未来可期。

1.2.2 抗震性能好

钢材强度高，相同规模情况下钢结构的自重更轻，地震瞬间，接收到的地震能量更小；钢结构有很好的延性，变形能力强、韧性好，钢材出现塑性变形时仍有较好的抗力；各杆件瞬间变形容易自行协调，消耗地震能量，能承受地震瞬间反复作用，一般不会出现结构的脆性破坏，结构的可靠性高等。因此，钢结构是抗震性能好的结构，地震时能够更好地保护人民的生命财产。

1.2.3 施工速度快、符合装配式建筑特点

钢结构中各构件或部件之间采用焊缝、螺栓或铆钉连接，现场安装连接简单，可实现准确快速的装配施工。钢结构楼盖搭配楼承板使用，无需支模工作，从而提高施工效率，一般建筑 2~3d 即可完成一层的施工，相比钢筋混凝土结构建筑可节

省一半的工期。因此，钢结构装配施工利于缩短工期，加快建设资金周转利用，获得较好的经济效益。有共享中庭等高大空间的建筑采用钢结构，可免去钢筋混凝土结构需高大支模的风险，提高易建性，节约施工成本，工程实例如深圳汇隆商务中心，见 4.6.2 节。

　　钢结构也是装配式建筑发展最合适的结构形式之一，是建筑工业化的重要形式和发展方向。钢结构构件制造的工业化程度较高，从生产到实施均符合装配式建筑要求。近几年，国家大力推广装配式建筑，尤其是钢结构建筑的应用，原因就是钢结构构件可实现工业化生产，现场仅需少量的专业技术工人并辅以机械化设备即可完成安装。

1.2.4 需防腐、防火保护

　　钢结构常暴露于建筑空间内，在空气中的水分、氧气等介质作用下会发生锈蚀，影响耐久性。设计中应对钢结构工作环境进行分析，并采取合适的防护措施。

　　钢结构耐火性差。钢材在环境温度升高时承载力会降低，影响结构安全。因此，对有接触火源的部位，需进行防火设计，采取必要的防护措施。一般常采用防火涂料保护。由于防火涂料具有粘结力普遍偏低、吸湿性强、易开裂脱落的特性，应确保所选防火涂料与工作环境相匹配。此外，防腐蚀涂层、防火涂层都有一定的使用年限（一般 15 年），在建筑使用年限内需进行 2~3 次的维修保养。

1.2.5 钢结构建筑单位面积自重较轻

　　钢结构强度高，构件截面小，因此，钢结构建筑的单位面积重量较轻，特别适合大跨、大空间和超高层结构。我国第一批具有现代意义的网壳是 20 世纪五六十年代建造的，比较有影响的工程如首都体育馆等，但数量不多。到 20 世纪八九十年代，随着国家经济实力的增强和社会发展需要，大跨厂房、候机大厅、会展中心、剧院、体育场馆等大型工业、公共建筑不断涌现，空间钢结构得到了突飞猛进的发展，各种跨度的网架开始遍及各地。近些年，随着城市化的发展，城市建设用地紧张，超高层建筑大量出现。钢结构因其强度高、构件截面尺寸小、施工方便等优点，被广泛应用于超高层建筑。

1.2.6 钢结构能够创造建筑美

　　钢构件经常暴露在人们的视野之中，通过调整构件截面形状和截面大小、节点造型和节点构成比例等可以创造出特别的建筑美。建筑师一般都希望暴露在人们视野中的钢构件越细越好，钢构件纤细又与其稳定承载力直接相关，稳定和节点设计是钢结构设计的重要内容，钢结构的精心设计很重要。另外，钢结构在连体建筑等复杂建筑上很好用，能给人们带来强烈的视觉冲击，具体实例可见 4.6.3 节。

1.2.7 具有特别的复杂造型适应能力

1998 年建造的广东南海观音大佛，底座为四层混凝土框架，佛身结构高度46m，底层平面轮廓 29m×29m，最小的颈部 3m×3m，采用螺栓球网架，结构得以完美呈现，如图 1-2-1 所示。鄂尔多斯体育馆造型同样比较别致，采用单层网壳 +加劲桁架（1.0m 高平面桁架）实现了这一别致造型，如图 1-2-2 所示。

图 1-2-1　南海观音大佛照片和结构示意图

深圳市南山区春花人行天桥位于深南大道与南山大道交汇处，与深圳湾体育中心"春茧"遥相呼应。外形酷似盛开的迎春花，故起名叫春花天桥，桥面最宽处接近14m。根据天桥造型要求，罩棚立面与屋盖部分需圆滑过渡，如图 1-2-3 所示。该工程除基础采用了人工挖孔桩以外，其余部位全部采用钢结构。桥体部分结构为钢框架，桥面为楼承板 + 现浇混凝土板，顶盖结构形式为单层斜交钢网格结构。由于立面及屋

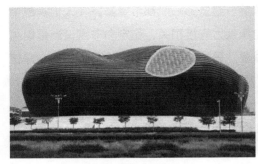

图 1-2-2　鄂尔多斯体育馆造型与结构

图 1-2-3　深圳春花天桥照片

盖部分钢构件呈斜向布置，导致钢构件在立面与屋面交界处为弯扭构件，结构建模、加工图深化以及后期的加工难度均较大。采用钢结构实现都非常困难，其他结构就不可想象了。该工程之所以能够成功建成，得益于我国钢结构加工单位加工制作水平的提高。当前国内已经有一批钢结构企业基本达到只要图纸画得出来，就能按设计图纸建造出来的加工制作水平。该工程构件弯、折、扭过渡圆滑顺畅，没有额外的装修、装饰，建筑效果得到了建筑师的认可。

1.2.8 可减小施工风险

近些年，建筑设计特别流行在连体建筑、高层建筑立面外挑一个体块等做法，如图 1-2-4（a）所示，这种体块位置很高，采用混凝土结构时，施工通常需要在体块的正下方设置一个临时的施工平台。由于施工时无法在外挑体块的下方设置胎架和普通支撑模架，需要按图 1-2-4（b）设置施工平台，该平台的安装与拆除均属于危大工程范围，安全风险较高，需进行危大工程施工安全专项评审。若此部位设计时局部采用钢结构，便可直接用塔式起重机安装，会省去不少麻烦。

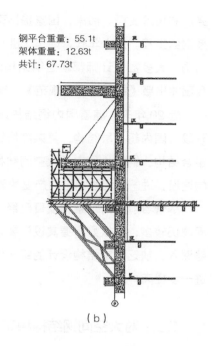

图 1-2-4　某工程立面悬挑部分施工方法
（a）三维结构图；（b）高空悬挑模架做法

　　另外，近年来，在建筑高度不断刷新的同时，基坑的深度也在不断突破，地下室的层数由一、二层增加到四、五层，地下室深度 20m 已很常见，更深的可达到 40 多米。超深地下室尤其是城市密集区等复杂环境下的超深地下室，施工工期越长，安全风险及成本越大。加快结构出地面的速度，可减小深基坑风险。深圳市城市公共安全技术研究院基于高阶响应面模型，以深圳市公安局第三代指挥中心为例，对工程风险控制进行研究发现：当地下室基坑深度超过 10.2m 或地下室面积超过 5783m² 或材料和交通组织占地面积超过 500m² 或不利气象天数超过 90d 或工期超过 421d 时，地下室结构采用钢-混凝土组合结构较采用钢筋混凝土结构，能加快地下室结构出地面的速度，有效降低施工风险。我院对地下室采用钢-混凝土结构进行了研究，进行设计理论探讨，提出了应用方法。

1.3 钢结构设计存在的问题与思考

1.3.1 钢结构设计标准制定起步晚、底子薄

　　中华人民共和国成立初期，我国钢产量很低，钢结构工程的建设需要依托苏联的

经济和技术支援。后来，国家提出取缔肥梁、胖柱、深基础，才涌现出一批冷弯薄壁型钢的工程。那个年代，除了工业厂房、桥梁等重大项目之外，民用建筑很少采用钢结构，大多数设计师都缺乏钢结构设计经验，钢结构设计水平不高。直到1974年，我国才出版《钢结构设计规范》，钢结构设计有了设计依据。

近20年来，随着国内钢结构设计水平的不断提高，钢结构产业已进入良性发展阶段。国内超高层结构、复杂高层结构、大跨度空间钢结构、轻钢结构、钢－混凝土组合结构、钢结构住宅及大空间结构的幕墙等钢结构项目越来越多，这些钢结构项目的建设，进一步促进钢结构产业的繁荣。

尽管当前国内钢结构项目已经不少，但与混凝土结构相比，钢结构设计中的疑难问题仍较多，能很好掌握其设计要领的设计人员还相对较少，对关键技术的研究还不够深入，缺乏对钢结构设计的综合研究和必要的经验总结，作品完成度和质量还有待进一步提高。

1.3.2 对大空间钢结构稳定理解不深、与建筑师协同不够

1.3.2.1 幕墙结构支撑方面

图1-3-1是两个类似工程的对比图。对于幕墙来说，该部位的工作状况有点类似。作为抗风柱，一个采用了桁架柱，一个采用了空腹桁架。这两个工程都使用了多年。

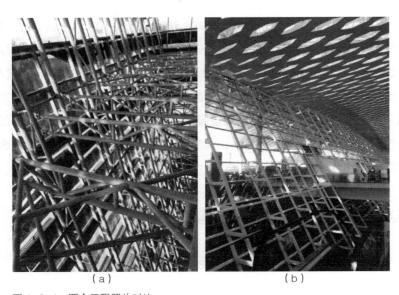

（a）　　　　　　　　　　　　（b）

图1-3-1　两个工程照片对比
（a）某办公高楼的跃层空间；（b）某建筑入口处的跃层空间

两个工程从力学概念上来说都清晰，但从实际空间效果来看，不要说建筑师，大多数人肯定是喜欢图 1-3-1（b）所示结构的。对比两个设计，图 1-3-1（a）设计存在两个问题：一是过高估计幕墙立柱的稳定需求，采取了很强的结构稳定措施；二是可能想减小幕墙柱的支撑跨度。

1.3.2.2 水平承重体系方面

　　大空间钢结构屋面，钢结构面积很大，建筑往往通过吊顶进行装饰，造价高，施工工序多，属高空作业，施工过程中的安全风险较大。因此，20 世纪 90 年代末出现了很多不做吊顶的大空间结构。此时，外露钢结构如何处理对建筑效果有直接的影响。图 1-3-2 显示了三个早期建设年代接近的工程，是应用四叉支撑 + 空间曲线三角形桁架完成钢屋盖设计的工程案例。受人们结构稳定性认知不同的影响，屋面钢结构有的设置了横向桁架，有的则没有设横向桁架。对比可见，不同的结构处理手法所带来的建筑空间效果有很大不同。二十多年来，经历了数次台风，这些结构都没有出现问题，说明不设横向桁架也是稳定的。

图 1-3-2　三个应用空间曲面三角形桁架的工程照片

1.3.3 对节点设计重视不到位、造型缺乏对艺术的追求

日常工作中，重杆件分析，轻节点设计问题，甚至出现节点设计由厂家深化的情况并不少见。空间结构有其特殊性，难免有些钢结构构件需要暴露在人们的视野当中。当这些构件暴露在人们的视野内时，其节点形式对建筑效果的影响不可忽视。图1-3-3给出的是某工程的局部照片，图1-3-3（a）是建筑的中间部位边柱构成照片，建筑艺术性难以理解，结构逻辑不清。图1-3-3（b）是角柱的处理手法，给人的感觉是靠外侧的斜杆升不上去了，直接被切断，两杆相交处还夹了一块钢板，钢板的轮廓也没有和整个节点进行处理。总之，该工程立柱与屋面结构处理得不够连贯，比例也不尽合理，显得生硬，缺乏建筑美。图1-3-4给出了两个不同工程V形支撑下部节点的照片，一个采用了十字焊接板，一个采用了半圆形带肋铸钢节点，显然艺术效果有很大不同。

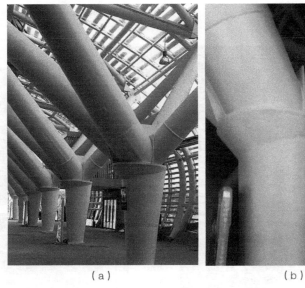 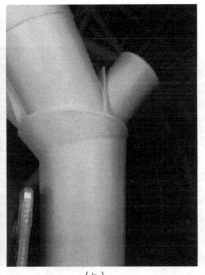

（a）   （b）

图1-3-3　某工程局部照片

（a）边柱照片；（b）角柱照片

图1-3-5给出的是两个工程采用的索夹照片，图1-3-5（a）是笔者设计郑州新郑国际机场T1航站楼时，简单参照了以前的做法，施工完成后，感觉视觉效果很不理想。后来在设计深圳大运中心热身馆时，便考虑如何改造，自己设计了如图1-3-5（b）所示的一种索夹，索夹由两个半圆环加两个端头环组成，半圆环和端头环水平缝错位

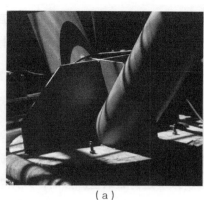

（a）　　　　　　　　　　　　　　　　　（b）

图 1-3-4　V 形支撑下部节点的照片

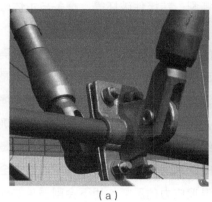
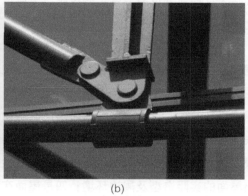

（a）　　　　　　　　　　　　　　　　　（b）

图 1-3-5　两个工程的索夹照片

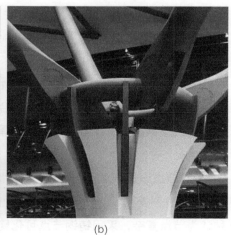

（a）　　　　　　　　　　　　　　　　　（b）

图 1-3-6　四叉支撑下节点

后用小螺栓连接起来。该节点同前一个相比，作用相同但在视觉上美观了不少。

图 1-3-6 是当今工程中经常见到的四叉支撑底部节点的构造。图 1-3-6（a）结

构在柱顶做一个半球，四个撑杆直接焊在半球上，构造虽简单，但毫无艺术性可言。图1-3-6（b）做了相对复杂一点的处理，但建筑艺术效果十分明显。不但造型上讲究，颜色上也形成了强烈对比。

1.3.4 对围护结构认识和了解不足、专业分工不清晰

大空间屋面经常采用金属屋面，风荷载取值、节点构造设计等依据不足，设计时经常需要根据工程做一些风洞试验及数值模拟分析来确定荷载取值。然而，风掀事件还时有发生，是设计问题还是施工问题，比较复杂，需从设计与施工两方面寻找原因。从实际风灾损坏部位看，有角码拔脱、金属板撕裂、转接件破坏等，檩条与主体破坏的比较少。

金属屋面被风掀，一是因为这些破坏部位的精确计算还比较困难，多数情况需要依据试验结果。既然理论计算有难度，那么屋面的构造设计就显得更加重要；二是因为在常规设计中，主体结构由结构专业设计，设计规范全面、清晰，而屋面结构属建筑围护设计范畴，屋面构造需要依靠厂家协助，连接构造难以将各部位的细部准确全面表达出来，示意性图纸偏多，完成的图纸由结构审核，把控程度不好保证；三是风荷载取值需要风洞试验数据做指导，风洞试验时，风洞试验缩尺后不一定能够完全模拟出屋面的实际造型及周边环境；四是屋面在温度应力的反复作用下会削弱某些部位连接的构造与强度，形成薄弱环节，所以，屋面的连接构造尚需考虑温度释放问题。

1.3.5 对材性、焊接等了解不多，设计定位不准

设计工作除了结构布置、节点构造、计算分析外，材料的选择、指标的控制同样是结构设计的工作内容之一，是结构设计合理性的重要组成部分。由于对钢结构的有关环节缺乏足够认识，设计时常会遇到选择上的困惑，工程中经常会出现不恰当地提高标准等情况。

（1）对节点设计不加区分地一律采用"全焊接"或"全铸钢"；关于焊接节点与铸钢节点，一种声音认为铸钢节点易出现热裂纹，影响结构安全，不如焊接节点好；另一种认为节点复杂，采用铸钢节点可化繁为简，节点整体性好。其实，两种节点各有优缺点，过于复杂的节点如果采用焊接节点，节点的拘束度很高，焊接应力很高，应当进行预热和后处理进行改善。复杂的铸钢节点也要进行浇筑工艺设计，通过热工模拟和调质处理等措施改善节点性能。

（2）对于焊缝等级动辄选用一级，甚至认为无缝管一定好于焊接管等都反映了人们对钢结构设计在认识上的欠缺。

（3）钢材质量等级笼统取 C 或 D 级；钢材的质量等级反映了钢材的冷弯和冲击韧性，也与钢材的强度等级有关，很多情况下选 B 或 C 即可。

（4）不了解焊接残余应力分布规律的情况下笼统要求消除残余应力。

（5）对钢结构的支座情况不做区分，简单地使用成品支座等。

总之，这些简单的处理，并不一定都会带来工程安全储备的提高，但会增加施工难度，增加工程造价，不利于钢结构的推广。

1.3.6 对施工方法及其对结构受力的影响了解不够

多高层结构力线相对简单、直接，施工方法也相对简单；空间结构相对复杂（见本书第 3.2.12 节），施工方法也较多，有高空散装法、分条分块吊装法、单元或整体提升（顶升）法、整体吊装法、滑移法、折叠展开式整体提升法、高空悬拼安装法等。不同的施工方法意味着结构的形成过程、形成的次序不同，因施工过程不同代入结构内的应力水平也不同，需要通过施工模拟进行受力分析。

1.4 做好设计工作应有的素养

以上列举了一些类似工程因设计手法不同而产生不同设计效果的案例，让人觉得设计怎么会有那么大的差异，为什么会这样？

笔者在设计院从事结构设计工作三十余年，应该说是一个老工程师了，然而追问自己，什么是设计？设计究竟涵盖了哪些工作内容？似乎不能一言以蔽之。设计是什么这个问题内涵很宽泛，甚至不同的设计师会给出完全不同的答案。所以这里谈谈笔者对设计的理解。

设计是一种把设想通过合理的规划、周密的计划，通过各种形式表达出来的过程。可将设计的含义阐释为：形式与内容的关系。其中内容就是点子、想法或者说是创意，而形式就是方法与手段。设计要有创意，又要有设计的精致性，精致了才能体现出工匠精神。

任何一个方案最终是要实施的，设计不但要技术合理，也要易建性好。易建性不好，施工成本会增加，有时也会造成很大的成本差异。设计成果表面看似完成的一堆图纸，实际是一个团队学问、经验、阅历和智慧的结晶，甚至能够反映出一个人的职业道德和人生价值观，是责任与担当的体现，是一种隐形的存在，被认可需要一个过程。

笔者所在单位与国外设计师有不少合作。通过若干工程的合作，发现高水平的结构工程师有一个很好的工作习惯。他们拿到建筑方案后，先研究建筑的设计逻辑和边界条件，然后厘清结构的设计逻辑，追求的是建筑逻辑与结构逻辑的合理性，工作目标是找出建筑与结构间的最大公约数，甚至还能给建筑提出好的调整方向，求得最佳结构方案，尽可能做到建筑与结构的共赢，比较有代表性的工程是深圳大运中心项目的设计，见本书第3.5.1节。该工程由德国SBP做结构设计顾问。

现代建筑是人类科学技术和文化艺术相结合的复杂综合体，这一属性决定了设计必然是一个系统性的工作，不但要考虑自身设计合理，还要考虑对相关专业的影响，乃至施工的便捷性，更需要有一定的施工知识储备。不应该简单地认为，空间与流程管理是建筑师的事，结构设计师也应该有一定的空间与流程管理的系统性能力，也要加强美学修养，审视结构美，并应全方位与建筑师互动，在追求结构方案合理的同时，关注结构造型的美观性，努力做到结构重量轻、构件传力合理、结构布置简洁、后期施工方便。

1.5 钢结构建筑的应用与发展前景

1.5.1 政策层面

2013~2020年6月，中央政府层面出台了有关钢结构行业的相关政策多达十余项。与此同时，山东省、浙江省、青海省、江西省、四川省、河南省以及湖南省等也相继出台了相关政策。2020年，住房和城乡建设部标准定额司组织编制了《装配式住宅设计选型标准》《装配式混凝土结构住宅主要构件尺寸指南》和《住宅装配化装修主要部品部件尺寸指南》。同年，《钢结构住宅主要构件尺寸指南》发布，提出构建"1+3"标准化设计和生产体系，引导生产企业与设计单位、施工单位就构件和部品部件的常用尺寸进行协调统一，发挥标准化引领作用，提高装配式建筑设计、生产、施工效率，进一步推动全产业链协同发展。同时，以装配式建筑为载体，协同推进智能建造与新型建筑工业化，促进建筑产业转型升级和高质量发展。装配式建筑发展将进一步提高。此外，《2030年前碳达峰行动方案》还提出加快推进新型工业化建筑，大力发展装配式建筑，推广钢结构住宅，实现了由过去限制用钢发展到现在鼓励用钢。因此，钢结构建筑发展的政策前景广阔，具有良好的政策基础。

住房和城乡建设部标准定额司《关于2020年度全国装配式建筑发展情况的通报》显示：2020年，全国31个省、自治区、直辖市和新疆生产建设兵团新开工装配式建筑共计 6.3 亿 m², 较 2019 年增长 50%, 占新建建筑面积的比例约为 20.5%, 从结构形式看, 新开工装配式混凝土结构建筑 4.3 亿 m², 较 2019 年增长 59.3%, 占新开工装配式建筑的比例为 68.3%; 装配式钢结构建筑 1.9 亿 m², 较 2019 年增长 46%, 占新开工装配式建筑的比例为 30.2%。其中, 新开工装配式钢结构住宅 1206 万 m², 较 2019 年增长 33%。

近几年, 深圳地区学校资源极其紧张, 作为应急工程, 装配式钢结构集成模块建筑得到快速推广使用, 完成了多所装配式学校。同时, 深圳地区的建筑工地普遍使用了装配式钢结构集成模块建筑, 工地的临时办公环境得到了极大提升, 未来这方面的应用范围还将会进一步拓宽。

此外, 装配式钢结构集成模块建筑在全国抗击新型冠状病毒肺炎工作中, 为新型冠状病毒肺炎疫情防控发挥了重要作用。

总之, 我国建筑业正处于转型期, 处在向着绿色建筑、智能建造以及建筑产业现代化发展转型的全面提升过程中。钢结构具有资源可回收利用、更加生态环保、施工周期短、抗震性能好等众多优势, 符合新形势下绿色建筑、智能建造的产业现代化提速要求。借着国家大力推广装配式钢结构建筑政策的东风, 钢结构建筑必将迎来新的发展契机及更广阔的市场空间。

1.5.2 技术层面

钢结构体系所具有的自重轻、强度高、施工快等优点, 与混凝土结构相比, 具有"高、大、轻"三个方面发展的独特优势。随着国家经济建设的快速发展, 钢结构行业发展势头迅猛, 高强钢被广泛推广使用, 钢结构建筑具备了大发展的基础条件。

1.5.2.1 建筑钢材品种十分丰富

钢材的发展是钢结构发展的关键因素, 目前国内成品钢材品种齐全、标准化程度高, 在品种、供货量以及质量上都得到快速发展。高强钢、耐候钢、热轧型钢、冷弯薄壁型钢以及各种成品钢板的生产加工能力提升较快, 超高强钢的应用技术也在不断成熟, 为钢结构的发展提供了支撑。

1.5.2.2 技术成熟

近几年, 各种设计标准、检测标准、施工及验收规范陆续颁布, 各种图集、手册相继出版上市, 设计参考与设计依据已相当完善。

1.5.2.3 设计、生产、施工的专业化

近 20 多年，专业钢结构设计人员的素质在实践中得到提高，一批有特色有实力的专业研究所、设计院开发出设计辅助软件，利用计算机技术来实现各种复杂建筑的受力分析，得以完成诸多大跨度、超高等钢结构建筑。

钢结构加工制造出现一批龙头企业，年产量达 10 万 ~20 万 t 规模的就有 10 多家，其在计算机设计、数字控制、自动化加工、机器人焊接等方面处于领先水平，已经具备与国际同行进行同台竞争的实力。

1.5.3 市场需求

1.5.3.1 大跨度、超高建筑的大量出现

随着人民生活水平的提高，对建筑物的要求也变得多样化，各种造型的大跨度空间建筑、超高建筑、地标性的建筑逐渐成为社会发展的主流。诸如深圳平安中心、上海中心等超高建筑，港珠澳跨海大桥、北京大兴机场、鸟巢等大跨度建筑，从钢结构设计到制作、安装都具备国际领先水平，并总结形成了自己的一套专利技术，使我国的钢结构建筑水平得到很大发展。

1.5.3.2 钢结构住宅建筑

目前钢结构住宅的发展尚处于起步阶段，与过去钢结构建筑的主流应用领域——大型市政工程项目和复杂公共建筑结构相比，钢结构住宅结构形式相对简单，但在建筑本身的功能和品质属性要求上则显得更加重要。

多年来，钢结构住宅一直在研发创新和实践探索中前行，各种类型钢结构住宅技术体系的工程项目在各地纷纷建成，杭萧钢构的薄壁 C 型钢板剪力墙已经在住宅项目中实施，并制定了自己的企业标准。钢结构住宅发展缺位的短板也在逐步弥补，相关产业链企业转型升级的能力和水平有所提升。随着国家政策层面的大力支持、与之配套的钢结构住宅新材料研究以及钢结构住宅建造技术的日臻完善，装配式钢结构住宅将有很大的发展空间。发展钢结构住宅，不论是城市的高层住宅还是农村的低层住宅，一定要扬长避短，体现出新时代新产品更新换代的优势，并从全寿命周期的角度来引导社会认识钢结构住宅的特点，使钢结构真正成为建筑工业化的发展方向。

1.5.3.3 智能建造契机

智能建造可提高建筑建造效率，提高质量，降低成本。从现今劳动力供给情况来看，

30 岁乃至 40 岁以下的人，宁愿当快递小哥也不愿意当建筑工人，而工地上的建筑工人大多年近半百。这也是国家大力推动装配式建筑和智能建造的初衷，像造汽车一样造房子，减少现场湿作业，减少劳动力需求。但是，智能建造目前尚缺让人耳目一新的东西，大多数不过是把施工现场延伸到了工厂。与混凝土装配式相比，钢结构更适合于智能建造。或者说，智能建造为钢结构的发展提供了又一动力。

1.5.3.4 附属结构的特殊需求

随着人们对建筑空间和建筑品质要求的不断提高，观光电梯、采光天棚、高大空间幕墙等应用量不断增多，这些为建筑增色的附属结构，尤其是讲究造型的附属结构，都离不开钢结构，图 1-5-1 给出的是一个观光梯和一个采光天棚的结构图，这些地方不仅能看到结构体系，也能看到结构的美，这是钢结构在一些特殊领域、特殊结构上独有的特长。

图 1-5-1　两个附属钢结构照片

1.5.4 成本因素发生了变化

装配式钢结构与装配式混凝土结构相比有一个最大的区别，混凝土结构构件施工需要先制作模板，模板的重复使用率影响构件的成本。推广混凝土结构装配式希望建筑推行标准化，这个要求与建筑追求个性化有一定的矛盾，所以最好的办法是局部标准化。钢结构则完全不同，钢结构构件本来就是一件一件地加工出来的，也不需要固定的模板，对标准化依赖性不强，能够适应建筑追求个性化的需求。同时与混凝土装配式建筑的造价差也小于其与普通混凝土结构的差价，应用的成本阻力进一步减小。

1.5.5 人们对建筑品质的需求在提高

绿色建筑的定义可以很好地诠释高品质建筑——在全寿命期内，在节约资源、保护环境、减少污染的前提下，能够为人们提供健康、适用、高效的使用空间，最大限度地实现人与自然和谐共生的高质量建筑。高品质建筑的具体感受包括：室内空间布局合理、室内功能动线设置顺畅、设施设备齐全、材料经久耐用、气密水密性高、保温隔声好、有良好的自然光照和自然通风等。钢结构建筑抗震性能好、得房率高、能创造出大空间、通透空间等，使用灵活，便于改造，建筑材料回收利用率高，具有混凝土建筑不可比拟的高品质特点，有利于实现人们对美好生活的向往。

总之，随着经济建设的蓬勃发展，超高建筑、桥梁、大跨空间结构等建筑会越来越多，应用钢结构的机会越来越多，钢结构大发展的时机十分成熟，发展条件完备，发展前景广阔。

第 2 章

建筑钢结构设计常见的
疑难问题

钢结构设计面临着材料等级、类别、控制指标等的确定；结构体系、连接方式及连接构造等的抉择；钢结构防护措施的确定以及施工安装方案等问题的警示等，涉及的内容很多，本章主要结合设计工作中经常遇到又有些困惑的问题做一般性探讨。

2.1 钢材选择方面

2.1.1 钢材的质量等级确定

钢材质量等级划分的主要依据是冲击韧性（夏比 V 型缺口试验），对冷弯试验的要求也有所区别。不同质量等级的钢材对应着不同温度的冲击值，标志着冲击韧性的不同。

钢材质量等级的选择需要考虑几方面因素，分别是钢构件的工作温度、工作性质以及钢材的厚度、连接方式等。其中，工作温度是第一因素。

2.1.1.1 工作温度因素

《钢结构设计标准》GB 50017—2017 第 4.3.3、4.3.4 条将构件的工作温度（T）分成三档，第一档是 $T>0℃$，是钢结构应用最广泛的温度范围；第二档是 $-20℃<T≤0℃$；第三档是 $-40℃<T≤-20℃$，第三档温度是钢结构应用比较小众的温度范围。

工作温度确定原则如下：1）在室外工作的构件，取最低日平均气温；2）在室内工作的构件，供暖房间的工作温度可视为 0℃ 以上，非供暖房间可按《工业建筑供暖通风与空气调节设计规范》GB 50019—2015 最低日气温增加 5℃ 采用。《钢结构设计标准》GB 50017—2017 第 17.1.6 条从钢结构工作温度的角度对钢材的质量等级做了详细的划分，将钢材的质量等级分为 A、B、C、D 四级，也给出了不同档温度条件下钢材质量等级的选用原则，工作温度越低，钢材的质量等级越高。

2.1.1.2 工作性质因素

钢构件工作性质主要考虑的是荷载的性质，即钢构件所承担的荷载是动力荷载还是静力荷载。静力荷载对钢材质量的要求最低，B 级即可，而动力荷载还要区分是否考虑疲劳和抗震等。疲劳有高周与低周之分。高周疲劳是指作用于零件、构件的应力水平较低，破坏循环次数一般高于 $×10^4$ 的疲劳，弹簧、传动轴等的疲劳属此类，建筑结构中直接受这类荷载作用的较少；低周疲劳是指作用于零件、构件的应力水平较高，破坏循环次数一般低于 $×10^3～×10^4$ 的疲劳，如压力容器、燃气轮机零件等的疲劳。疲劳计算有两个重要因素，一个是次数，另一个是应力幅。《钢结构设计标准》第 16.1.1 条给出高周疲劳设计的循环次数为大于等于 5×10^4 次。建筑结构设计中需要考虑的疲劳验算是低周疲劳，和主要设备振动引起的疲劳。

地震有它的不确定性，有可能会出现高于抗震设防的地震，循环次数不是很高，但高应力可能存在，因此，《高层民用建筑钢结构技术规程》JGJ 99—2015 第 4.1.2 条第 4 款规定，承重构件所用钢材的质量不宜低于 B 级；抗震等级为二级及以上的高层民用建筑钢结构，其框架梁、柱和抗侧力支撑等主要构件钢材的质量等级不宜低于 C 级。其条文说明解释为地震具有强烈的交变作用特点，会引起结构构件的高应变低周疲劳。

由于承担水平地震作用的只是框架梁、柱和抗侧力支撑，选用材料时应注意，需要满足这条要求。一般的次梁不直接承受动荷载时不需要提高材料的质量等级，不需要考虑地震作用的影响。

2.1.1.3 钢材厚度因素

钢材的韧性除与钢结构的工作温度有关外，也与钢材厚度有关。《钢结构设计标准》GB 50017—2017 第 4.3.4 条针对低温条件下钢材厚度做出了详细的规定。从钢材厚度和环境温度的角度对钢材质量提出了要求。对于工作温度不高于 −20℃的受拉构件及承重构件的受拉板材应符合下列规定：

1）所用钢材厚度或直径不宜大于 40mm，质量等级不宜低于 C 级；2）当钢材厚度或直径不小于 40mm 时，其质量等级不宜低于 D 级。

工作温度高于 0℃时，可取 B 级。

2.1.2 钢材的 Z 向性能确定

Z 向钢是在某一级结构钢（母级钢）的基础上，经过特殊冶炼、处理的钢材。Z向钢在厚度方向有较好的延展性和良好的抗层状撕裂能力。Z 向钢板的标记是在母级钢牌号的后面加 Z 向钢板等级标记，比如 Z15、Z25、Z35 等，这里的数字分别表示沿厚度方向的断面收缩率分别大于或等于 15%、25%、35%。

1）《钢结构设计标准》GB 50017–2017 第 4.3.5 条规定，在 T 形、十字形和角形焊接的连接节点中，当其板件厚度不小于 40mm 且沿板厚方向有较高撕裂拉力作用，包括较高约束拉应力作用时，该部位板件钢材宜具有厚度方向抗撕裂性能即 Z 向性能的合格保证，其沿板厚方向断面收缩率不小于按现行国家标准《厚度方向性能钢板》GB/T 5313 规定的 Z15 级允许限值。条文说明中指出，当焊接熔融面平行于材料表面时，层状撕裂较易发生，因此 T 形、十字形、角形焊接连接节点宜满足下列要求：当翼缘板厚度大于或等于 40mm 且连接焊缝熔透高度大于或等于 25mm 或连接角焊缝单面高度大于 35mm 时，设计宜采用对厚度方向性能有要求的抗层状撕裂钢板，其 Z 向承载性能等级不宜低于 Z15；当翼缘板厚度大于或等于 40mm 且连接焊缝熔透高度大于 40mm 或连接角焊缝单面高度大于 60mm 时，Z 向承载性能等级宜为 Z25。

2）《高层民用建筑钢结构技术规程》JGJ 99—2015 第 4.1.5 条规定，焊接节点区 T 形或十字形焊接接头中的钢板，当板厚不小于 40mm 且沿板厚方向承受较大拉力作用（含较高焊接约束拉应力作用）时，该部分钢板应具有厚度方向抗撕裂性能（Z 向性能）的合格保证。其沿板厚方向的断面收缩率不应小于现行国家标准《厚度方向性能钢板》GB/T 5313 规定的 Z15 级允许限值。

3）纵观各本规范的相关规定可以看出，要求 Z 向性能的前提：一是有沿厚度方向的拉力，二是较高的约束应力。通常情况下，是否有沿厚度方向的拉力比较好判断，是否有较高的约束应力比较抽象。避免层状撕裂，不仅仅是看钢板厚度一项指标来要求 Z 向性能，钢板厚度方向承载性能等级确定还应根据节点形式、板厚、熔深或焊缝尺寸、焊接时节点拘束度以及预热、后热情况等综合确定。国家建筑标准设计图集《钢结构设计标准》图示 20G108-3 中给出了具体的操作依据，见表 2-1-1。

十字形连接和 L 形连接板材 Z 向性能选用表　　　　　　　　表 2-1-1

焊缝类型	Z 向性能等级	含硫量
	不宜低于 Z15	宜≤ 0.01%
	宜为 Z25	宜≤ 0.007%
	—	宜≤ 0.01%

注：十字形连接、L 形连接 Z 向性能要求均参照本表。

梁柱连接节点，焊接熔融面平行于柱翼缘表面，垂直于梁翼缘表面，故厚钢板柱翼缘应有 Z 向性能要求，厚钢板梁翼缘则要根据焊缝高度情况提出适应的 Z 向性能要求。对于桁架，弦杆会受到腹杆的拉力（包括焊接时产生的面外拉力），而腹杆基本不会产生面外拉力。只要焊接过程中焊接工艺合理，使用过程中不会进一步叠加不利因素，腹杆一般不必要求满足 Z 向性能。

2.1.3 圆形钢管的选用

钢管的生产工艺有很多种，按钢管最终状态可分为无缝钢管和焊管。无缝钢管包括热轧（扩）、冷轧、冷拔以及其他一些少见的如冷挤等。焊管是由钢板卷曲焊接而成，直径小的一般采用直缝焊，直径大的一般采用螺旋焊。由于焊管有焊缝存在，焊缝缺陷、残余应力等易使焊缝处沿轴向的力学性能相对较差，故其适用范围受到限制，但其价格便宜。直缝管多用于轴向受力，螺旋管多用于环向受力。从直观感觉，有时人们会习惯地认为无缝钢管比焊管好，于是有的设计特别强调应采购无缝钢管，其实不一定。

《结构用无缝钢管》GB/T 8162—2018 第 4.4.2 条给出了热轧（扩）钢管壁厚的允许偏差，见表 2-1-2。表中 D 代表公称外径，S 代表公称壁厚，从表中数据可以看出：钢管的壁厚允许负公差有时可能达到 15%。这个负公差一旦再叠加上外径负公差，则钢管的截面面积负差值可能超过 15%，这个值还是不小的。从结构安全的角度，无法说使用无缝钢管更安全更可靠。因此，图纸中不必刻意强调采用无缝钢管。

无缝钢管允许公差表（mm）　　　　　　　　表 2-1-2

钢管种类	钢管公称外径 D	S/D	允许偏差
热轧钢管	≤ 102	—	±12.5%S 或 ±0.4，取其中较大值
	≤ 102	≤ 0.05	±15%S 或 ±0.4，取其中较大值
		>0.05~0.10	±12.5%S 或 ±0.4，取其中较大值
		>0.10	+12.5%S −10%S
热扩钢管	—	—	±15%S

2.1.4 钢结构构件的截面形式选择

钢结构设计常用的构件截面形式有 H（工）形、圆形、矩形、槽形（C 形）、L 形、

T形及在此基础上的组合截面，如十字形、菱形、多边形等也十分常见。上述截面，除组合截面外，可以是型钢，也可以根据需要在加工厂用钢板焊接而成，选择面很宽。十字形截面钢材在钢骨柱中应用较多；用双角钢做上下弦的桁架中，采用十字形截面型钢做腹杆也比较好用。构件截面形式选择时主要考虑的因素有：

1）环境因素：在盐雾环境中（如港口环境、游泳馆环境等），从防腐角度考虑，应尽量采用闭口截面，少用开口截面。闭口截面构件的外表面积小，可减少腐蚀介质接触的面积，有利于防腐，更有利于减少腐蚀介质在构件表面驻留的时间。

2）受力的性质：以轴力为主的构件，应选双向回转半径均较大的截面，避免因考虑稳定因素而降低材料最终承载能力的发挥。最好用的截面有圆管、方管以及十字形截面；单向受弯构件最好选择H型钢；双向受弯构件则选用矩形截面为好。

3）结构类型：空间曲面结构，杆件对接时的偏差控制比较困难，圆管可有效避免构件对接时的错口问题，应当成为首选；H形、矩形柱不够理想，矩形柱甚至更差，应慎用。图2-1-1为矩形柱现场对接错口照片，错口处理起来比较麻烦，直柱尚且如此，空间构型的结构则更难。

图2-1-1　矩形柱现场对接错口照片

4）供货因素：钢结构的工作环境不好时，可以选用耐候钢、耐火钢、超高强钢等特殊钢种，但应注意，这些特殊钢种市场货源有限，采购便利性需有所考虑。

5）其他因素：扎制工字钢和槽钢，一般不宜首选加厚型截面，即脚标为b、c的型号。对于受力较大的钢梁，成品H型钢难以满足受力要求，通常需要加工厂自己加工。

因为钢结构的受剪承载力很容易得到满足，所以选择焊接 H 型钢时腹板厚度不应过厚，应根据局部稳定来确定。选用型材时，宜尽量选用厚度稍薄（强度取值高）的规格，设计常用的钢板厚度见表 2-1-3。

设计常用的钢板厚度　　　　　　　表 2-1-3

钢板类型	钢板厚度（mm）	备注
热轧钢板	6，8，10，12，14，16，18，20，25，30，35，40，50，60，70，80，90，100	用于焊接构件
花纹钢板	–8～–2.5	用于马道、室内地沟盖板等

2.2 钢结构设计指标控制方面问题

2.2.1 钢结构位移角控制及其与混凝土结构在控制上的异同

《高层民用建筑钢结构技术规程》JGJ 99—2015 第 3.5.2 条规定钢结构层间位移角不宜大于 1/250；而《高层建筑混凝土结构技术规程》JGJ 3—2010 第 3.7.3 条规定高度不大于 150m 的建筑，混凝土框架为 1/550，框 – 剪结构为 1/800，剪力墙结构为 1/1000，还规定高度不小于 250m 的高层建筑，层间位移角不宜大于 1/500，高度在 150 ~ 250m 的高层建筑，层间位移角限值可线性插值。同样是高层建筑，为什么限制值可以不同？

建筑结构控制层间位移角的目的大致有以下几方面：

1）避免强震时非结构构件如内隔墙等因结构过大的变形而破坏。《高层民用建筑钢结构技术规程》JGJ 99—2015 第 3.1.5 条规定，填充墙、隔墙等非结构构件宜采用轻质板材，应与主体结构可靠连接。房屋高度不低于 150m 高层民用建筑外墙宜采用建筑幕墙。反过来讲，采用了这种轻质板材墙体，结构的层间可以适当放大。而混凝土结构则没有这样的规定，填充墙往往为砌体墙，其对变形的适应能力较差，故层间位移角要从严控制。

2）避免在较大风作用下建筑物产生令人不舒服的低频振动。

3）避免强震时结构过大的侧向变形加剧 P–Δ 效应，影响结构的极限承载力。

4）避免结构过大的变形影响电梯等设备的正常运行。

5）避免结构自身开裂。钢结构为不开裂结构，混凝土为开裂结构，故混凝土结构控制要更严一些。《建筑抗震设计规范》（2016 年版）GB 50011—2010 第 5.5.1

条的条文说明指出，本规范的规定与层间位移相配套，一般可取弹性刚度。当计算的变形较大时，宜适当考虑构件开裂时的刚度退化，如取 0.85EI。即，混凝土结构层间位移角取大时，需考虑混凝土开裂的影响。钢结构为不开裂结构则不需要考虑刚度折减。

综上，钢结构层间位移角限值不同于混凝土结构主要有两个原因：一个是混凝土结构需考虑刚度折减，钢结构不需要考虑刚度折减；二是钢结构的填充墙、隔墙等非结构构件采用的轻质板材等，适应变形能力强，混凝土采用的砌体结构适应能力差。由此，当钢结构也采用砌体填充墙时，层间位移角控制宜从严。

2.2.2 钢结构刚重比控制与混凝土结构的差异

刚重比是结构重力二阶效应及稳定控制的重要指标。表 2-2-1 给出了高层建筑混凝土结构和高层民用建筑钢结构刚重比计算的公式对比，二者的公式形式相同，系数不同。

高层混凝土结构与钢结构刚重比对比　　　　　　　　　表 2-2-1

高层混凝土结构		高层钢结构	
框架结构	$D_i \geqslant 10\sum\limits_{j=i}^{n} G_j / h_i$	框架结构	$D_i \geqslant 5\sum\limits_{j=i}^{n} G_j / h_i$
框剪结构	$EJ_d \geqslant 1.4H^2\sum\limits_{i=1}^{n} G_i$	框架 – 支撑结构	$EJ_d \geqslant 0.7H^2\sum\limits_{i=1}^{n} G_i$
重力 $P\text{–}\Delta$ 效应控制值	20%	重力 $P\text{–}\Delta$ 效应控制值	20%

注：D_i—第 i 楼层的抗侧刚度或等效侧向刚度；G_j—第 j 楼层重力荷载设计值；h_i—第 i 楼层层高；EJ_d—结构一个主轴方向的弹性等效刚度；H—房屋高度；G_i—第 i 层楼层重力荷载设计值。

《高层建筑混凝土结构技术规程》JGJ 3—2010 第 5.4.3 条的条文说明指出：本规程第 3.7.3 条规定的结构位移值是按弹性方法计算的位移，不考虑结构刚度的折减。计算重力 $P\text{–}\Delta$ 效应的结构构件内力可采用未考虑重力二阶效应的内力乘以内力增大系数，内力增大系数计算时要考虑结构刚度的折减，为简化计算，折减系数近似取 0.5。钢结构刚度不需要折减，所以造成两种结构计算公式内系数的不同。

2.2.3 钢梁的挠度控制与混凝土结构的差异

《混凝土结构设计规范》（2015 年版）GB 50010—2010 第 3.4.3 条规定，常见的混凝土受弯构件挠度限值为 1/250。《钢结构设计标准》GB 50017—2017 附录 B 规定，楼盖梁的挠度限值为主梁 1/400，次梁 1/250。二者对梁控制挠度的规定有所不同。

曾经有两个工程，钢结构工程的楼盖结构在混凝土楼板浇筑完成后，发现钢框架梁的变形偏大，实测不满足 1/400，但没超过 1/250。开会研究时，设计院指出设计是按组合梁计算的，认为变形不满足 1/400 是施工单位施工时未在钢梁下方设临时支撑，导致钢梁变形增大造成的。采用钢结构的最大优势是施工楼板时不用另设支撑。如果钢结构施工时，还要在钢梁下做支撑，钢结构的优势便打了一个折扣。当然，是否按组合梁施工，钢梁的应力有所不同，分别称为自重组合梁和非自重组合梁，这是另外一个问题，至于钢 – 混凝土组合梁挠度如何取，规范并没有规定。

非自重组合梁施工与混凝土施工最大的不同在于钢结构先安装钢框架梁、次梁，然后施工混凝土楼板。现浇混凝土楼板的混凝土固结前没有任何强度，次梁和未凝结混凝土完全以荷载的形式作用在钢结构梁上。当楼板混凝土硬化后才能形成楼板刚度，此时钢主梁的变形已经存在。后期使用荷载再施加上去之后，钢梁和混凝土楼板才共同工作，继续产生后期变形。混凝土梁则不同，施工时需支模板，混凝土强度满足要求后方可拆除模板，混凝土梁和板同时形成刚度，混凝土的挠度限值包含了楼板刚度贡献的变形值，与自重组合梁相同。对钢梁与混凝土结构的不同做如下解释：

1）如果楼板施工完后，使用阶段钢框架梁挠度满足 1/250，可以认为满足正常使用状态。钢梁的 1/400 可理解为按纯钢梁计算并考虑了钢次梁和混凝土楼板浇筑过程的影响，1/250 是组合梁形成后的控制值，这样混凝土结构与钢结构的控制标准其实是统一的。

2）钢次梁与主梁相比还有一点不同，主梁上砌墙的概率远大于次梁，且钢结构次梁间距需满足承担楼承板的能力，一般在 3.0~3.8m，负荷面较小，次梁放松取 1/250 也可以理解。

3）混凝土梁需要考虑刚度折减，钢梁则不需要考虑。因此，读取软件计算的挠度值时应注意区分。实际设计工作中，很多人将整体模型中混凝土梁的竖向挠度乘以 2 后再判断是否满足规范要求，钢梁则不需要。

4）支承次梁的梁按主梁控制，不支承次梁的梁即便是框架梁也可参照次梁控制或略严于次梁。

5）换个说法，钢 – 混凝土组合梁的挠度可以两阶段控制，两阶段的限值分别为 1/400 和 1/250。当第一阶段计算不满足要求时，施工时可加临时支撑，并复核考虑支撑后是否满足规范要求。

6）挠度限值实际上反映的是构件的抗弯刚度，挠度控制过严势必增加用钢量，挠度不满足要求时可以通过部分起拱来满足规范要求。起拱后梁的最大挠度可取恒荷载与活荷载标准值作用下挠度减去起拱的值。

7）混凝土梁起拱很方便，钢梁起拱很麻烦，所以钢梁的计算挠度适当严一点避免起拱也可以理解。

8）《空间网格结构技术规程》JGJ 7—2010 第 3.5.1 条规定，空间结构在恒荷载与活荷载标准值作用下的最大挠度不宜超过表 2-2-2 的数值。

空间网格结构挠度限值　　　　　　　　　　表 2-2-2

结构体系	屋盖结构（短向跨度）	楼盖结构（短向跨度）	悬挑结构（悬挑跨度）
网架	1/250	1/300	1/125
单层网壳	1/400	—	1/200
双层网壳 立体桁架	1/250	—	1/125

表 2-2-2 中单层网壳刚度较差，挠度限值取 1/400，单层网壳从严是为了保证结构有足够的面外刚度。网架的限值则比钢梁低，取 1/250。一个是网架的面外刚度往往较大，面外稳定性能较好；第二个原因是这种网架一般用于金属屋面，屋面自重较轻，其作用产生的挠度变形较小。当网架用于楼盖结构，需要在其上弦面浇筑混凝土楼板时，混凝土楼板的自重较大，引起的网架竖向变形较大，对于该情况建议取挠度 1/300。

2.2.4 钢结构的起拱问题与混凝土结构的差异

混凝土结构施工一般都有起拱要求，《混凝土结构工程施工规范》GB 50666—2011 第 4.4.6 条，超过 4m 的构件必须按照设计要求起拱；当设计无要求时按梁跨总长度的 1/1000~3/1000 起拱，也就是说梁中部的模板要比梁端部的高出 1/1000~3/1000 的高度，比如梁是 8m 的，那么梁中部标高要比梁端部的标高高出 8~24mm。施工过程中，混凝土梁起拱是为了防止梁在浇筑过程中模板下垂过大（挠度过大），使梁在未凝结混凝土作用下能达到水平的作用。执行时应注意本条规定的起拱高度不包括设计起拱值，而只考虑模板本身在梁荷载作用下的下垂，对钢模板可取偏小值，对木模板可取偏大值。因此，一般起拱有两类，一类是考虑施工过程中模板下沉变形的影响而采取的补偿起拱，一类是设计为减小梁的挠度而采取的反拱措施，但二者均可通过现场支模来完成。

《钢结构设计标准》GB 50017—2017 第 3.4.3 条：横向受力构件可预先起拱，起拱大小应视实际需要而定，可取恒荷载标准值加 1/2 活荷载标准值所产生的挠度值。当仅为改善外观条件时，构件挠度应取在恒荷载和活荷载标准值作用下的挠度计算值减去起拱值。因此，很多设计文件中都会像混凝土结构设计那样给出对钢梁起拱要求。钢结构不同于混凝土结构，已经制作完成的钢梁运到工地难以进行起拱作业，如果需要起拱则只能在工厂加工制作时完成。加工可采取三种办法：一是冷弯，但钢结构的特点是弹性很好，需要超值预弯，使其产生部分塑性变形，否则撤出外力，钢梁会恢复原形；二是热弯；三是腹板下料时直接按起拱要求下料，这种操作无法使用已焊接成型或直接用采购来的轧制型钢做原材料，故钢梁起拱还是比较麻烦的。另外，钢结构施工时不需要支模，不存在模板变形问题，钢梁在混凝土楼板施工过程中产生的变形应由钢梁自身解决。结合前文阐述，笔者的观点如下：钢梁挠度限值可以认为已经考虑了施工阶段钢梁自身引起的变形。考虑 12m 以内的钢梁一定是整根运到现场，故 12m 以内的钢梁不必要求钢梁起拱。钢梁大于 12m 的空间结构，一般要分段运到现场，要求起拱无非是拼接时将各段梁折一下而已，容易实现，所以大跨度钢梁和空间可以要求起拱。当然，钢骨梁就没必要了，因为钢骨梁的外围还有钢筋和混凝土，施工时基本等同于混凝土结构，需要起拱可将混凝土部分起拱，钢骨不必起拱。

国内已建成的网架，有的起拱，有的不起拱。起拱会给网架的安装增加麻烦，故一般网架可以不起拱。如果需要起拱，最好在设计模型中就将对应的坐标值进行相应的调整，这样初始建模的模型与安装完成后的模型是有所差别的，这个用于安装的坐标模型可以叫作安装位型，这种空间结构不必要求施工现场再进行起拱操作。当网架或立体桁架跨度较大时，可考虑起拱，起拱值可取小于或等于网架短向跨度（立体桁架跨度）的 1/300。

2.2.5 钢结构的抗震等级与混凝土结构的差异

《建筑抗震设计规范》（2016 年版）GB 50011—2010 和《高层建筑混凝土结构技术规程》JGJ 3—2010 给出了各种混凝土结构的抗震等级规定，其抗震等级除与设防烈度有关外，还与结构类型、结构高度，甚至还与跨度、局部不规则等有关。对于多高层钢结构，《建筑抗震设计规范》（2016 年版）GB 50011—2010 第 8.1.3 条及《建筑与市政工程抗震通用规范》GB 55002—2021 第 5.3.1 条给出的钢结构抗震等级除与设防烈度有关外，只与结构高度有关，以 50m 为界，高于 50m 抗震等级提高一级，见表 2-2-3。通过对比还可以发现，同样高度的结构，钢结构的抗震等级要求低于混凝土结构。抗震等级不同，与抗震等级有关的放大系数也不同，导致同一地区的同一工程，因分别采用了钢结构和混凝土结构而出现了不同的中震地震作用水平。对此解析如下：

丙类钢结构房屋的抗震等级　　　表 2-2-3

房屋高度	烈度			
	6 度	7 度	8 度	9 度
≤ 50m	一	四	三	二
> 50m	四	三	二	一

1）目前，我国抗震设计采用的是"三水准的设防目标"和为实现这一目标采取的"两阶段设计步骤"。"三水准、两阶段"的设防原则并不是以设防烈度的地震作用进行计算，地震还存在很大的不确定性。《建筑抗震设计规范》（2016 年版）GB 50011—2010 明确提出的三个水准抗震设防要求如下：

第一水准：当遭受低于本地区设防烈度的多遇地震影响时，建筑物一般不受损害或不需修理仍可继续使用。

第二水准：当遭受相当于本地区设防烈度的地震影响时，建筑物可能损坏，但经一般修理即可恢复正常使用。

第三水准：当遭受高于本地区设防烈度的罕遇地震影响时，建筑不致倒塌或发生危及生命安全的严重破坏。

两阶段设计方法：

第一阶段设计：采用第一水准烈度——小震的地震动参数，小震计算出结构在弹性状态下的地震作用效应，与风、重力等荷载效应组合，计算出结构的弹性层间位移角，使其不超过规定的限值，并引入了包括与抗震等级有关的一系列抗震调整系数进行构件截面设计，完成第一水准的强度设计。通过采用相应的结构抗震措施，保证结构具有相应的延性、变形能力和塑性耗能能力，满足第二水准的承载力和变形要求。即中震的地震作用效应是通过一系列的抗震措施变相完成了相应的设计。

第二阶段设计：采用第三水准烈度的罕遇地震动参数，计算出结构的弹塑性层间位移角，使其满足规定的要求并采取必要的抗震构造措施，满足第三水准的防倒塌要求。规范的这一要求是对常见的规则结构而言的。当结构不规则到一定程度时，仅控制弹塑性层间位移角是不够的，还需通过性能化设计做进一步的论证。

2）实际的震害表明，建筑物遭遇的地震水平有时可能远远高于设计水平。保证在地震作用下结构具有合理的破坏模式比保证绝对可靠的承载能力更为合理。所以，规范中基于抗震概念的设计原则和相应的规定，大部分是考虑到地震具有不确定性这一前提提出的。如果所有的内力需求都能精准算出，那么众多的参数限值规定、构造措施都可以简化甚至取消了。

3）这里有一个十分重要的概念，抗震设计强调的是破坏时结构要有很好的延性。中震时，规范允许结构出现少量的破坏，已经不是完整的弹性体了，需要用延性来保证。

4）钢材的延性很好，可以满足延性要求，对强度的要求自然可以低一点，反之强度要高一些。当强度足够高，根本不存在破坏的时候，对延性的要求也就不大。钢结构的抗震等级相对于混凝土结构可以低一些，并不意味着钢结构在中震、大震时的抗震能力低。规范对大跨钢屋面结构无抗震等级规定，但有抗震构造措施要求，可能也是出于这样的考虑。

2.2.6 钢结构框架柱计算长度与混凝土结构的差异

《混凝土结构设计规范》（2015 年版）GB 50010—2010 第 6.2.20 条规定，钢筋混凝土框架结构各层柱的计算长度：底层柱取 1.0H，其余各层取 1.25H（H 为底层柱从基础顶到一层楼盖顶面的高度，其余各层柱为上下层楼盖顶面之间的高度）。《钢结构设计标准》GB 50017—2017 第 8.3.1 条规定：框架柱的计算长度系数 μ 应按该标准附录 E.0.2 确定。

无支撑框架，也可以按式（2-2-1）简化计算：

$$\mu = \sqrt{\frac{7.5K_1K_2 + 4(K_1+K_2) + 1.52}{7.5K_1K_2 + K_1 + K_2}}$$　　（2-2-1）

强支撑框架，也可以按式（2-2-2）简化计算：

$$\mu = \sqrt{\frac{(1+0.41K_1)(1+0.41K_2)}{(1+0.82K_1)(1+0.82K_2)}}$$　　（2-2-2）

式中　K_1、K_2——相较于柱上端、柱下端的横梁线刚度之和与柱线刚度之和的比值。

很明显，钢框架柱与混凝土框架柱的计算长度、计算方法完全不同。混凝土框架梁的线刚度高于相应的钢框架梁的线刚度，且楼板对梁的线刚度也有很大贡献，框架柱的截面也相对偏大，侧向刚度较大，失稳模态基本一致，计算长度系数较稳定，且混凝土强度低，截面大，故没有区分有侧移与无侧移。计算长度系数只区分底层和其余各层。钢框架结构，框架梁的线刚度相对较小，钢材强度较高，截面小，且没有考虑楼板的贡献，有侧移和无侧移框架的失稳模态完全不同，由 K_1、K_2 查得的计算长度系数相差较大，因此，《钢结构设计标准》GB 50017—2017 针对不同情况给出了不同的计算方法。

2.2.7 钢管混凝土柱的抗震等级确定

钢结构用于高层或单柱荷载较大的工程时，建议采用钢管混凝土柱。一方面可以充分利用钢管内的空间，提高柱子的竖向承载能力和柱子的抗侧刚度；另一方面可以提高火灾时柱子的剩余承载力，提高钢结构在火灾时的安全性。实际工程中，钢管混凝土柱也确实在大量使用，但规范关于钢管混凝土柱的抗震等级的规定并不明确。

1）《建筑抗震设计规范》（2016 年版）GB 50011—2010 第 8.1.3 条给出了钢结构房屋的抗震等级。钢结构房屋抗震等级的划分主要考虑设防烈度和房屋高度两个因素。高度以 50m 为界，高于 50m 抗震等级提高一级，没有说明钢管混凝土结构如何确定抗震等级。

2）《钢管混凝土结构技术规范》GB 50936—2014 第 4.3.5 条给出了实心钢管混凝土结构房屋的抗震等级，其分类和抗震等级同《组合结构设计规范》JGJ 138—2016 第 4.3.8 条、《建筑与市政工程抗震通用规范》GB 55002—2021 第 5.4.1 条的规定大同小异，而《组合结构设计规范》JGJ 138—2016 在框架部分特别标明了型钢（钢管）混凝土框架。《钢骨混凝土结构技术规范》GB 50936—2014 规定：框架中的钢梁、钢支撑、钢管混凝土支撑抗震等级可按钢结构构件确定，未明确钢管混凝土柱是否按钢构件确定。该条还明确，实心钢管混凝土结构的计算和构造措施要求应符合国家现行标准《建筑抗震设计规范》（2016 年版）GB 50011—2010 和《高层建筑混凝土结构技术规程》JGJ 3—2010 的有关规定。

3）《高层建筑混凝土结构技术规程》JGJ 3—2010 没有全钢结构的相关内容，但有混合结构设计的有关规定，第 11.1.4 条规定涵盖的结构形式有钢框架 – 钢筋混凝土核心筒、型钢（钢管）混凝土框架 – 钢筋混凝土核心筒、钢外筒 – 钢筋混凝土核心筒、型钢（钢管）混凝土外筒 – 钢筋混凝土核心筒，其表中附注明确，钢结构构件的抗震等级，设防烈度为 6、7、8、9 度时应分别取四、三、二、一级，即钢 – 混凝土混合结构中钢结构构件的抗震等级与设防烈度有关，因为这种结构基本不会用于高度小于

50m 的建筑上，即对 50m 以上的混合结构，钢结构的抗震等级与《建筑抗震设计规范》（2016 年版）GB 50011—2010 一致。

4）《高层民用建筑钢结构技术规程》JGJ 99—2015 第 3.2.2 条规定高层民用建筑钢结构适用的最大高度时，在注解中明确表中的框架柱包括全钢柱和钢管混凝土柱，可以理解为钢管混凝土柱与钢柱具有相近的力学性能，其延性很好。

综合上述规定，笔者观点如下：①基于抗震等级属延性要求，钢管混凝土柱的抗震性能接近于钢柱，可参照全钢柱确定；钢骨混凝土构件，因其延性不够好，宜按混凝土结构构件考虑；②抗震等级的确定要从框架构成层面考虑，而不是构件层面考虑。实际工程中关于钢管混凝土柱的应用有两种情况：一种是钢管混凝土柱 + 钢梁，可认为其形成了钢框架，可按钢结构确定抗震等级；另一种是钢管混凝土柱 + 混凝土梁，可将其看成是组合结构，按《钢管混凝土结构技术规范》GB 50936—2014 和《组合结构设计规范》JGJ 138—2016 确定抗震等级。

2.2.8 全钢结构建筑地下部分结构的抗震确定

高层建筑往往带有地下室，此种建筑往往是地上部分采用钢结构，地下部分采用混凝土结构。《高层民用建筑钢结构技术规程》JGJ 99—2015 第 3.4.2 条规定，钢框架柱应至少延伸至计算嵌固端以下一层，并且宜采用钢骨混凝土柱，以下各层可以采用钢筋混凝土柱，但这些混凝土结构抗震等级如何确定则没交代。

《高层民用建筑钢结构技术规程》JGJ 99—2015 第 3.9.5 条、《建筑抗震设计规范》（2016 年版）GB 50011—2010 第 7.1.3 条第 3 款明确，当地下室顶板作为上部结构的嵌固端时，地下一层相关范围的抗震等级应按上部结构采用，地下一层以下抗震构造措施的抗震等级可逐层降低一级，但不应低于四级；地下室中超出上部主楼相关范围且无上部结构的部分，其抗震等级可根据具体情况采用三级或四级。

《建筑抗震设计规范》（2016 年版）GB 50011—2010 第 8.1.3 条给出了钢结构房屋的抗震等级，与混凝土结构相比，抗震等级较低，如果以上部钢结构的抗震等级确定其地下部分混凝土结构的抗震等级必然会出现地下抗震等级偏低的情况。抗震等级是延性要求，地上钢结构抗震等级低是因为钢材的延性较好，能够满足延性要求，故抗震等级取得低。地下结构是上部结构在地下的延续，应该保证相近的延性，考虑混凝土结构延性低于钢结构，笔者建议，确定地下部分抗震等级时，可按两种办法考虑：一是先将地上建筑看成混凝土结构，查其抗震等级，再按此抗震等级确定地下部分的抗震等级，使得地下结构延性与地上结构相匹配；二是将正负零与钢结构相连的混凝土结构提高一级，然后再按规范依次确定。由于地上结构为钢结构，总的地震作用小于相同的混凝土结构，因此，即使采用了按混凝土结构确定的抗震等级，地下结构部分受到的地震剪力仍然小于地上采用混凝土结构的地震剪力。

2.2.9 焊缝质量等级的确定

焊接在钢结构工程中的地位非常重要，焊接质量也直接影响着钢结构的工程质量。设计文件中应根据钢结构的重要性、荷载特性、焊缝形式、工作环境以及应力状态等给出明确合理的焊缝质量等级，不应过低，也不宜过高。过低不利于对工程质量的控制，过高对焊接作业要求高、工作量大，表 2-2-4 给出了不同焊缝质量等级的检测要求。可见，不同的焊缝质量等级，检测工作量相差很大，检测费用相差悬殊。

一、二级焊缝质量等级及检测规定　　表 2-2-4

焊缝质量等级		一级	二级
内部缺陷超声波探伤	评定等级	Ⅰ	Ⅱ
	检验等级	B 级	B 级
	探伤比例	100%	20%
内部缺陷射线探伤	评定等级	Ⅰ	Ⅱ
	检验等级	AB 级	AB 级
	探伤比例	100%	20%

注：探伤比例的计数方法应按以下原则确定：（1）对工厂制作焊缝，应按每条焊缝计算百分比，且探伤长度应不小于 200mm，当焊缝长度不足 200mm 时，应对整条焊缝进行探伤；（2）对现场安装焊缝，应按同一类型、同一施焊条件的焊缝条数计算百分比，探伤长度应不小于 200mm，并应不少于 1 条焊缝。

确定焊缝质量等级需要考虑的影响因素主要有应力状态、疲劳要求、工作环境的温度以及是否存在高应力下的低周疲劳等。执行上述规定时也要注意，厚度小于 8mm 钢板的对接焊缝，超声波检测结果不大可靠，应采用 X 射线探伤。否则，对于厚度小于 8mm 钢材的对接焊缝，其焊缝设计值只能按三级焊缝采用。关于焊缝的质量等级，《钢结构设计标准》GB 50017—2017、《高层民用建筑钢结构技术规程》JGJ 99—2015 以及《钢结构工程施工质量验收标准》GB 50205—2020 等均有涉及，表 2-2-5 对各规范中焊缝质量等级的规定进行了汇总和归并，便于对照使用。

焊缝质量等级列表　　　　　　　　　　　　表 2-2-5

荷载特性	焊缝形式	工作性质	焊缝质量等级	环境
不需验算疲劳	与母材等强的对接焊缝、T 形组合焊缝	受拉	不应低于二级	工作温度等于或低于 −20℃ 时，不得低于二级
		受压	不宜低于二级	
	部分熔透焊缝、角焊缝及其组合	直接动荷载且需验算疲劳的结构	不应低于二级	
		不需验算疲劳的中级起重机梁	不应低于二级	
		梁柱节点、牛腿等	不应低于二级	
		其他结构	三级	
需验算疲劳	与母材等强的对接焊缝	作用力垂直焊缝的受拉焊缝	一级	
		受压、作用力平行焊缝的受拉焊缝	不应低于二级	
		重级工作制起重机、需验算疲劳的中级工作制（A4、A5）起重机梁及桁架上弦与节点板的焊缝	不应低于二级	
高层钢结构的抗震要求	梁与柱刚性连接时，重要受拉构件的拼接，全熔透	梁翼缘与柱的连接；框架柱的拼接；外露式柱脚的柱身与底板的连接；伸臂桁架	一级	
	其他全熔透焊缝		二级	
	部分熔透的对接与角接组合焊缝		外观质量二级	
	角焊缝		外观质量二级	

　　《高层民用建筑钢结构技术规程》JGJ 99—2015 考虑低周疲劳因素，将柱与柱的拼接节点、外露式柱脚的柱身与底板的连接、梁柱刚接时梁翼缘与柱的连接以及伸臂桁架等重要受拉构件的拼接处焊缝定为一级焊缝，其他多数情况下，二级焊缝是可以满足要求的。

　　从设计角度，一级、二级对接焊缝抗拉强度完全一样，没有差别，但检测数量则相差很多，见表 2-2-6。三级焊缝检测要求低，主要是不适合探伤，探伤结果也会显示有缺陷，只能进行外观检查。为保证安全，设计强度取值与一级、二级相比降低大约 15%，从某种意义上说已经考虑了质量因素。焊缝质量检查有两种：第一种是工厂检查，是制造厂自己的检查，从严控制，因为构件出场后检查不合格、返修难度大；第二种是现场检查。现场检查是抽查，是构件拉到现场后，在工厂自查基础上的检查。一般按二级检查足可以达到检查目的，即便是抽查发现不合格的，可以扩大抽检，不合格焊缝漏网的概率不大，焊缝质量可以得到保证。

焊缝的强度指标（N/mm²）　　　　　　　　　　　　　　表 2-2-6

焊接方法和焊条型号	构件钢材		对接焊缝强度设计值			角焊缝强度设计值	对接焊缝抗拉强度 f_u^w	角焊缝抗拉、抗压和抗剪强度 f_u^f
	牌号	厚度或直径（mm）	抗压 f_c^w	焊缝质量为下列等级时，抗拉 f_t^w		抗剪 f_v^w		
				一级、二级	三级		抗拉、抗压和抗剪 f_f^w	
自动焊、半自动焊和 E43 型焊条手工焊	Q235	≤ 16	215	215	185	125	160	415	240
		> 16，≤ 40	205	205	175	120			
		> 40，≤ 100	200	200	170	115			
自动焊、半自动焊和 E50、E55 型焊条手工焊	Q345	≤ 16	305	305	260	175	200	480（E50）540（E55）	280（E50）315（E55）
		> 16，≤ 40	295	295	250	170			
		> 40，≤ 63	290	290	245	165			
		> 63，≤ 80	280	280	240	160			
		> 80，≤ 100	270	270	230	155			
	Q390	≤ 16	345	345	295	200	200（E50）220（E55）		
		> 16，≤ 40	330	330	280	190			
		> 40，≤ 63	310	310	265	180			
		> 63，≤ 100	295	295	250	170			

2.2.10 用钢量指标合理使用

工作中，我们经常被问到用钢量是多少，各种评优也把用钢量作为重要指标。该指标由两部分组成：一是分子，一是分母。分子为单位工程所使用的钢材量，这个量可以从设计人员的计算模型中直接读取，也可通过造价工程师根据图纸的计算得到，还可以根据施工单位的钢材用量清单得到等。获取途径不同，数据完全不同，有时相差还很大。主要差别在于所用钢材的含义不同：有的是钢材用量的纯理论值，有的考虑了节点构造重量，有的还考虑了加工措施使用的钢材；有的只是主体结构，有的含了檩条，甚至有的还含有部分幕墙柱和主龙骨等，不一而足。分母也同样难以统一。有的使用了建筑面积，有的使用的是展开面积，有的使用的是投影面积，还有的使用了结构本身的面积。面对这么多分子与分母的不一致，简单地拿用钢量指标这个冰冷的数字进行横向比较意义还有多大就不用多说了。此外，各建筑的使用功能不同，使用荷载不同，势必造成结构形式不同。采用的钢材也不完全相同，同样的工程，有的用 Q235、Q355，有的用 Q345GJ、Q390 等，用钢量怎么会相同？随着技术进步，Q420 和 Q460 以及索结构也频繁出现，设计使用了一些高强材料，技术要求很高，造价并不是随用钢量的减少而等比例减少。所以，用钢量指标只有大致的参考意义，用钢量指标不等于造价，不必简单一刀切。

风荷载很大地区的金属屋面结构，其竖向荷载经常是风起控制作用。用钢量很小时，为抗风还需采取其他措施。甚至有的工程还需另外设置配重。虽然配重成本低，但施工及相关措施麻烦了很多。综上，由于用钢量指标有多种不同的统计方法，因此，用钢量指标进行评价时宜客观分析、合理使用。

按照以往经验，全钢结构高层建筑的用钢量在 200kg/m^2 合理，大空间屋盖因跨度不同用钢量指标比较分散，按展开面积计，100~120kg/m^2 合理。表 2-2-7 是王仕统教授讲稿中关于全钢结构单位用钢量的数据，供参考。

全钢结构单位用钢量表　表 2-2-7

工程名称	总面积（万 m^2）	层数高（m）	结构方案	型钢 + 钢筋总用钢（万 t）	用钢量（kg/m^2）
Empire State Building（帝国大厦）	44.35	102,381	框架	—	206
World Trade Center（世界贸易中心）	45	110,415 南塔	框筒	8.3	186.6
Sears Tower（西尔斯塔）	—	110,443	束筒	—	161

2.2.11 大空间钢屋盖扭转位移比控制问题

关于扭转位移比，《建筑抗震设计规范》（2016 年版）GB 56011—2010 第 3.4.3 条的表述：扭转位移比是指楼层的最大弹性水平位移（或层间位移）与该楼层两端弹性水平位移（或层间位移）平均值的比值，并规定：当比值 ≥ 1.2 时为平面扭转不规则，且不宜 >1.5。

计算该指标时，采用的是刚性楼盖，有明确的层概念，计算简图为"糖葫芦串"。大空间钢屋盖很少是平屋面，没有明确的层概念。同时，屋面板多为金属屋面，即便是混凝土屋面，因其并非平楼板，其面内刚度很难满足刚性楼板的要求，不满足扭转位移比计算的前提条件，因此不必简单查看扭转位移比指标，应按有限元模型计算。

从软件处理方面讲,建筑结构软件常采用静力凝聚技术。静力凝聚是结构动力分析中缩减自由度数的一种方法,其基本做法是将结构的自由度分成两组:一组是反应比较突出的那部分自由度,称为主自由度,如框架结构楼层的水平位移;另一组为从自由度,如梁端点的竖向位移和转角。对于低阶振型,从自由度的惯性力引起的反应部分比较小,可以忽略,其全部反应仅由结构刚度就可以确定,这样可大大减小计算工作量,满足刚性楼板假定的结构可以采用该技术。空间结构计算,上述静力凝聚方法并不合适。因此,要用适合空间结构计算的软件,这些软件通常不使用静力凝聚。

综上,笔者认为:大空间钢屋盖结构计算要用合适的空间软件;计算结果要重点关注不同部位竖向构件的位移角是否满足要求。

2.2.12 矩形钢管柱与矩形钢管混凝土柱的宽厚比控制的差异

《钢结构设计标准》GB 50017—2017 第 7.1.1 条,对于实腹压弯构件为防止板件局部失稳,控制箱形截面板件宽厚比 $b/t \leqslant 40\varepsilon_k$($\varepsilon_k$ 为钢号修正系数);《组合结构设计规范》JGJ 138—2016 第 7.1.2 条,矩形钢管混凝土柱宽厚比为 $b/t \leqslant 60\varepsilon_k$。对比可知,矩形钢管混凝土柱的宽厚比比箱形截面钢柱还松,解析如下:

混凝土在浇筑过程中,未硬化的混凝土会对钢板产生一个平面外的压力,使钢板向外产生些许变形,同时也防止了钢板在竖向力作用下的内凹变形,亦即矩形钢管混凝土柱无法发生图 2-2-1(a)所示的内外交替多个半波的失稳模式,只能发生向外变形的单一失稳模式,如图 2-2-1(b)所示,失稳阶数更高,承载力自然更高。圆钢管混凝土柱这种效应更高,所以圆钢管的径厚比为 $b/t \leqslant 100\varepsilon_k$。同时,钢板也会在混凝土的侧向压力作用下产生面内拉力,这个拉力也会适当提高其稳定承载力。所以,矩形钢管混凝土柱的宽厚比相对矩形钢管柱要松一些。

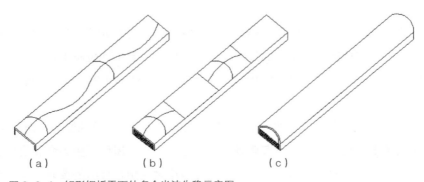

（a）   （b）   （c）

图 2-2-1   矩形钢板平面外多个半波失稳示意图
（a）钢管柱;（b）钢管混凝土柱;（c）钢管混凝土柱可能的最终形态

2.2.13 构件的截面板件宽厚比等级

钢结构构件往往是由若干板件构成的。截面板件宽厚比等级是《钢结构设计标准》GB 50017—2017 提出的概念，是截面厚实程度的一个度量，是防止板件过早屈曲的重要措施，也决定着板件塑性能否发展和发展的深度，影响着板件的局部稳定及构件的稳定。它的确定决定了钢构件的承载力和受弯、压弯构件的塑性转动变形能力（延性耗能能力）。构件的截面板件宽厚比等级就是截面承载力和塑性转动能力的表征。不同板件宽厚比等级对应的截面应力状态见表 2-2-8。

不同板件宽厚比等级对应的截面应力状态　　　　表 2-2-8

截面类型	S1（一级塑性截面）	S2（二级塑性截面）	S3（弹塑性截面）	S4（弹性截面）	S5（薄壁截面）
应力分布					
承载力	$M=M_p$	$M=M_p$	$M_y<M<M_p$	$M=M_y$	$M<M_y$
转动能力	$\phi_{P2}=（8\sim15）\phi_P$	$\phi_{P1}=（2\sim3）\phi_P$	$\phi_P<\phi<\phi_{P1}$	$\phi>\phi_y$	—
说明	也可称为塑性转动截面	由于局部屈曲，塑性铰转动能力有限	—	因局部屈曲而不能发展塑性	腹板可能发生局部屈曲

注：M—弯矩；M_p—全塑性受弯承载力；M_y—构件弹性最大弯矩承载力；ϕ_y—对应构件弹性最大弯矩时的曲率；ϕ_p—对应构件按塑性惯性矩计算弯矩时的曲率；ϕ_{p1}、ϕ_{p2}—分别对应于不同塑性转角时的曲率；f_y—钢材的屈服强度。

从塑性设计和抗震设计角度而言，板件的宽厚比等级体现的是截面塑性转动和延性耗能能力的等级，可以通过规定不同构件的截面板件宽厚比等级实现塑性铰的出铰顺序，实现性能化设计。《钢结构设计标准》GB 50017—2017 给出了压弯和受弯构件的截面板件宽厚比等级及限值，见表 2-2-9。

笔者的理解如下：

（1）宽厚比等级应用更多的是梁等受弯构件和压弯构件，对轴心受力构件则没这么复杂。轴心受拉构件不存在失稳问题，轴心受压构件是全截面的应力均匀分布，不可轻易产生塑性变形。只有当其失稳时，才会出现边缘纤维先屈服的状态，所以轴心构件应以控制长细比为主，不宜考虑塑性发展，应按弹性设计考虑，此时的宽厚比

压弯和受弯构件的截面板件宽厚比等级及限值　　表 2-2-9

构件	截面板件宽厚比等级		S1 级	S2 级	S3 级	S4 级	S5 级
压弯构件（框架柱）	H 形截面	翼缘 b/t	$9\varepsilon_k$	$11\varepsilon_k$	$13\varepsilon_k$	$15\varepsilon_k$	20
		腹板 h_0/t_w	$(33+13\alpha_0^{1.3})\varepsilon_k$	$(38+13\alpha_0^{1.39})\varepsilon_k$	$(40+18\alpha_0^{1.5})\varepsilon_k$	$(45+25\alpha_0^{1.66})\varepsilon_k$	250
	箱形截面	壁板（腹板）间翼缘 b_0/t	$30\varepsilon_k$	$35\varepsilon_k$	$40\varepsilon_k$	$45\varepsilon_k$	—
	圆钢管截面	径厚比 D/t	$50\varepsilon_k^2$	$70\varepsilon_k^2$	$90\varepsilon_k^2$	$100\varepsilon_k^2$	—
受弯构件（梁）	工字形截面	翼缘 b/t	$9\varepsilon_k$	$11\varepsilon_k$	$13\varepsilon_k$	$15\varepsilon_k$	20
		腹板 h_0/t_w	$65\varepsilon_k$	$72\varepsilon_k$	$93\varepsilon_k$	$124\varepsilon_k$	250
	箱形截面	壁板（腹板）间翼缘 b_0/t	$25\varepsilon_k$	$32\varepsilon_k$	$37\varepsilon_k$	$42\varepsilon_k$	—

注：1. ε_k 为钢号修正系数，其值为 235 与钢材牌号中屈服点数值的比值的平方根；
　　2. b 为工字形、H 形截面的翼缘外伸宽度，t、h_0、t_w 分别是翼缘厚度、腹板净高和腹板厚度，对轧制型截面，腹板净高不包括翼缘腹板过渡处圆弧段；对于箱形截面，b_0、t 分别为壁板间的距离和壁板厚度；D 为圆管截面外径；
　　3. 箱形截面梁及单向受弯的箱形截面柱，其腹板限值可根据 H 形截面腹板采用；
　　4. 腹板的宽厚比可通过设置加劲肋减小；
　　5. 当按《建筑抗震设计规范》GB 50011—2010 第 9.2.14 条第 2 款的规定设计，且 S5 级截面的板件宽厚比小于 S4 级经 ε_0 修正的板件宽厚比时，可视作 C 类截面，ε_0 为应力修正因子，$\varepsilon_0=\sqrt{f_y/\sigma_{max}}$。

限值主要是防止板件局部失稳，而不是为了保证充分发挥钢材塑性而进行要求。

（2）由于 S4 级和 S5 级的板件易局部屈曲在先，构件不发展塑性，故此时截面塑性发展系数只能取 1.0。

（3）S1 和 S2 级允许截面发生很大的塑性，更严格的宽厚比限值才能保证钢材塑性的充分发挥，因此可以进行塑性设计。

塑性设计时要注意以下几点：

1）材料屈强比不应大于 0.85，应有明显的屈服台阶，且伸长率不应小于 20%。

2）柱端弯矩及水平荷载产生的弯矩不得进行调幅。

3）构成抗侧力支撑的梁、柱构件不得进行弯矩调幅。

（4）H 形截面，表 2-2-9 对压弯构件与受弯构件采用了不同的计算方法。根据《钢结构设计标准》GB 50017—2017 第 3.5.1 条：

$$\alpha_0 = \frac{\sigma_{max}-\sigma_{min}}{\sigma_{max}}$$

（2-2-3）

以对称截面为例，当轴力为零时，腹板边缘最大压应力 σ_{max} 和腹板计算另一边缘相应的应力 σ_{min} 大小相等，符号相反，由式（2-2-3）可得，参数 $\alpha_0=2$。将该值代入表 2-2-9 中压弯构件的计算公式计算，可以发现其限值与 H 形钢截面受弯时腹板的宽厚比基本一致。受弯构件的计算方法只是为了应用方便，即受弯构件是压弯构件的一种特殊形式。

（5）当工字形和箱形截面压弯构件的腹板高厚比超过 S4 级时，应按《钢结构设计标准》GB 50017—2017 第 8.4.2 条，以有效截面代替实际截面进行核算；对于实腹式轴心受压构件，当轴心压力小于稳定承载力 ϕAf 时，板件宽厚比限值可以按《钢结构设计标准》GB 50017—2017 第 7.3.2 条，将第 7.3.1 条的宽厚比限值乘以放大系数 $\alpha=\sqrt{\varphi Af/N}$ 确定；对于受弯构件板件宽厚比限值不满足要求时，应适当设置加劲肋，也可以考虑楼板的作用，其中，φ 为轴心受压构件的稳定系数；N 为轴力；A 为构件截面面积；f 为钢材的强度设计值。

（6）梁和柱相连形成框架结构，地震时框架是抵抗地震作用的重要构件，这时构件宽厚比的限值还要满足不同抗震等级对构件宽厚比的要求，见表 2-2-10，该表对设计人员来说应用更简单。

不同抗震等级对构件宽厚比的要求　　　　　表 2-2-10

构件名称		一级	二级	三级	四级
柱	工字形截面翼缘外伸部分工字形截面腹板箱形截面壁板	10 43 33	11 45 36	12 48 38	13 52 40
梁	工字形截面和箱形截面翼缘外伸部分	9	9	10	11
	箱形截面翼缘在两腹板之间部分	30	30	32	36
	工字形截面和箱形截面腹板	$72-120N_b/Af$ ≤ 60	$72-100N_b/Af$ ≤ 65	$80-110N_b/Af$ ≤ 70	$85-120N_b/Af$ ≤ 75

注：1. 表列数值适用于 Q235 钢，采用其他牌号钢材时，应乘以 $\sqrt{235/f_{ay}}$。
　　2. $N_b/(Af)$ 为梁轴压比。

（7）对于设防烈度低、风荷载大的结构，满足竖向荷载及风荷载的同时已满足中、大震不屈服的抗震承载力要求，此时地震工况对结构的延性需求不高，《建筑抗震设计规范》（2016 年版）GB 50011—2010 对板件宽厚比的要求等结构的抗震构造措施可适当放松。因此，设计时应注意对控制工况的分析与研究。

2.2.14 钢结构框架柱的轴压比控制与混凝土结构的差异

混凝土结构抗震设计中，轴压比是影响结构延性的重要因素。因此，现有规范对钢筋混凝土柱和劲性混凝土柱均提出了轴压比限值要求。

钢材强度高，延性好。为使钢材的延性得到充分发挥，钢结构的相关规范对构件的长细比和板件宽厚比做了一系列的规定，力争失稳发生在钢结构板件屈曲之后。可以说，钢构件稳定的影响高于轴压比的影响。

高层钢结构分析的特点之一是要考虑二阶效应，二阶效应的大小与柱子的轴压比和长细比均有关。因此，不同国家采用了不同的限值方式。

（1）对承担水平力较大，需考虑强柱弱梁的有侧移钢框架柱进行抗震验算时，我国《高层民用建筑钢结构技术规程》JGJ 99—2015 第 7.3.3 条，采用了式（2-2-4）进行计算：

$$\sum W_{pc}\left(f_{yc}-N/A_c\right) \geqslant \sum\left(\eta f_{yb}W_{pb}\right) \qquad (2-2-4)$$

式中　W_{pc}、W_{pb}——分别为计算平面内交汇于节点的柱和梁的塑性截面模量；

f_{yc}、f_{yb}——分别为柱和梁钢材的屈服强度；

N——按设计地震作用组合得出的柱轴力设计值；

A_c——框架柱的截面面积；

η——强柱系数，一级取 1.15，二级取 1.10，三级取 1.05，四级取 1.0。

该公式中 N/A_c 则为轴压比，以隐性的方式体现了轴压比对钢柱承载能力的影响。即规范对钢结构框架柱虽然没有轴压比的限值要求，但轴压比的影响已经在承载力的验算中得到体现。

（2）对于框筒结构，钢框架柱承担的水平力较少，可认为是无侧移钢框架柱，对轴向承载要求更高。因此，《高层民用建筑钢结构技术规程》JGJ 99—2015 第 7.1.4 条要求：抗震等级四级时，轴压比限值取 0.8，一、二、三级时取 0.75。

即钢结构框架柱的轴压比根据不同情况采用了不同的控制办法：有侧移钢框架，稳定控制更重要，要验算承载力；无侧移钢框架，结构整体稳定容易得到保证，所以考虑轴压比限值。

2.2.15 钢管混凝土柱的轴压比控制

钢管混凝土柱有圆管柱和方管柱之分，是钢柱与混凝土柱相结合的一种构件。圆管柱中混凝土受约束较高，基本不存在混凝土被压碎的情况，延性较好。对于方钢管混凝土柱，方钢管对核心混凝土的约束效应要明显弱于圆钢混凝土柱，方钢管混凝土柱在抗压强度、变形能力方面都不如圆钢管混凝土柱。但由于方钢管混凝土结构具有抗弯性能好、节点构造形式简单、外形规则等优势，方钢管混凝土柱也越来越受到工程技术界的重视，被广泛应用于高层建筑中。方钢管混凝土柱受到水平荷载作用时，柱的延性会降低。而且，随着受压混凝土破坏程度的不断加大和钢材的屈服，截面承受弯矩的能力也不断降低，最终将导致结构水平承载能力的不断下降。轴压比较小时，附加弯矩的影响小，轴压比较高时，附加弯矩影响加大，会使滞回骨架曲线下降段变陡。所以，《高层建筑混凝土结构技术规程》JGJ 3—2010 第 11.4.10 条对矩形钢管混凝土柱给出了轴压比限值，见表 2-2-11。表中矩形钢管混凝土柱的轴压比限值与《高层民用建筑钢结构技术规程》JGJ 99—2015 第 7.1.4 条关于框筒结构柱轴压比一、二、三级时取 0.75，四级时取 0.8 相比，抗震等级一级更严，二级、三级有所放松。

矩形钢管混凝土柱轴压比限值　　　　　表 2-2-11

一级	二级	三级
0.70	0.80	0.90

《高层建筑混凝土结构技术规程》JGJ 3—2010 及《组合结构设计规范》JGJ 138—2016 并没有给出圆形钢管混凝土柱的轴压比要求，笔者认为其轴压比可按本书第 2.2.14 节钢柱的轴压比要求，分别按有侧移和无侧移的不同情况来控制。考虑到直径大于 2m 的圆形钢管混凝土柱中混凝土收缩影响，《高层建筑混凝土结构技术规程》JGJ 3—2010 第 11.4.9 条第 8 款规定，应采取有效措施减小钢管内混凝土收缩对构件性能的影响。

2.2.16 长细比控制问题

钢材的强度很高，但其强度能否充分发挥取决于构件稳定承载力的大小。稳定承载力与长细比有关，长细比是钢结构设计中十分重要的概念，对受压构件的截面尺寸的大小有重要影响。《钢结构设计标准》GB 50017—2017 第 7.2.6 条给出了受压构件的长细比容许值，见表 2-2-12。

受压构件的长细比容许值　　　　　　　　　　　　　　表 2-2-12

构件名称	容许长细比
轴心受压柱、桁架和天窗架中的压杆	150
柱的缀条、起重机梁或起重机桁架以下的柱间支撑	150
支撑	200
用以减小受压构件计算长度的杆件	200

受拉构件一般不受长细比的限制，当拉杆用于柱间支撑、雨篷的斜拉杆等有可能出现瞬间受压情况以及避免其产生过大的挠度时，也有长细比限值，此时的限值比压杆松很多，当拉杆内存在张紧力时，长细比可以进一步放松，见表 2-2-13。

受拉构件的容许长细比　　　　　　　　　　　　　　表 2-2-13

构件名称	承受静力荷载或间接承受动力荷载的结构			直接承受动力荷载的结构
	一般建筑结构	对腹杆提供平面外支点的弦杆	有重级工作制起重机的厂房	
桁架的构件	350	250	250	250
起重机梁或起重机桁架以下柱间支撑	300	—	200	—
除张紧的圆钢外的其他拉杆、支撑、系杆等	400	—	350	—

注意事项：

（1）拉杆和压杆的长细比计算并不相同。压杆长细比计算采用的是计算长度，拉杆计算采用的是几何长度，二者有明显的不同。

（2）地震作用具有很大的不确定性，有超出预期荷载的可能，因此，需要取更严的值。反之，受力情况很明确，取较大值也可以保证其承载能力时，就可以取相对较大的长细比。表 2-2-14 给出了《建筑抗震设计规范》（2016 年版）GB 50011—2010 和《高层民用建筑钢结构技术规程》JGJ 99—2015 有关长细比的规定。对比可以发现，除抗震等级一级外《高层民用建筑钢结构技术规程》JGJ 99—2015 对于框架柱的限值明显严于《建筑抗震设计规范》（2016 年版）GB 50011—2010，应用时需要注意。

《建筑抗震设计规范》（2016 年版）GB 50011—2010 和《高层民用建筑钢结构技术规程》
JGJ 99—2015 有关长细比的规定　表 2-2-14

		一级	二级	三级	四级及非抗震
框架柱	《建筑抗震设计规范》	$60\varepsilon_k$	$80\varepsilon_k$	$100\varepsilon_k$	$120\varepsilon_k$
	《高层民用建筑钢结构技术规程》	$60\varepsilon_k$	$70\varepsilon_k$	$80\varepsilon_k$	$100\varepsilon_k$
中心支撑	《建筑抗震设计规范》	$120\varepsilon_k$，且不得采用拉杆			压杆：$120\,\varepsilon_k$ 拉杆：180
	《高层民用建筑钢结构技术规程》				
偏心支撑	《建筑抗震设计规范》	无规定			无规定
	《高层民用建筑钢结构技术规程》				

（3）采用性能化设计时，《钢结构设计标准》GB 50017—2017 第 17.3.5 条还针对不同的延性等级框架柱给出了不同的长细比限值，见表 2-2-15。该表从设防地震内力组合角度，对构件实际受力时轴压比限值进行了细分，除了考虑构件的延性等级外，还考虑了柱的设防烈度下，框架柱的真实轴压受力 N_p，体现的重要概念是轴压比很小以及延性要求不高时，长细比可相对放松的理念。

《钢结构设计标准》GB 50017—2017 对框架柱的长细比要求　表 2-2-15

结构构件延性等级	V 级	IV 级	I 级、II 级、III 级
$N_p/(Af_y) \leqslant 0.15$	180	150	$120\varepsilon_k$
$N_p/(Af_y) > 0.15$	$125\,[1-N_p/(Af_y)]\varepsilon_k$		

注：ε_k—为钢号修正系数；N_p—设防地震内力性能组合的柱轴力；f_y—钢材的屈服强度；A—构件截面面积。

2.2.17 弯矩调幅设计时的宽厚比

关于调幅设计，《钢结构设计标准》GB 50017—2017 第 10.1.1 条的条文说明指出，构件计算及抗震设计均应采用调整后的内力；第 10.1.3 条还规定，弯矩调幅的最大幅度为 20%。另外，在强度计算时，还可考虑塑性发展系数 γ_x。对于 H 形钢梁强轴，

γ_x=1.05。这两方面的规定实际上是避免钢梁塑性发展过大，造成结构刚度损失过大，产生过大的变形。图 2-2-2 为钢材的本构模型图。弹性设计时，钢材强度取设计值，钢材屈服时对应的强度为标准值，从设计值到标准值，不能完全恢复的变形很小，γ_x=1.05 的塑性发展系数可以理解为调幅 5%，在该应力阶段，变形角度几乎不会因此增加。

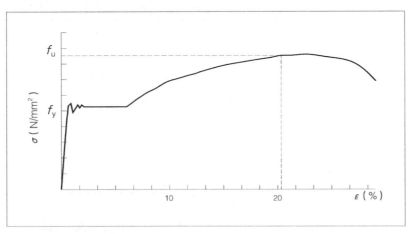

图 2-2-2　钢材的本构模型图

　　钢材的标准值大约为设计值的 1.11 倍，调幅 20%，意味着钢材应力超过了钢材的下屈服点，如果调幅超过 20%，钢材可能会超过上屈服点，钢材变形会极速增加，对结构变形控制不利，因此，规范限定调幅不大于 20%。

　　钢梁的塑性发展是从钢梁的翼缘开始，逐步向内发展，按照钢材的本构模型图，钢材一旦进入塑性，则进入塑性部分的钢材强度保持 f_y 不变。以屈服和弹性的界限点连线并延长则便可得到图 2-2-3 中所示的钢梁塑性发展示意图，图中阴影部分便是钢材进入塑性的面积。图中应力最大点对应着调幅前的弯矩，阴影三角形的垂直边对应着调幅后的最大弯矩。按照三角形相似原理，可以得出梁中和轴上下两部分腹板屈服的深度为 $h/10$。如果梁截面为矩形截面，弯矩调幅幅度与该图塑性发展完全相同，整个腹板塑性发展深度为 $h/5$。如果梁截面为 H 形，翼缘部分承担了大部分的应力，则 $X<h/10$（X 为进入塑性的钢梁截面高度，h 为钢梁的截面高度），即按照最大调幅不超过 20% 计，H 形钢梁的翼缘会完全屈服进入塑性，腹板只部分区域屈服进入塑性。因此，笔者认为，此时钢梁的翼缘宽厚比强度等级应按 S1 控制，腹板可按 S2 甚至是 S3 控制。钢梁承载力一般不是抗剪控制，降低腹板宽厚比限值有利于节省钢材。

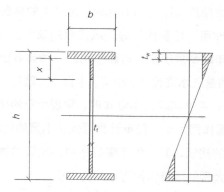

图 2-2-3　钢梁塑性发展示意图

b—翼缘宽度；X—腹板进入塑性的深度；h—钢梁高度；tw—翼缘厚度；tf—腹板厚度

2.2.18 关于设计使用年限问题

按照《建筑结构可靠性设计统一标准》GB 50068—2018，我国结构设计采用的设计基准期为 50 年。同时，根据建筑物的使用要求和重要性，设计的工作年限可以分别为 5 年、25 年、50 年和 100 年。即所有设计的基准期均为 50 年，与建筑的工作年限无关。不同设计使用年限的建筑对结构的耐久性要求不同，使用期间活荷载出现的超越概率不同。

2.2.18.1 关于耐久性

钢材和混凝土是性质不同的两种材料。钢材的性能稳定，强度不会随时间的变化而变化，缺点是耐腐蚀性不好，需要在使用过程中做好维护。目前常见的防腐涂料，保护年限通常在 15 年左右，即不管钢结构的使用年限是 50 年还是 100 年，其耐久性均依靠后期维护来保证。从这个意义上说，无论工作年限 50 年还是 100 年，对钢结构设计没有差别。混凝土结构不同，它会随着时间的推移，碳化深度加深，使得钢筋的工作环境发生变化。此外，混凝土还有徐变、开裂等一系列影响混凝土工作性能的变化，所以混凝土结构设计时，工作年限不同，其保护层、混凝土强度等级等需要做出相应的调整。

2.2.18.2 关于荷载

活荷载可以分为两类，一种是相对恒定，与随时间变化关联性不大的荷载。人群荷载可以认为变化不大。随着设备种类不断翻新，其荷载可能会超出以往的统计范畴，可能会有一定的变化，故使用年限为 100 年时间取 1.1 的调整系数。另一种是具有很强随机性的荷载，如风作用、地震作用等。风荷载的取值，规范已有 50 年和 100 年之分，可按照设计工作年限要求确定。地震作用是一种具有很大的随机性和不确定性的荷载。目前规范采用的是三水准设计，小震、中震、大震对应的重现期分别为 50 年、475 年和 1975 年。按此，工作年限为 100 年时，常规小震的荷载取值显然包络不住，需要调整小震计算的地震作用大小。简单计算可以将小震的地震作用放大 1.3~1.4 倍，而设计使用年限 100 年的建筑，其工作年限仍在中、大震的重现期内，故设计使用年限 100 年的建筑，中、大震的地震作用可以保持不变。

2.3 钢结构设计方面的问题

2.3.1 关于轴压杆承载力极限值与稳定承载力

一根细长柱子，在端部荷载作用下，其顶点位置要降低。表观的物理现象有两种，一是柱子弯出去；二是柱子被压缩缩短。柱子弯出去表现为失稳，称为屈曲，对应的承载力为稳定承载力极限值，超过稳定承载力后，侧弯变形将持续发展，出现失稳；柱子被压缩表现为柱子被压溃，产生屈服破坏时对应的承载力是承载力极限值，是柱子的强度不够的体现。稳定承载力和强度分别代表了结构的这两种极限状态，都是结构不再有继续承载能力的极限状态。

钢结构的稳定承载力计算公式：

$$\frac{N}{\varphi A f} \leq 1.0 \tag{2-3-1}$$

因 φ 是小于 1 的系数，稳定承载力小于轴向受压承载力，故式（2-3-1）可以解读为轴向受压构件的稳定承载力可以通过折减构件的截面 φA 来计算。另外，N/A 为应力，φf 可认为是折减了的材料强度。

φ 值的大小与杆件的长细比有关，长细比计算又离不开杆件的计算长度系数。因此，杆件的稳定承载力与杆端的约束情况有关，故稳定问题远比强度问题复杂，不仅要通过计算来保证，更要通过结构布置方案和结构构造来保证，考验的是设计人员的结构概念。设计就是要采取各种措施，提高稳定承载力，使其尽量接近强度承载力。计算稳定时应注意：

（1）结构计算简图和规范图表是否一致；

（2）结构稳定计算简图与结构的实际布置方案是否一致；

（3）结构的稳定计算与实际的构造设计是否一致。

2.3.2 屈曲临界力计算与稳定承载力的差别

结构设计不但要考虑结构整体的稳定性，还要考虑构件的稳定性。稳定分析包括整体稳定、构件稳定以及构件的板件局部稳定计算。板件的稳定会影响到构件的稳定，对于不允许板件屈曲的构件，板件的屈曲不应早于构件；允许板件局部屈曲的构件，则需要考虑板件屈曲对构件强度和稳定的影响。规范通过限制板件的宽厚比，避免板件过早屈曲而影响构件的稳定；构件的稳定通常与结构的整体稳定、杆端约束、二阶效应、几何缺陷、非线性引起的刚度折减等有关。

研究发现，钢构件由弹性转入弹塑性不是简单地由钢材的拉伸试验所测得的比例极限决定，还和构件中的残余应力密切相关，这个残余应力虽然在杆件截面上自平衡，不影响整个截面的强度，但它对杆件的刚度有不利影响，会影响它的稳定承载力，影响幅度有时在 10% 以上。因此，《钢结构设计标准》GB 50017—2017 第 5.2.2 条给出了构件缺陷的计算方法。同时，规范还给出了通过实际构件试验绘制的 φ 值曲线，该 φ 值则是以实际带有缺陷的构件进行大量试验得到的。通过该 φ 值计算的稳定承载力视为考虑了构件本身的几何缺陷和残余应力等的影响。

利用软件对结构进行稳定分析时，对应于结构和构件的稳定都有一个屈曲临界力，它可以反映出结构和构件的稳定承载情况。因此，我们可以利用软件求出构件临界屈曲承载力。它可以反映出构件所受的约束条件，但反映不出构件的缺陷及残余应力等不利因素。该承载力是没有考虑构件内部缺陷时的稳定承载力，不够准确。因此说，软件的屈曲临界力与稳定承载力有时不完全相同，但可以通过欧拉公式由软件分析得到的屈曲临界力推算出构件的计算长度系数，再利用该计算长度系数查出 φ 值来计算构件的真实稳定承载力。

综上，稳定承载力计算时，要么以考虑等效几何缺陷的杆件为研究对象，按《钢结构设计标准》GB 50017—2017 第 5.2.2 条给出的缺陷进行极限承载力分析，要么以理想直杆为研究对象，求出计算长度系数后再查规范的 φ 值，这样才能保证所得到的稳定承载力是正确的。

2.3.3 框架梁受压翼缘的稳定措施

抗震设计时，框架梁的端部会受到反复荷载，框架梁的上下翼缘均有受压工况，需考虑梁端稳定问题。

（1）措施一：《高层民用建筑钢结构技术规程》JGJ 99—2015 第 8.5.5 条，在出现塑性铰的截面上、下翼缘均应设置侧向支承，但对于有混凝土楼板的结构，上翼缘的稳定问题并不突出。故当梁上翼缘与楼板有可靠连接时，固端梁下翼缘在梁端0.15倍梁跨附近宜设置平面隅撑，如图 2-3-1 所示，很多工程都设置了水平隅撑。隅撑一般宜采用单角钢制作，按照轴心受压构件设计。隅撑的作用是保证框架梁平面外的稳定性，减小其平面外的计算长度，防止受压翼缘（梁下翼缘的柱内侧翼缘）平面外屈曲失稳，增加受压翼缘的稳定性。当梁端采用加强型连接或骨式连接时，应在塑性区外设置竖向加劲肋，隅撑与竖向加劲肋在梁下翼缘附近相连。

图 2-3-1　水平隅撑的工程照片

（2）措施二：当横梁和柱的内侧翼缘需要设置侧向支撑点时，可以利用连接于外侧翼缘的次梁或墙、梁等设置隅撑。图 2-3-2 是日本某工地的照片，采用了在楼层次梁与主梁间架竖向斜撑的办法防止框架梁下翼缘失稳。很多门式刚架采用的是在檩条和钢梁间设隅撑，二者做法基本一样。

（3）措施三：设置水平隅撑

图 2-3-2　日本某工地框架梁照片

也好，设置竖向隔撑也罢，如果建筑不吊顶均不太好看。根据《钢结构设计标准》GB 50017—2017 第 6.2.7 条规定，支座承担负弯矩且梁顶板有混凝土楼板时，框架梁的下翼缘正则化长细比 $\lambda_{n,b} \leq 0.45$ 时，可不计算框架梁下翼缘的稳定性，可不设隔撑；下翼缘正则化长细比 $\lambda_{n,b} > 0.45$ 时，可按式（2-3-2）计算，满足该式的控制条件也不需要设隔撑。

$$\frac{M_x}{\varphi_d W_{1x} f} \leq 1.0 \qquad (2-3-2)$$

式中　W_{1x}——弯矩作用平面内对受压最大纤维的毛截面模量；

　　　φ_d——稳定系数；

　　　M_x——绕强轴的最大弯矩设计值；

　　　f——钢材的强度设计值。

不满足式（2-3-2）时，在侧向未受约束的受压区段内应设置隔撑或沿梁长设置间距不大于 2 倍梁高与梁等宽的横向加劲肋，见《钢结构设计标准》GB 50017—2017 第 10.4.3 条。加劲肋能够通过楼板为下翼缘提供侧向变位约束。设置加劲肋后，下翼缘抗侧向变形的能力增大，不再需要计算整体稳定和畸变屈曲。

（4）措施四：《高层民用建筑钢结构技术规程》JGJ 99—2015 第 8.5.5 条还明确，当梁端下翼缘宽度局部加大，对梁下翼缘侧向约束较大时，视情况也可不设隔撑。这种做法一方面解决了梁受压翼缘的稳定，另一方面也有利于解决连接设计中遇到的问题，见本书第 4.4.1 节。

总之，关于梁下翼缘的稳定，应首先按《钢结构设计标准》GB 50017—2017 验算，然后再考虑是否设置隔撑。解决梁稳定问题，除设置水平隔撑和竖向隔撑外，通过设置竖向加劲肋和加大梁端下翼缘局部宽度解决框架梁端部下翼缘的稳定问题，都是好办法。

2.3.4 钢结构次梁布置问题

大多数结构的柱网通常为 8~12m，采用混凝土结构时，次梁可采用十字交叉梁、井字梁和单向次梁等多种方式；采用钢结构时，其次梁一般应当尽可能做成单向布置的次梁。一是成品钢材一般来料为 12m，采用单向次梁。一可以减少切割和焊接次数，二可以避免因焊接在钢梁内的残留应力，三可以避免十字钢梁交叉节点处产生双向应力，混凝土结构是现场成型，且交叉梁的钢筋可以分别布置，不存在双向应力问题。

对于双向空间均较大的钢结构，需要布置十字或井字梁时，应注意交叉点部位的焊缝处理及交叉点部位的翼缘板的双向应力分析。

2.3.5 钢结构的耗能减震

钢材的优点是强度高，可减小构件截面尺寸降低结构抗侧刚度和减轻结构重量，从而减小地震作用，同时钢材延性好，有利于耗能，是抗震设计的理想结构，抗震要求较高时，结构设计经常会考虑采用钢结构。

钢结构的阻尼比为 0.02，远低于混凝土的 0.05。图 2-3-3 是地震影响系数曲线，由图可知，结构阻尼比越小，反应谱越高，地震反应越大。故如果在结构抗震设计中，设置一定数量的耗能构件，提高结构的阻尼比，对减小地震反应更有利。

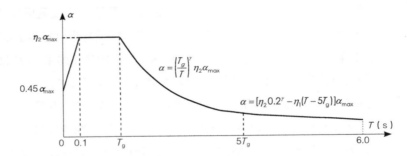

图 2-3-3　地震影响系数曲线

α—地震影响系数；α_{max}—地震影响系数最大值；η_1—直线下降段的下降斜率调整系数；γ—衰减指数；T_g—特征周期；η_2—阻尼调整系数；T—结构自振周期

$$\gamma = 0.9 + \frac{0.05 - \xi}{0.3 + 6\xi} \qquad (2-3-3)$$

$$\eta_1 = 0.02 + \frac{0.05 - \xi}{4 + 32\xi} \qquad (2-3-4)$$

$$\eta_2 = 1 + \frac{0.05 - \xi}{0.08 + 1.6\xi} \qquad (2-3-5)$$

式中　γ——曲线下降段的衰减指数；

ξ——阻尼比；

η_1——直线段的下降斜率调整系数；

η_2——阻尼调整系数。

　　关于结构减震原理，潘鹏、叶列平、钱稼茹等在《建筑结构消能减震设计与案例》一书中有介绍，如图 2-3-4 和图 2-3-5 所示。减震耗能构件有速度型和位移型两种。要实现减震器的耗能，需使耗能构件产生一定的速度和位移，结构应产生较大的相对变形，钢结构层间位移限值为 1/250，与混凝土结构相比，更容易满足这个要求，从这个意义上说，钢结构更适合做耗能减震。

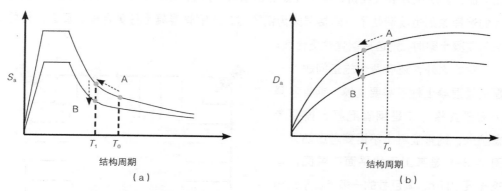

图 2-3-4　位移型阻尼器的拟加速度及位移反应谱
（a）拟加速度反应谱；（b）位移反应谱
A—结构未设位移型阻尼器时，结构对应在反应谱上的点；B—结构增设位移型阻尼器后，结构对应在经阻尼修正后的反应谱上的点；T_0—结构未设位移型阻尼器时的结构自振周期；T_1—结构增设位移型阻尼器后的结构自振周期；S_a—拟加速度；D_a—结构位移。

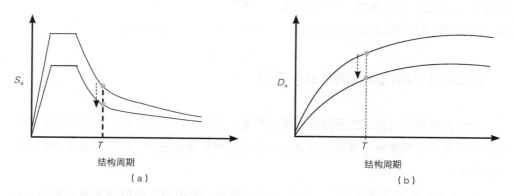

图 2-3-5　速度型阻尼器的拟加速度及位移反应谱
（a）加速度反应谱；（b）位移反应谱
T—结构自振周期

2.3.6 钢骨混凝土柱与钢管混凝土柱的选择

　　钢骨混凝土柱也叫型钢混凝土柱，是指在混凝土柱中配置型钢的同时还要配置适量的构造筋和一定数量的受力钢筋形成的受力柱。混凝土包裹在型钢外侧，对型钢形成约束，减小型钢失稳，充分发挥钢材强度高的特点，提高柱子的承载能力、刚度以及延性。从其抗开裂特性讲，它相对接近钢筋混凝土结构；钢管混凝土柱是把混凝土填充在钢管内，外侧钢管能给混凝土的横向变形提供约束，使混凝土的裂缝发展受到限制。钢管内填充的混凝土也可以改变钢管壁的平面外失稳模态，提高钢管壁抗局部屈曲能力。从抗开裂性能讲，钢管混凝土柱相对更接近钢结构。两种柱的属性清楚了，大的选择原则也就清楚了。即楼层梁为钢梁时，选钢管混凝土柱更合理。反之，楼层梁为混凝土梁时，则选择钢骨柱更合适。

除此之外，还有两个施工问题。一是钢管混凝土柱不需要支模，钢骨混凝土需要支模。二是钢管混凝土需要考虑防火，钢骨混凝土不需要考虑防火。图 2-3-6 是某工程的平面布置图，建筑高度 217m，其巨柱的一多半位于结构外侧，因本工程吊挂楼层较多，楼层梁选择了钢梁。此时，如果巨柱选择钢骨柱，钢骨柱的混凝土部分如何施工？爬模不具备条件，从下到上全高支模，安全风险极高，故这种情况选钢管混凝土柱更合适。

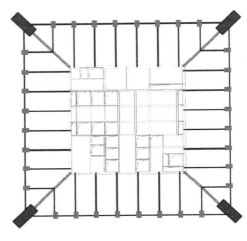

图 2-3-6 某工程平面布置图

2.3.7 几个截面概念的含义与应用

钢结构构件的验算无外乎强度、整体稳定、局部稳定三种，这三种验算涉及不同的截面定义，应用软件计算时应注意区分核对，避免错误应用，给工程带来浪费或不安全因素。

（1）净截面用于强度验算。净截面等于截面的总截面（毛截面）减去截面中孔洞的面积。

（2）有孔拉杆在工程上采用较多的是在局部区段上有孔，孔位置多在构件的两端，其极限状态有两种情况，一是同无孔杆一样，破坏为变形达到不适于继续承载，故以毛截面屈服为承载力极限状态；二是以净截面拉断为破坏。

（3）受应力集中影响，在弹性阶段，孔边缘的应力可能达到毛截面平均应力的 3 倍甚至更高，当其达到屈服强度后，应力不再增加，产生应力重分布，整个净截面仍可均匀达到全截面的屈服强度。由于净截面的塑性变形在整个杆的变形中占比很小，距变形控制的极限承载力仍有发挥空间，还不是承载力极限状态。随拉力的继续增加，孔边缘会出现裂纹，最后杆被拉断，达到承载力极限状态。所以《钢结构设计标准》GB 50017—2017 第 7.1.1 条，对非高强度螺栓连接的轴心受拉构件采用了两个公式：

$$毛截面屈服：\sigma = \frac{N}{A} \leqslant f \tag{2-3-6}$$

$$净截面断裂：\sigma = \frac{N}{A_n} \leqslant 0.7 f_u \tag{2-3-7}$$

式中　　N——所计算截面处的拉力设计值；

　　　　f——钢材的抗拉强度设计值；

　　　　A——构件的毛截面面积；

　　　　A_n——构件的净截面面积，当构件多个截面有孔时，取最不利的截面；

　　　　f_u——钢材的抗拉强度最小值。

（4）毛截面用于整体稳定验算。整体稳定验算是相对于整个构件来讲的，与构件的截面、边界条件等有关。某个局部截面的削弱对整体稳定影响不大，所以采用毛截面，即忽略某些截面中孔洞削弱对稳定的影响。

2.3.8 钢管混凝土柱的稳定承载力计算

关于钢柱的稳定承载力：《钢结构设计标准》GB 50017—2017 第 8.3.1 条、《高层民用建筑钢结构技术规程》JGJ 99—2015 第 7.3.2 条都分别给出了有侧移框架和无侧移框架柱计算长度系数的计算方法，有了计算长度系数和柱的回转半径就可以计算出长细比，代入式（2-3-8）~ 式（2-3-10），即可得到 φ 值。

当 $\lambda_n \leqslant 0.215$ 时：

$$\varphi = 1 - \alpha_1 \lambda_n^2 \tag{2-3-8}$$

$$\lambda_n = \frac{\lambda}{\pi} \sqrt{f_y / E} \tag{2-3-9}$$

当 $\lambda_n > 0.215$ 时：

$$\varphi = \frac{1}{2\lambda_n^2} \left[(\alpha_2 + \alpha_3 \lambda_n + \lambda_n^2) - \sqrt{(\alpha_2 + \alpha_3 \lambda_n + \lambda_n^2)^2 - 4\lambda_n^2} \right] \tag{2-3-10}$$

式中　α_1、α_2、α_3——系数，见《钢结构设计标准》GB 50017—2017 附录 D；

φ——轴心受压构件的稳定系数；

λ——长细比；

λ_n——正则化长细比；

f_y——钢材的屈服强度；

E——钢材的弹性模量。

上述计算比较繁琐，《钢结构设计标准》GB 50017—2017 将上述计算制成了表格，通过查表即可得到稳定系数，从而计算得到钢柱的稳定承载力，减少了上述计算量。

关于钢管混凝土柱的稳定承载力：

（1）《高层民用建筑钢结构技术规程》JGJ 99—2015 表 3.2.2 注解指出框架柱包括全钢柱和钢管混凝土柱。但钢管混凝土的稳定计算是否可以按钢管柱的算法计算仍不明确，理解成适用高度等同于钢柱可能更合理。

（2）《组合结构设计规范》JGJ 138—2016 第 8.2.2 条给出了圆管钢管混凝土轴心受压柱考虑长细比影响的承载力折减系数 φ_l 的计算方法，计算过程大致如下：

1）按《钢结构设计标准》GB 50017—2017 第 8.3.1 条给出的方法可求出考虑了柱端约束条件的计算长度系数 μ。

2）计算柱的等效计算长度系数。

$$L_e = \mu L \tag{2-3-11}$$

3）计算考虑长细比影响的承载力折减系数 ϕ_l。

当 $L_e/D > 4$ 时：$\varphi_l = 1 - 0.115\sqrt{L_e/D - 4}$ （2-3-12）

当 $L_e/D \le 4$ 时：$\varphi_l = 1$ （2-3-13）

式中　L——柱的实际长度；

D——钢管外径；

L_e——柱的等效计算长度；

μ——考虑柱端约束条件的计算长度系数。

4）根据上述求得的 φ_l 即可得到钢管混凝土轴心受压柱考虑长细比影响时的承载力。

该公式的计算值与实测值吻合良好，而且与钢管的径厚比、钢材品种以及混凝土等级等关系不大，故应用起来比较简单，因此比较实用，钢管混凝土柱的稳定分析应按此计算，侧移判断、杆端约束等与钢柱相同处理。

2.3.9 弹性截面模量与塑性截面模量

钢结构弹性设计是钢结构常用的设计方法，设计中采用的模量为弹性模量；塑性设计是钢结构的另一种设计方法，是通过设计塑性铰实现节约钢材的目的。塑性设计主要是针对塑性铰的设计，采用的截面模量为塑性截面模量，相比于弹性设计，人们相对生疏。

塑性截面模量（ W_{pn} ）为截面各组成部分对中和轴的面积矩，相应的中和轴为截面面积的平分线，截面上的应力分布为矩形，如图 2-3-7（a）所示，计算公式如下：

$$W_{pn}=S_{1n}+S_{2n} \tag{2-3-14}$$

式中　S_{1n}、S_{2n}——中和轴以上、以下净截面对中和轴的面积矩。

要求塑性截面模量，需先求出截面中和轴的位置，然后再分别计算出中和轴以上和以下部分的面积及各面积中心距中和轴的距离。以矩形截面为例，塑性截面模量为 $bh^2/4$。

弹性截面模量为截面惯性矩与截面上受拉或受压边缘至形心轴距离的比值。截面上的应力分布为三角形，如图 2-3-7（b）所示。以矩形截面为例，其弹性截面惯性矩为 $bh^2/6$。

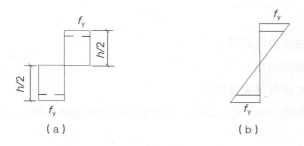

图 2-3-7　钢材不同应力阶段的应力图
（a）塑性截面应力简图；（b）弹性截面应力简图

2.3.10 钢梁的塑性设计

钢材具有良好的延性，在保证结构构件不发生局部失稳和侧向失稳的情况下，可以在超静定结构中的若干部位形成塑性铰，形成结构的内力重分配，充分发挥结构各部位的潜在承载力，可节约钢材 10%~15%。

对钢结构可进行塑性设计。《钢结构设计标准》GB 50017—2017 给出了两种塑性设计方法。一种是塑性铰设计，一种是调幅设计。塑性铰设计可按照塑性铰的刚度直接在软件中定义，需要事先了解塑性铰的性能，实操性差。调幅设计是一种简化了的塑性设计方法，与混凝土结构的调幅设计思路相近。弯矩调幅程度不同，塑性开展的程度不同，宽厚比的限值也可以不同，设计时可以根据具体情况加以限定。应用条件如下：①不以钢框架为主要承担水平力的结构可以通过弯矩调幅来完成；②调幅仅限于竖向荷载；③钢材要有强化性能。由于框架柱不允许调幅，因此，本节只谈钢梁的调幅设计。

对于同时承受压力和弯矩（实为压弯构件）的塑性铰截面，塑性转动时，会发生弯矩 – 轴力极限曲面上的流动，受力性能复杂，《钢结构设计标准》GB 50017—2017 第 10.3.4 条规定：采用塑性铰和弯矩调幅设计时，塑性铰部位的计算应符合式（2-3-15）的要求。

$$N \leqslant 0.6A_n f \qquad (2-3-15)$$

式中　N——构件的压力设计值；

　　A_n——净截面面积；

　　f——钢材的抗弯强度设计值。

注意：（1）当梁不受力时，$N=0$；对于有斜柱等能够使梁受压力时，N 的取值应符合实际受力。

（2）塑性设计只是对塑性铰部位进行塑性设计，塑性铰以外部位仍按弹性设计进行相应分析。

（3）式（2-3-15）的意义相当于截面控制条件，控制截面 A_n 不能太小。

按照本书第 2.2.17 节的讨论，图 2-3-8 所示阴影部分代表调幅后梁内出现的塑性区域，调幅后的受弯承载力可看成是图中虚线对应的弹性承载力，于是参照弹性分析法，得到式（2-3-16），调幅后的梁的边缘应力计算完全等同于对应虚线的弹性计算。

$$M_x \leqslant \gamma_x W_{nx} f \qquad (2\text{-}3\text{-}16)$$

式中　M_x——构件的抗弯设计值；

$\quad\quad W_{nx}$——对 x 轴的净截面模量；

$\quad\quad \gamma_x$——截面塑性发展系数；

$\quad\quad f$——钢材的抗弯强度设计值。

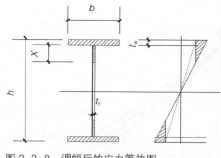

图 2-3-8　调幅后的应力等效图

X—进入塑性的截面高度；h—钢梁的截面高度；b—钢梁的截面宽度；t_f—腹板厚度；t_w—翼缘厚度

2.3.11 轴力对钢梁受弯承载力的影响

1）弹性设计时

《钢结构设计标准》GB 50017—2017 第 8.1.1 条给出了拉弯、压弯构件的计算公式，当梁内存在轴力时，可按式（2-3-17）计算

$$\frac{N}{A_n} \pm \frac{M_x}{\gamma_x W_{nx}} \leqslant f \qquad (2\text{-}3\text{-}17)$$

将式（2-3-17）进行变换，可得到：

$$M_x = \left(1 - \frac{N}{A_n f}\right)\gamma_x W_{nx} f \qquad (2\text{-}3\text{-}18)$$

由式（2-3-18）可以看出，轴向压力的存在会降低梁的弹性受弯承载力。

2) 调幅设计时

弹性计算阶段，梁在弯矩作用下，截面验算满足平截面假定，应力图呈反对称三角形。当允许钢梁发展塑性时，截面上的应力如图 2-3-8 所示，呈折线形，阴影部分为折算的进入塑性的部分。当梁的腹板也完全发挥塑性时，截面应力图呈反对称矩形。事实上，只要有弯矩存在，梁截面上的变形一定是边缘大，中和轴附近变形小，中和轴上总会有变形为零的点。当允许进入塑性的梁存在轴力时，随着进入塑性的区域变化，中和轴的位置会发生改变，从而调整进入塑性的拉压部分面积，提高此时梁的塑性承载能力。轴力 N 和弯矩 M 的关系可由图 2-3-9 表示，轴压比较小时，梁极限受弯承载力变化可以忽略。

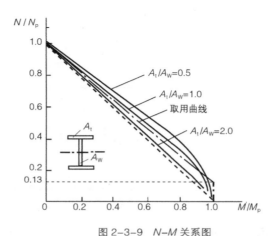

图 2-3-9 N–M 关系图

N/N_p—轴力／全塑性轴向承载力；M/M_p—弯矩／全塑性受弯承载力；A_t/A_w—翼缘面积与腹板面积的比

《钢结构设计标准》GB 50017—2017 第 10.3.4 条规定：

当 $\dfrac{N}{A_n f} \leq 0.15$ 时，弯矩调幅设计应符合式（2-3-16）要求，该式中无轴力项，即此时可以忽略轴力的影响。

当 $\dfrac{N}{A_n f} > 0.15$ 时，弯矩调幅设计应符合式（2-3-19）要求。

$$M_x \leq 1.15\left(1 - \frac{N}{A_n f}\right)\gamma_x W_{nx} f \qquad (2\text{-}3\text{-}19)$$

说明当梁内轴压比大于 0.15 时，按调幅设计的梁受弯承载力不可忽略轴力的影响。

2.3.12 关于连接系数的规定

《建筑抗震设计规范》（2016 年版）GB 50011—2010 第 8.2.8 条规定："钢结构构件连接应按地震组合进行弹性设计，并应进行极限承载力验算"。

连接系数反映了连接处对延性及重要性的要求,是两阶段设计中第二阶段要用到的参数。延性要求越高,意味着构件发生塑性变形更充分,与之对应的连接极限强度则越高。由于钢材强度越高,延性越差,故 Q235 的连接系数大于 Q345。同理,螺栓连接的延性高于焊缝,梁柱连接延性 > 支撑连接、拼接延性 > 柱脚延性,连接系数也对应其延性要求。

2.3.12.1 《建筑抗震设计规范》（2016 年版）GB 50011—2011 的规定

《建筑抗震设计规范》（2016 年版）GB 50011—2011 第 8.2.8 条给出的钢结构抗震设计的连接系数见表 2-3-1。钢梁的承载力一般为弯矩控制,其设计剪力可取与梁屈服弯矩对应的剪力,一般不用采取特殊措施。

《建筑抗震设计规范》钢结构抗震设计的连接系数　　　　表 2-3-1

母材牌号	梁柱连接		支撑连接,构件拼接		柱脚	
	焊接	螺栓连接	焊接	螺栓连接		
Q235	1.40	1.45	1.25	1.30	埋入式	1.2
Q345	1.30	1.35	1.20	1.25	外包式	1.2
Q345GJ	1.25	1.30	1.15	1.20	外露式	1.1

注：1. 屈服强度高于 Q345 的钢材,按 Q345 的规定采用;
　　2. 屈服强度高于 Q345GJ 的 GJ 钢材,按 Q345GJ 的规定采用;
　　3. 翼缘焊接腹板栓接时,连接系数分别按表中连接形式取用。

从表 2-3-1 可以看出：①钢材等级越高,连接系数越小,主要是为了与构件的延性相匹配;②梁端的塑性变形要求最高,连接系数也最高,而支撑和构件拼接的塑性变形相对较小,连接系数取值低;③为避免螺栓连接过早滑移,发挥螺栓的承载能力,螺栓的连接系数相对取了高值;④考虑外露式柱脚刚度可能不够强,难以做到完全固结,外露式柱脚的连接系数低于埋入式和外包式。

2.3.12.2 《钢结构设计标准》GB 50017—2017 的规定

《钢结构设计标准》GB 50017—2017 表 17.1.9 也给出了连接系数,除外露式柱脚取 1.2 外,其余系数与《建筑抗震设计规范》（2016 年版）GB 50011—2011 的规定完全一致。估计《钢结构设计标准》GB 50017—2017 是将外露式柱脚当作完全的固结,其固结程度与埋入式和外包式完全一样。《建筑抗震设计规范》（2016 年版）GB 50011—2011 则认为外露式柱脚的固结程度需要有所折减,这是两本规范的不同之处。

2.3.12.3《高层民用建筑钢结构技术规程》JGJ 99—2015 的规定

《高层民用建筑钢结构技术规程》JGJ 99—2015 第 8.1.3 条给出了钢结构抗震设计的连接系数，见表 2-3-2。

《高层民用建筑钢结构技术规程》钢结构抗震设计的连接系数　　表 2-3-2

母材牌号	梁柱连接		支撑连接、构件拼接		柱脚	
	母材破坏	高强度螺栓破坏	母材或连接板破坏	高强度螺栓破坏		
Q235	1.40	1.45	1.25	1.30	埋入式	1.2（1.0）
Q345	1.35	1.40	1.20	1.25	外包式	1.2（1.0）
Q345GJ	1.25	1.30	1.10	1.15	外露式	1.0

注：1. 屈服强度高于 Q345 的钢材，按 Q345 的规定采用；
　　2. 屈服强度高于 Q345GJ 的 GJ 钢材，按 Q345GJ 的规定采用；
　　3. 括号内的数字用于箱形柱和圆管柱；
　　4. 外露式柱脚是指刚接柱脚，只适用于房屋高度 50m 以下。

对比表 2-3-1 和表 2-3-2 可以发现，两本规范的连接系数，对于 Q235 钢材无差别。对于 Q345 钢材的梁柱连接，《高层民用建筑钢结构技术规程》JGJ 99—2015 的要求则更高。但需要注意的是，表中采用的是 Q345，《钢结构设计标准》GB 50017—2017 已把 Q345 改为 Q355，如果按 Q355 来做基数计算，1.35×345/355 ≈ 1.31，这样《高层民用建筑钢结构技术规程》JGJ 99—2015 和《钢结构设计标准》GB 50017—2017 给出的系数正好一致。

《高层民用建筑钢结构技术规程》JGJ 99—2015 认为外露式柱脚实际上并不是完全的刚性连接，按固定式柱脚设计无法充分发挥高强连接的作用，不经济，不如采用外包式或埋入式柱脚，故外露式柱脚连接系数取了 1.0。从实际工程经验看，笔者认为《高层民用建筑钢结构技术规程》JGJ 99—2015 的考虑是合理的，外露式柱脚连接系数取 1.0 是合适的。但有一点要注意，整体建模分析中，柱脚往往是按固接计算的，并不会区分施工图时设计的是外露式柱脚还是外包式或埋入式柱脚。因此，如果设计图采用外露式柱脚就造成了计算与实际并不相符，笔者建议采用外露式柱脚时，可在整体分析模型中采用弯矩释放的办法进行处理，保证计算模型与结构的实际受力情况更好吻合。在计算模型中将柱脚做弯矩释放时，释放系数可取 1/1.2 ≈ 0.83。柱脚释放出来的弯矩由上部结构承担。否则，外露式柱脚释放出来的弯矩会使上部结构偏不安全。如果外露式柱脚的属性在整体模型中已经得到体现，已经进行了部分弯矩释放，则连接设计时连接系数就应该取 1.2。

2.3.13 关于柱计算长度系数大于 2.0 的问题

查《钢结构设计标准》GB 50017—2017 附录中表 E02 可以发现，有侧移框架柱的部分计算长度系数大于 2.0，而理论上悬臂柱的计算长度系数才 2.0。这是因为理论分析是以单根柱为对象，实际工程中，柱的刚度并不相同，如三铰刚架结构，底部刚接的柱除承担 $W/2$ 的竖向荷载外，还要承担底部铰接柱因失稳产生的水平力，故计算长度系数达到 2.69，大于 2.0 的结构相对特殊，应用时注意区分。

2.4 关于钢结构装配式应用的若干问题

钢结构装配式是近几年国家推广装配式建筑过程中经常被提及的一种结构形式，备受关注，但推广效果还不够理想。因此，有必要也拿出来讨论一下。

2.4.1 装配式钢结构定义与存在的问题

《装配式钢结构建筑技术标准》GB/T 51232—2016 对装配式钢结构建筑定义如下：建筑的结构系统由钢部（构）件构成的装配式建筑。还进一步定义其结构系统：由结构构件通过可靠的连接方式装配而成，以承受或传递荷载作用的整体。《全装配式多高层钢结构技术标准》（征求意见稿）则进一步明确：全装配式钢结构为钢结构构件的现场连接主要为螺栓连接的钢结构，并给出了一些节点连接图，如图 2-4-1 所示。

目前，全螺栓连接装配式钢结构工程国内还比较少见。究其原因，有以下几个方面：

一是全螺栓连接成本偏高。为此，我们对同一个节点分别做了栓焊混合连接、有牛腿全焊接、无牛腿全焊接以及全螺栓连接四种节点，如图 2-4-2 所示，并委托某钢构公司结合工程实际给出相应的报价，计算明细见表 2-4-1。表中数据说明，全螺栓连接成本比全焊接高出很多，除螺栓本身成本相对偏高外，还有装配所需连接板的成本，导致总用钢量和成本均偏高；二是工地误差难以满足螺栓安装精度要求，现场扩孔现象时有发生；三是全螺栓连接的钢梁上翼缘的螺栓会影响楼承板的铺设，甚至造成楼板局部减薄。因此，钢结构装配式推广还需另辟蹊径，解决上述问题。

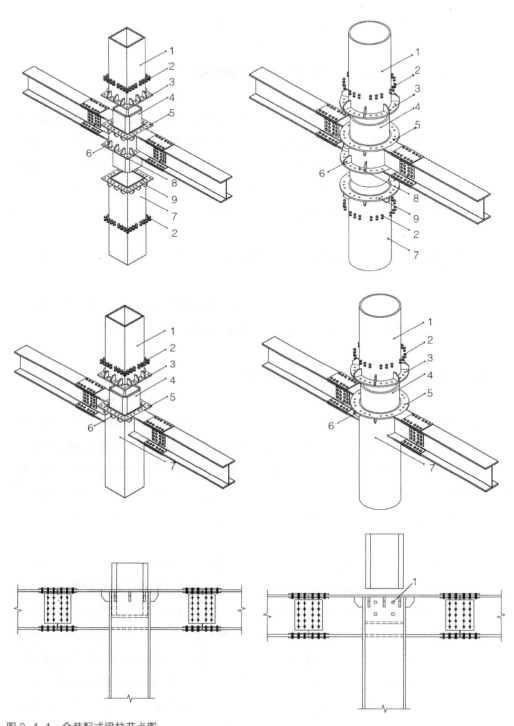

图 2-4-1　全装配式梁柱节点图
1—上柱；2—高强度螺栓群；3—上法兰板1；4—芯筒；5—上法兰板2；6—加劲肋；7—下柱；8—下法兰板1；
9—下法兰板2

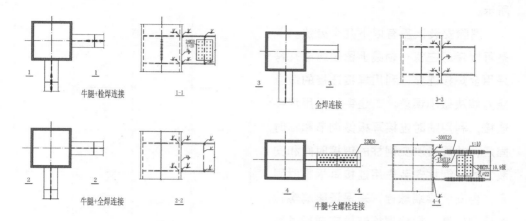

图 2-4-2　几种梁柱连接节点图

序号	节点形式	螺栓（4元/颗）	连接板（8000元/t）包安装	工厂焊缝（全熔透40元/m；角焊缝15元/m）包含人工费、探伤费	现场焊缝（全熔透50元/m；角焊缝20元/m）包含人工费、探伤费	合计	板件尺寸
节点一	带牛腿梁柱栓焊	24M20，96元	26.6kg，212.8元	全熔透两条0.6m，24元；角焊缝两条1.3m，19.5元	全熔透两条0.6m，30元	382.3	355×475×10（两块）
节点二	带牛腿梁柱全焊	—	—	全熔透两条0.6m，24元；角焊缝两条1.3m，19.5元	全熔透三条1.25m，37.5元	81	—
节点三	无牛腿梁柱全焊	—	—	—	全熔透两条0.6m，30元；角焊缝两条1.3m，26元	56	—
节点四	带牛腿梁柱全螺栓	112M20，448元	177.5kg，1420元	全熔透两条0.6m，24元；角焊缝两条1.3m，19.5元	—	1911	355×475×10，885×300×20（各两块）885×135×18（四块）

四种节点成本表（元）　　表 2-4-1

2.4.2 装配式钢结构的推广思路

纯钢框架结构是有侧移结构，抗侧刚度靠梁柱抗弯刚度来实现。梁端弯矩较大，对充分发挥钢材强度不利，建议在框架内设置部分柱间支撑，让柱间支撑承担大部分水平力，将梁端做调幅甚至部分铰接处理，调幅设计的有关要求见本书第 2.2.17 节。这样可减少部分翼缘的螺栓，从而最大限度方便全螺栓连接，结构示意简图如图 2-4-3

所示。

消除安装误差有以下几个办法。一
是可以考虑在每一轴线上留一跨或几跨
采用全焊接连接，利用焊接连接的适应
能力解决微小误差。二是钢柱采用焊接
连接，利用临时连接耳板做调节和临时
固定，并适当改变钢柱的焊接时间和安
装方式。钢柱安装先用连接耳板临时固
定，再安装梁端螺栓，来保证梁端螺栓
的顺利安装，梁端螺栓连接完成后进行
钢柱焊接作业。三是螺栓连接孔位偏差

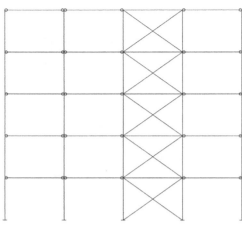

图 2-4-3   结构示意简图

处理。因各种原因，现场施工时经常会有螺栓穿不进去的情况，广东省标准《钢结构
施工及质量验收规程》DBJ/T 5—170—2019 又规定严禁强行穿入，也严禁气割扩孔，
是螺栓连接比较头痛的事。处理办法有以下几种：

（1）可用铰刀或锉刀进行修正，修正后孔的最大直径不应大于螺栓直径的 1.2 倍，
且修孔数量不应超过该节点螺栓数量的 25%。按此办法处理的螺栓连接，其承载力损
失不会超过原设计承载力的 5%。

（2）扩孔数量大于 25% 时，应按广东省标准《钢结构施工及质量验收规程》
DBJ/T 5—170—2019 中的大孔进行承载力复核，满足设计承载力要求可不处理。按
大孔复核不满足设计承载力要求时，可将连接板四周焊接起来。不过要特别注意，焊
缝的承载力与螺栓的承载力要基本匹配，使二者基本同时达到承载力极限值，如果二
者相差过于悬殊则不能有效提高螺栓连接的极限承载力，由于同一节点板采用栓焊混
合连接，受力不够清晰。因此，不推荐使用，采用时，施工顺序应该是先拧紧螺栓，
后实施连接板周边焊接，避免因焊接变形而造成连接板无法紧密接触而影响摩擦力。

2.4.3 关于摩擦型螺栓和承压型螺栓的讨论

高强度螺栓按传力方式分有摩擦型和承压型，强度可分为 8.8 级和 10.9 级。螺栓
的选用是钢结构设计的重要内容之一。

高强度螺栓摩擦型连接是靠被连接板叠间的摩擦阻力传递内力。以摩擦力刚刚被
克服作为连接承载力的极限状态的螺栓即是摩擦型螺栓。摩擦阻力值的大小取决于板
叠间的法向压力即螺栓预拉力 P、接触表面的抗滑移系数 μ 以及传力摩擦面数目 n_f，

计算公式如下：

$$N_v^b = 0.9kn_f\mu P \tag{2-4-1}$$

$$N_t^b = 0.8P \tag{2-4-2}$$

式中　N_v^b、N_t^b——一个螺栓的受剪、受拉承载力设计值；

　　　　k——孔型系数，《钢结构设计标准》GB 50017—2017 第 11.4.2 条规定：标准孔取 1.0；大圆孔取 0.85；内力与槽孔长向垂直时取 0.7；内力与槽孔长向平行时取 0.6。

预拉力 P 值以螺栓的抗拉强度为准，再考虑必要的系数，用螺栓的有效截面经计算确定。钢材摩擦面的抗滑移系数 μ 取值见表 2-4-2。

钢材摩擦面的抗滑移系数 μ　　　　表 2-4-2

连接处构件接触面的处理方法	构件的钢材牌号		
	Q235 钢	Q345 钢或 Q390 钢	Q420 钢或 Q460 钢
喷硬质石英砂或铸钢棱角砂	0.45	0.45	0.45
抛丸（喷砂）	0.40	0.40	0.40
钢丝刷清除浮锈或未经处理的干净轧制面	0.30	0.35	—

将式（2-4-2）进行变换得：

$$P = 1.25N_t^b = 1.25\times\frac{\pi d^2}{4}f \tag{2-4-3}$$

$$N_v^b = 0.9kn_f\mu\times1.25\times\frac{\pi d^2}{4}f \tag{2-4-4}$$

承压型连接以栓杆被剪断或者连接板被挤坏作为承载力极限状态，用于承压连接的螺栓即是承压型螺栓。承压型螺栓连接，螺杆的承载力按式（2-4-5）、式（2-4-6）计算，取二者的小值：

$$N_v^b = n_v\frac{\pi d^2}{4}f_v^b \tag{2-4-5}$$

$$N_c^b = d \sum t f_c^b \qquad (2-4-6)$$

式中 d——螺杆直径；

$\sum t$——一个受力方向承压构件总厚度的较小值；

f_c^b——螺栓的承压强度设计值；

f_v^b——螺栓的抗剪强度设计值。

当栓杆被剪断时，承压型螺栓的抗剪强度 f_v^b 约为抗拉强度的 62%，则式（2-4-5）可变换为：

$$N_v^b = n_v \frac{\pi d^2}{4} \times 0.62 f \qquad (2-4-7)$$

分析式（2-4-4）和式（2-4-7）可得，高强度螺栓的摩擦承载力是承压型螺栓承载力的 54.8%~81.6%，与承压型螺栓连接相比，摩擦型连接的螺栓承载力发挥 54.8%~81.6%。

当连接板被挤压破坏时，因连接板厚度不确定，无法直接比较，但从合理角度，连接板被挤压破坏的承载力不应低于螺杆被剪断承载力的 80%，按此估算，高强度螺栓的摩擦承载力是承压性螺栓承载力的（54.8%~81.6%）×0.8=43.84%~65.28%。承压型连接的最终承载力高于摩擦型连接。

《高层民用建筑钢结构技术规程》JGJ 99—2015 第 8.1.6 条规定：高层民用建筑钢结构承重构件的螺栓连接，应采用高强度螺栓摩擦型连接。考虑罕遇地震时连接滑移，螺杆与孔壁接触，极限承载力按承压型连接。因此，对于螺栓连接设计时，用小震的力与竖向荷载的组合值计算摩擦型螺栓数量，大震复核时按照承压型连接复核才能使设计更合理，即可以将摩擦型螺栓与承压型螺栓看成是两种承载力状态。但需注意，计算模型的修正，弹性假定计算时不允许螺栓连接产生滑移。

2.4.4 关于主次梁连接节点螺栓设计的讨论

关于主次梁铰接连接时的螺栓计算，《高层民用建筑钢结构技术规程》JGJ 99—2015 第 8.3.9 条，梁与柱铰接时，与腹板连接的高强度螺栓，除应承受剪力外，尚应承受偏心弯矩的作用。同时也指出，当采用现浇钢筋混凝土楼板将主梁和次梁连接成整体时，可不计算偏心弯矩的影响。这个规定来源于日本《钢结构标准连接——H 型钢篇》SCSS-H97，"楼盖次梁与主梁采用高强度螺栓连接，采取了考虑偏心影响的设计方法，次梁端部的连接除传递剪力外，还应传递偏心弯矩"。钢结构的次梁一般设计成简支梁，主次梁的连接为铰接连接，简支梁受力简图如图 2-4-4 所示，主次梁铰接连接节点详图如图 2-4-5 所示。仔细对比二者，其关注点还是有差别的。《高层民用建筑钢结构技术规程》JGJ 99—2015 强调的是梁柱铰接和螺栓受力，日本规范强调的是主次梁连接和次梁端部的偏心弯矩。

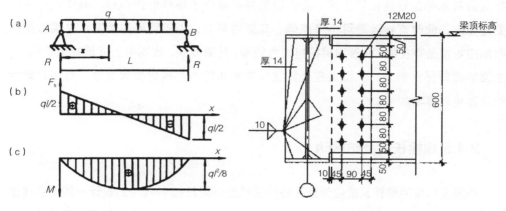

图 2-4-4 简支梁受力简图　　　　　　　　　图 2-4-5 主次梁铰接连接节点

理论上，简支梁在外力作用下，其支座截面会绕支点旋转，梁端的弯矩为零，如图 2-4-6（a）所示，可称之为理论铰简支梁。但实际工程中，理论铰基本不存在，一定有部分次梁的弯矩变成主梁的扭矩，主梁对次梁产生一定的反作用。主梁扭转抵抗矩的存在，使得次梁端部一定有少部分负弯矩，如图 2-4-6（b）所示。由于主次梁的连接螺栓不在主梁中心，螺栓群中心处存在一定的弯矩，螺栓计算需考虑弯矩的影响。

主次梁由螺栓通过图 2-4-5 节点板连接，次梁可以有两种工作方式：一是以主梁的中心为转轴，简支梁支座的旋转完全由主梁的转动完成，次梁负弯矩的大小与主梁

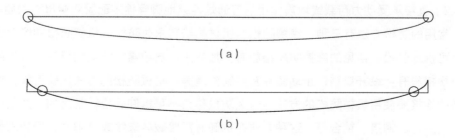

图 2-4-6 简支梁计算简图与实际受力简图
（a）理论铰简支梁弯矩图；（b）塑性铰简支梁弯矩图

的抗扭刚度有关，连接螺栓处也存在一定的弯矩，计算上需要考虑其影响；二是将主次梁的连接板支座看成是连接板—螺栓群的中心，次梁该截面处的旋转在连接板—螺栓群的中心完成，相当于主梁上多出一个牛腿，次梁支撑在牛腿上，牛腿根部的弯矩仍由主梁承担，但螺栓群中心处的弯矩为零，这样螺栓设计就不需要考虑弯矩产生的剪力，螺栓的负载被部分释放，简图如图 2-4-6（b）所示。实际工程中的简支梁基本都是塑性铰简支梁。塑性铰的存在减小了螺栓处的弯矩，有楼板存在时更是如此，此时螺栓计算可不考虑偏心弯矩的影响，但不管哪种情况，主梁所受的附加扭矩都是存在的。H 形钢梁抗扭能力较差，计算复杂。当钢梁上有混凝土楼板时，主梁的扭转受到约束，次梁支座处抵抗负弯矩的能力都得到很大增强，弯矩对螺栓的计算可以忽略。

2.4.5 螺栓长度及防松动

高强度螺栓的螺杆长度应保证在终拧后螺栓外露丝扣 2~3 个，设计一般不会提这个要求。实际工程中有时就出现了螺杆长度不足问题，甚至出现丝扣不外露的情况，无法保证螺栓长期可靠工作要求，设计应该有这方面的提醒。

螺栓有高强度螺栓和普通螺栓两种。高强度螺栓一般都要求施加一个比较大的预紧力，预紧力使螺母与被连接件之间产生很大的压力，这种压力会产生阻止螺母转动的摩擦扭矩，因此，高强度螺栓的螺母不会松脱，故高强度螺栓连接一般是不需要采取防松动措施。普通螺栓无杆轴方向的压力，无法形成阻止螺母转动的摩擦力，所以普通螺栓连接需要考虑防松动措施。

工程中，需要考虑防松动的情况如下：

1）以风荷载为主要荷载的杆件或工业厂房环境有振动等的构件，其普通螺栓连接宜配弹簧垫圈。

2）直接承受动力荷载或地震作用的普通螺栓或地脚螺栓应配置双螺母防松动。

常用的防松方法有三种：摩擦防松、机械防松和永久防松。机械防松和摩擦防松称为可拆卸防松。常见的摩擦防松措施有：加垫片、自锁螺母及双螺母等。常见的机械防松措施有：设开口销、止动垫片及穿钢丝绳等。机械防松的方法比较可靠，对于重要的连接要使用机械防松的方法。永久防松称为不可拆卸防松，常用的永久防松措施有：点焊、铆接、粘合等。这种方法在拆卸时需要破坏螺纹或紧固件，导致螺栓无法重复使用。

2.5 钢结构的防护问题

钢结构设计不同于混凝土结构设计，防护设计是钢结构设计不可或缺的内容。钢结构的防护设计包括防火与防腐两个方面。防护构造通常可以用图 2-5-1 表示，由内至外分别是底漆、中间漆、面漆和防火涂料。钢结构防护不仅是一个技术问题，涉及对自然资源、社会能源、建筑材料、人身安全的保护。

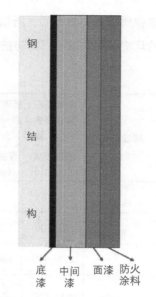

2.5.1 防腐设计

钢结构防腐对降低钢结构被腐蚀与破坏程度，保证和延长钢结构使用寿命，具有十分重要的现实意义和长远意义，有助于发展国民经济，设计时应当充分考虑。

图 2-5-1　钢结构的防护层次图

钢结构防腐通常分为底漆、中间漆和面漆，每一层漆的作用并不相同，各层漆的作用可用图 2-5-2 表示。底漆的作用之一是保护基材，这一特性决定着该层漆通常要有一定的锌粉含量；其二是提供附着力，该层漆与基材必须具有良好的粘结力。中间漆的作用主要是增长腐蚀路径，延缓腐蚀作用，云母为片状结构，将其用作填料是比较好的选择。面漆的作用首先是装饰效果，通常也需要根据建筑装饰效果的需要来确定。面漆有很好的致密性和耐老化作用。所以，面漆除了装饰效果以外，还有一个很重要的作用就是屏蔽作用，它的存在可以很好地隔绝空气和水，使钢结构失去腐蚀反应所需要的条件；对防腐涂料的工作年限影响显著。

钢结构防腐设计需要考虑的因素如下：

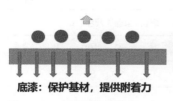

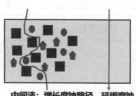

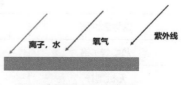

图 2-5-2　防腐漆各层作用示意图

（1）钢结构腐蚀与环境介质的种类有很大关系。依据环境分类标准 ISO 12944-2，环境分类见表 2-5-1。相同时间内，处于不同环境类别的钢结构，单位面积上低碳钢质量损失量不同。所以，防腐设计首先要研究钢结构工作的环境类别，根据不同的环境类别采取不同的防护措施。

钢结构防护类别划分表 表 2-5-1

腐蚀类别	单位面积上低碳钢质量的损失（第一年暴露后）		温性气候下的典型环境（仅作参考）	
	质量损失（g/m²）	厚度损失（μm）	外部	内部
C1 很低	≤ 10	≤ 1.3		加热的建筑物内部，空气洁净，如办公室、商店、学校和宾馆等
C2 低	10~200	1.3~25	大气污染较低，大部分是乡村地带	未加热的地方，有冷凝发生，如库房、体育馆
C3 中	200~400	25~50	城市和工业大气，中等的二氧化硫污染，低盐度沿海区域	高湿度和有些污染空气的生产场所，如食品加工厂、酒厂等
C4 高	400~650	50~80	高盐度的工业区和沿海区域	化工厂、游泳池、海船和船厂等
C5-I 很高（工业）	650~1500	80~200	高盐度和恶劣大气的工业区域	总是有冷凝和高湿的建筑和地方
C5-M 很高（海洋）	650~1500	80~200	高盐度的沿海和离岸地带	总是处于高湿高污染的建筑物或其他地方

（2）要考虑防腐涂料与基材的粘结问题。为增强其与钢结构的粘结力，钢结构构件要先对构件表面进行处理。钢结构的除锈方式有喷砂和手工两类，且不同涂料对基层除锈程度的要求不同。因此，表面处理等级要以钢结构所处的环境和涂料的种类进行确定。工厂以喷砂和抛丸为主，现场只能手工除锈。

《钢结构工程施工规范》GB 50755—2012 第 13.2.2 条规定的不同底涂层和除锈等级见表 2-5-2。

各涂料品种的最低除锈等级 表 2-5-2

钢材底涂层	除锈等级	表面粗糙度 Ra（μm）
热喷锌/铝	Sa3 级	60 ~ 100
无机富锌	Sa2.5 级~ Sa3 级	50 ~ 80
环氧富锌	Sa2.5 级	30 ~ 75
不便喷砂的部位	St3 级	

《全国民用建筑工程设计技术措施——结构》从环境对钢结构侵蚀作用角度给出了确定方法，见表 2-5-3。

各类构件的物理除锈方法与等级　　　　　　　　　　表 2-5-3

构件种类	除锈方法	除锈等级
无侵蚀作用一般构件	手工及动力工具除锈	St2（彻底）级或 St3 级（非常彻底）
弱侵蚀作用的承重构件	喷射（丸、砂）除锈	Sa2（彻底）级或 Sa2.5 级（非常彻底）
中等侵蚀作用的承重构件	喷射（丸、砂）除锈	Sa2.5 级（非常彻底）

面漆的耐老化性能越好，抗腐蚀能力越强，钢结构的耐腐蚀年限也就越长。无论是否有装饰和防火要求，面漆的存在对钢结构防腐有利。常见的防腐配套漆如图 2-5-3 所示。

底漆　　　　　　　　中间漆　　　　　　　　面漆

环氧富锌底漆　　环氧云铁中间漆　　聚氨酯漆
无机富锌底漆　　厚浆型环氧中间漆　　丙烯酸面漆
有机硅富锌底漆　　丙烯酸聚氨酯中间漆　　氟碳面漆
环氧磷酸锌底漆　　……　　聚硅氧烷面漆
……　　　　　　　　……

图 2-5-3　常见的防腐配套漆

（3）对环境的影响。防腐漆从溶剂角度可分为水性漆和油性漆。水性涂料的分散介质是水，涂料施工后，从涂膜中挥发的是水和少量助剂，具有环保、安全等性能；而溶剂型涂料的分散介质是有机溶剂（一般简称 VOC），从涂膜中挥发掉的有机溶剂多属有毒有害物质，不但会对人体产生危害，而且会对自然环境造成污染。早些年，水性漆比较少，且对施工的要求比较高，环境湿度大，漆膜干燥时间长，价格也相对高一些，水性漆的应用受到很大限制，应用量相对偏少。近些年，随着水性漆技术的进步，这些问题都有了较大改善，加上国家对环保要求的提高，水性漆的产品越来越多，市场竞争力明显增强，市场关注度越来越高，未来设计选择水性漆不再有难度，应用前景广阔。

（4）工作年限。钢结构防腐涂料的防腐年限一般在 15 年左右，而建筑钢结构工作年限至少 50 年。因此，建筑钢结构在使用期间要大修 2~3 次，使得一些房地产开发公司望而却步。即便是公共建筑，如航站楼等，维修势必影响运营。最近也遇到一些钢结构翻新工程，铲除原有钢结构上的涂料，重新达到涂料涂装要求的标准几乎是不可能的工作。因此，涂料的耐久性也很重要。

（5）关键部位防腐处理。钢结构防腐的关键部位主要有三处，第一是钢构件的凹角、尖角部位。构件有时会有一些凹槽较尖、较深的部位，这些凹角部位喷砂除锈比较难以到位，而且，这些凹角部位细小颗粒清理不干净，涂料喷刷难以到位。凹角主要出现在开口截面内侧和结构的节点部位。工程实践表明，节点部位的防腐常常成为钢结构防腐的薄弱环节。第二是多杆件交叉的节点，图 2-5-4 是某工程钢结构节点锈蚀照片，该钢结构是楼顶显示屏的钢构架，使用环境是室外，更换显示屏时，发现节点腐蚀严重，但杆件本身还很好，说明节点部位才是钢结构防腐应当重点关注的部位。

图 2-5-4　钢结构节点锈蚀照片

第三是现场接头部位。钢结构总免不了现场焊接，受现场条件限制，现场接头不可能进行喷砂等在工厂才可实现的除锈措施，除锈等级不可能很高，故该接头易成为防腐的薄弱环节。总之，关于防腐设计，笔者建议将钢结构防腐分为构件防腐和节点防腐，节点防腐比构件防腐高一个等级。对于室外腐蚀环境中的承重钢结构，考虑美观因素，可以采用耐候钢。采用耐候钢时，其表面一般也要按照常规钢结构的要求进行除锈和涂装。

2.5.2 防火设计

钢结构所处的环境有火荷载时，在火荷载作用下，钢材强度会随着温度的升高而降低。火荷载的存在给结构安全带来隐患。防火设计就是设法延长因火荷载作用而使钢结构失去承载能力的时间。

防火涂料是应用于火灾高温情况下延缓钢结构升温的一种特殊材料，需要具有很好的耐火和隔热两个性能，能够在火灾高温下保护钢材，使钢材本身的温度保持在安全温度之下，避免钢材的强度和弹性模量产生急剧的衰减，从而使得钢结构能维持一定的承载能力，保障结构的安全。防火涂料按厚度可分为厚型、薄型及超薄型涂料；按遇火后的表现可分为膨胀型与非膨胀型；按基料可分为水泥基和石膏基；按溶剂可分为水性和溶剂型等。

涂料的抗压强度一般不需要太大，需要材料的变形能力和韧性很好。钢构件在高温情况下允许的最大变形为跨度的 1/20，在这样大的变形情况下，为了保证防火涂料能正常发挥耐火隔热作用，防火涂料不能发生开裂和脱落现象。所以，不论哪种防火涂料都必须具备很好的与钢材的粘结性和很好的适应大变形的能力。通常情况下，涂料重量越轻，粘结强度越大，与钢材的粘结性也就越好。当然，对于厚型涂料，干密度也直接影响结构设计荷载取值的大小，设计时应预留这部分荷载。

防火设计指标是防火设计的基础数据，也是保证涂料耐火性能发挥的重要指标，应依据相关规范要求和具体情况来确定。防火涂料的粘结强度要比防腐涂料低，即使是薄型涂料，多年后也易脱落，图 2-5-5 和图 2-5-6 是防火涂料脱落的照片。即便外面的防火涂料脱落了，防火涂料内侧的防腐涂料依然完好。因此，防火设计文件中一定要对防火涂料的干密度、粘结强度和抗压强度做一个限定，以保障涂料耐火性能的充分发挥，进而达到预定的耐火极限设计目标。

图 2-5-5　室外防火涂料脱离照片　　　　　　图 2-5-6　室内防火涂料脱离照片

选择防火涂料时，以下几点应引起注意：

（1）位于室内的任何钢构件和位于室外但有外包做法等围护措施的非裸露钢构件，应选用室内型防火涂料；室外环境的钢结构，一般不考虑防火防护，见《全国民用建筑工程设计技术措施——结构》。位于室外无任何外围护，直接暴露于大气中的裸露钢构件，需要防火时应选用室外型防火涂料。

（2）当建筑高度大于 250m 时，任何耐火极限的钢构件均应采用非膨胀型涂料。

（3）建筑形式多种多样，是否做防火处理以及如何处理，可参考以下几个原则：

1）建筑整体的耐火性能是保证建筑结构在火灾时不发生较大破坏的根本，所以对结构安全影响重要构件的耐火极限十分重要。

2）对于一些特殊建筑，还需根据建筑的空间高度、室内的火灾荷载大小、火灾的类型、结构承载情况以及室内外灭火设施的设置等经理论分析和试验验证后，按国家有关规定并论证后确定。

考虑防火涂料粘结力偏低，吸湿能力偏强，装饰功能差，所以可以考虑面漆在外侧。对于无装饰要求的场合，面漆也可以在防火漆的内侧，但不建议取消面漆。面漆的耐老化性能较好，有利于增强防腐漆的防护能力。

2.5.3 大空间钢结构的檩条和幕墙柱的防火

《建筑钢结构防火技术规范》GB 51249—2017 第 3.1.1 条规定，钢结构构件的设计耐火极限应根据建筑的耐火等级，按《建筑设计防火规范》（2018 年版）GB 50016—2014 的规定确定。柱间支撑的设计耐火极限应与柱相同，楼盖支撑的设计耐火极限应与梁相同，屋盖支撑和系杆的设计耐火极限应与屋顶承重构件相同。同时，第 3.1.3 条也明确，钢结构节点的防火保护应与被连接构件中防火保护要求最高者相同。

大空间结构钢屋盖，按屋顶结构常见的布置，屋盖结构构件分类如图 2-5-7 所示，屋面檩条也经常因所处的位置不同而起着不同的作用，分别称为第一类檩条和第二类檩条。

（1）第一类檩条，檩条仅对屋面板起支承作用，是围护结构的一部分。此类檩条破坏，仅影响局部屋面板完整性，对屋盖结构整体受力性能影响很小，即使在火灾中出现破坏，也不会造成结构整体失效。因此，不应将其视为屋盖主要结构体系的一个组成部分。这类檩条，其耐火极限可不作要求。

（2）第二类檩条，檩条

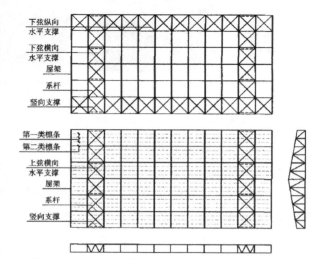

图 2-5-7　屋盖结构构件分类图

除支承屋面板外，还兼作屋面结构的纵向系杆，对主结构（如屋架）起到侧向支撑作用，或者作为横向水平支撑开间的腹杆。此类檩条破坏可能导致主体结构失去整体稳定性，造成整体倾覆。因此，此类檩条应视为屋盖主要结构体系的一个重要组成部分，其设计耐火极限应按表 2-5-4 对"屋盖支撑、系杆"的耐火极限要求完成防火设计。

同理，幕墙也是围护结构，幕墙柱的存在与否与主体结构无关，自然不用考虑防火处理，但也有例外，对于起防火墙作用的幕墙柱则应区别对待，建议按柱的要求进行防火保护。

防火设计有时间、温度和应力三个准则，满足表 2-5-4 选途料是时间准则，另外两个准则要用到升温曲线。大空间的升温曲线不同于标准升温曲线，需注意。

钢构件的耐火极限（h）　　　　　　　　　表 2-5-4

构件类型	建筑耐火等级			
	一级	二级	三级	四级
柱、柱间支撑	3.00	2.50	2.00	0.50
楼面梁、楼面桁架、楼盖支撑	2.00	1.50	1.00	0.50
楼板	1.50	1.00	厂房、仓库 / 民用建筑 0.75 / 0.50	厂房、仓库 / 民用建筑 0.50 / 不要求
屋顶承重构件、屋盖支撑、系杆	1.50	1.00	厂房、仓库 / 民用建筑 0.50 / 不要求	不要求
上人平屋面板	1.50	1.00	不要求	不要求

2.5.4 关于防护年限说明

目前，我国建筑结构的设计基准期均为 50 年。根据建筑重要性的不同，工作年限分别可以取 25 年、50 年和 100 年，临时建筑除外。对于钢结构建筑，钢材是非常理想的弹性材料，只要防护做得好，材性不会随使用时间的增长而改变。钢结构的防护体系却不同，多数防护体系的工作年限仅有 10~15 年。防护体系超龄服役，可能达不到对钢结构的有效保护，造成防火涂料的脱落、钢结构的锈蚀，甚至影响钢结构承载能力。为保证钢结构在后续使用阶段的正常工作，需要在防护体系达到工作年限后，对其定期进行检测和定期维护。对于一些政府类投资项目，再次投资需要有依据，否则比较难以立项。所以，钢结构设计图中，明确给出防护材料的设计工作年限显得更加重要，不能笼统地写本建筑的设计工作年限 50 年或 100 年，而应该写清楚钢结构防护措施的工作年限和定期检测的要求。

2.6 对钢结构施工应提出的要求

钢结构的安装过程是结构设计简图转化为实际结构的过程。施工过程中发生事故的案例不少，有门式钢结构未及时安装柱间支撑倒塌的，有柱脚未及时进行二次灌浆又未设足够缆风绳而倒塌的，也有吊装过程中拉杆变压杆而造成杆件失稳的等。总之，钢结构安装过程往往危险性较大，因此，在钢结构设计图纸中应该给出一定的规定和说明。

2.6.1 法规层面的规定

根据《危险性较大的分部分项工程安全管理规定》（住房和城乡建设部令第 37 号）第六条，设计单位应当在设计文件中注明涉及危大工程的重点部位和环节，提出保障工程周边环境安全和工程施工安全的意见，必要时进行专项设计；第三十一条，设计单位未在设计文件中注明涉及危大工程的重点部位和环节，未提出保障工程周边环境安全和工程施工安全的意见的，责令限期改正，并处 1 万元以上 3 万元以下的罚款；对直接负责的主管人员和其他直接责任人员处 1000 元以上 5000 元以下的罚款。可见，设计院有提醒义务，所以设计图纸中应当提出一些关于施工的要求，这是法规层面的要求。

2.6.2 工程安全方面的影响

2.6.2.1 实际结构与计算模型一致性要求

设计单位建模计算的只是理论模型，真正的结构是在现场一步一步地形成的，对于组合楼盖，楼盖结构施工过程中，混凝土存在一个从荷载逐步变成结构的过程。采用满堂红胎架施工可以保证最终形成的结构和理论模型大体一致，但目前很少采用这种施工方案；对于空间结构，施工方法的不同意味着结构体形成过程不同，最终形成的结构与理论计算的差异也不相同。杆件受力有先有后，先受力的杆件，最终受力可能大于设计时的理论计算值。

2.6.2.2 不同施工顺序可能会造成施工过程中拉压杆变号

大空间结构施工方法有满堂红脚手架、胎架、整体提上、分块吊装等多种。除满堂红脚手架外，其他施工方法都会使结构在安装过程中出现临时支承条件不同于设计简图的情况，甚至会出现空间大跨结构拉压杆变号或局部超应力现象。拉杆承载力受长细比影响较小，压杆则较大，需对安装过程工况进行复核。能力强的施工单位都会做施工模拟分析，并根据模拟分析结果对结构做出相应调整。能力不强的施工单位不做施工模拟分析，施工过程产生的应力带入实际工程，损失了设计的安全度，甚至导致施工事故的发生。所以，对于一些体系复杂的空间结构，设计时难以确定施工方案的，设计图纸中应当明确要求施工单位进行施工模拟分析。对于施工方案比较简单明确的，设计可以直接考虑施工的影响，施工说明中可明确设计考虑的施工方式。这一点，新颁布的《钢结构通用规范》GB 55006—2021 第 2.0.5 条已有明确要求：当施工方法对结构的内力和变形有较大影响时，应进行施工方法对主体结构影响的分析，并应对施工阶段结构的强度、稳定和刚度进行验算。

2.6.2.3 施工分包的影响

最近超高层钢结构工程较多，采用伸臂桁架的工程也不少。超高层建筑核心筒结构一般情况下都采用滑模施工，提前周围钢结构施工 5~6 层，核心筒外的钢结构落后 5~6 层施工，且核心筒由总包单位施工，外围钢结构分包给钢结构公司施工，分包单位一般进场较晚。这种工作模式，没有伸臂桁架的一般没有问题，有伸臂桁架的，则经常出问题。伸臂桁架的上下弦节点都比较大，钢板很厚，节点重要性不言而喻。

笔者先后遇到几个工程，由于前期总包没有考虑钢结构安装细节，爬模在节点板处无法通过，提出将节点板切成两块，如图 2-6-1 所示 I 和 II 。这里的对接焊缝为厚板的一级焊缝，在现场高空焊接，难度极大。钢结构公司、设计院以及评审专家均为焊接质量担忧。如果设计

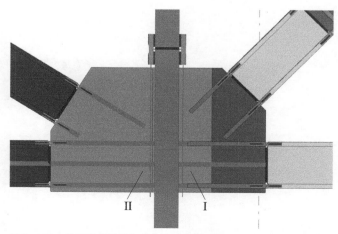

图 2-6-1　某工程伸臂桁架节点施工分段图

能够提醒总包布置爬模及塔式起重机时要避开伸臂桁架，这些问题完全可以避免。所以说，设计图纸中给出一些要求是必要的。

2.6.2.4 成本控制需要

钢结构安装过程中，根据施工工况要求，需采取适当的调整和加强措施，会增加建设成本。虽然业主招标时会有一定的约定，但常因约定的不同出现不同的处理方式，增加的造价经常会被要求从设计图纸来反映，造成设计多次出图，如果图纸中提醒到位，后期麻烦就会少一些。

第 **3** 章

大空间钢屋盖结构设计的
若干问题与工程案例

　　大空间钢屋盖结构是大空间钢结构的重要组成部分，通常处在底部混凝土结构之上，并常伴随着空间曲面造型，是体现建筑特色、表现建筑美学的重要部分。结构选型和结构布置具有其特殊性，自重荷载轻、风荷载大、计算模型处理与常规设计不同，本章首先介绍常用的结构形式，再分别从需要特殊关注的荷载、荷载传递路线及有关构造措施等方面介绍大空间屋盖钢结构的设计。

3.1 屋盖钢结构体系与选型

　　大空间钢屋盖结构其平面投影一般呈圆形、椭圆或者倒角矩形等，空间上常为自由曲面，在实际工程中应用颇多，结构形式多样，通常分为薄壳、网架结构、网壳结构、悬索结构和薄膜结构等。网架与网壳结构又常被称作网格结构。薄壳结构可以是板类结构也可以是单层网格结构，索与常规钢结构结合又可形成索承结构、张弦结构、索拱结构等。本节先介绍各类结构的特点。

3.1.1 常用的结构形式及特点

3.1.1.1 单层网格（壳）结构

　　单层网格结构常以网壳结构呈现出来。单层网壳结构杆件少，通透性好，建筑师比较喜欢。壳体结构由空间曲面型板或加边缘构件组成的空间曲面结构。它的受力特点是，外力作用在结构体的表面上，具有很好的空间传力性能，能以较小的构件厚度形成承载能力高、刚度大的承重结构，结构自重小，用钢量省。兼有杆系结构的简单构造和薄壳结构受力合理的特点，与平板网架相比，构成网壳的杆件轴力成分占比较高，受力比较合理，刚度大，结构力学性能好、效率高，可以用小型构件组装成大型空间。小型构件和连接节点可以在工厂预制，安装简便，不需大型机具设备，综合经济指标较好，是适用于中、大跨度建筑屋盖的一种较好的结构。

　　因单层网壳结构主要是利用屋盖结构的膜面应力形成结构的承载能力，其设计受建筑造型约束较大，屋盖网壳结构必须具备一定的矢高才能发挥其空间效果。常用的单层网壳有球壳、柱面网壳和马鞍形网壳以及球面壳与柱面壳相结合等。球面壳根据网格划分可分为肋环形、施威德勒形、凯威特形、联方形以及三向网格等，其平面投影一般呈圆形、椭圆等。常用的球面网壳如图 3-1-1 所示，柱面网壳如图 3-1-2 所示。

　　因单层网格结构的建筑通透性好，常被用于采光屋面，如图 3-1-3 所示的大英博物馆和如图 3-1-4 所示的深圳万象天地购物中心。

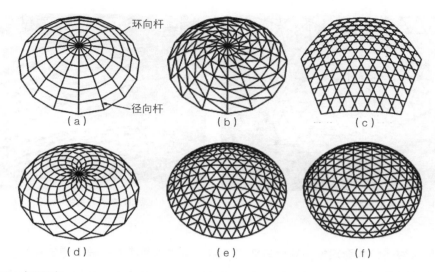

图 3-1-1　球面网壳
（a）肋环形；（b）施威德勒形；（c）三向网格；（d）联方形；（e）凯威特形；（f）短程线形

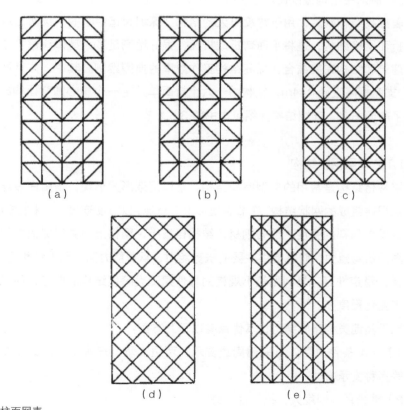

图 3-1-2　柱面网壳
（a）单向斜杆形；（b）人字形；（c）双斜杆形；（d）联方形；（e）三向网格

图 3-1-3　大英博物馆　　　　　　　　图 3-1-4　深圳万象天地购物中心

单层网格结构稳定性问题比较突出，结构整体承载能力一般由稳定控制。单层网格对初始缺陷非常敏感，杆件和节点几何尺寸的偏差以及曲面形状的改变对网壳结构的内力、整体稳定和施工影响较大。为减少初始缺陷，对杆件和节点的加工精度要求比较高。单层网格结构可以通过建筑找型等手段形成折面、球面、柱面及其组合造型等，可以显著提高结构刚度，用于跨度更大的结构。深圳大运中心的一场两馆均采用了单层空间折面网格结构，是将平面弯折成折面，很好地满足了大型体育馆的空间要求，是通过建筑和结构完美结合，提高结构工作效率的典型案例。其中，体育馆最大直径158m，支座标高直径144m，结构由十六个折面单元 + 一个中心圆穹顶构成，该工程还获得了詹天佑奖，详细结构介绍见本书第 3.5.1 节。

3.1.1.2 双层网格结构

双层网格结构是常用的典型空间结构，常以网架形式出现，是由许多连续的杆件按照一定规律组成的网状结构，在节点处加上节点球，以方便连接。杆件主要承受轴力，能够充分发挥材料的强度，节省钢材，结构自重小，网格上下弦形成的力偶为结构提供了很高的抗弯能力，腹杆提供主要的抗剪能力，承载能力高。网架结构空间刚度大，整体性强，稳定性好，是利用较小规格的杆件建造大跨度结构的典范，而且杆件类型统一，工业化程度高。

相比于其他类型空间结构，其优点有以下几方面：

（1）支承条件灵活。可采用周边支承、两边支承、三边支承、四点支承、多点柱支承等多种支承方式。

（2）重量轻、刚度大、抗震性能好。

（3）施工安装简便，技术成熟。网架杆件和节点便于定型化、商品化，可在工厂成批生产，有利于提高生产效率。

（4）平面布置灵活，适合各种曲面造型，结构布置形式比单层网壳丰富，还可以适当抽空斜腹杆来满足建筑需要，有利于吊顶、管道和设备安装，其结构高度范围内还可设置检修马道等。

双层网格结构广泛应用于体育场馆、展览馆、机场航站楼、车站的候车大厅、剧院等公共建筑以及工业厂房、机库等工业建筑中，应用案例较多。西安奥体中心体育馆、郑州新郑国际机场 T2 航站楼和交通中心（GTC）工程等都采用了双层网壳结构，详见本书第 3.5 节。双层网格结构既可以实现曲面造型，也可以适应折面造型，甚至可以说适用于任意造型，如图 1-2-1 所示的南海观音大佛等。

双层网格结构杆件多，通透性差，对于无通透要求或有吊顶的空间没什么不好的。对于需要通透效果的地方，适当抽空斜腹杆是比较常用的手法。还可以通过改变杆件形式产生相对的通透效果，图 3-1-5 是将斜腹杆改为不锈钢拉索的工程实例。

图 3-1-5　将斜腹杆改为不锈钢拉索的某工程照片

3.1.1.3 桁架

常规的桁架是由几何不变的三角形单元组成的刚性结构，构成桁架的各杆件主要承受轴向拉压力，结构效率很高。对于结构的大悬挑和大跨度，桁架结构几乎是万能的。根据桁架断面形状不同可分为三角形截面桁架、平面桁架、梯形截面桁架等，是一种单向受力结构。桁架高度可以根据受力需要变化，使得桁架高度与其等效弯矩图一致，提高桁架的工作效率。管桁架结构是指由钢管制成的桁架结构体系，因此又称为管桁架结构。主要是利用钢管的优越受力性能和美观的外部造型构成独特的结构体系，满足钢结构的最新设计理念，集中使用材料、承重与稳定作用的构件组合，以发挥结构的空间作用。深圳宝安国际机场 A、B 楼钢屋盖结构是国内比较早采用空间三角形曲面桁架的工程之一，详见本书第 3.5.5 节，桁架空间曲面造型为候机楼增添了无限灵动性。由于其结构简洁、规律性强、室内视野相对干净，省去了装饰吊顶、节省费用，深受建筑师和业主的欢迎。深圳宝安国际机场 A、B 楼钢屋盖结构的成功，对空间三角形管桁架的广泛应用起到了引领与示范作用，其后广州花都国际机场、西安咸阳国际机场、南京禄口国际机场等很多工程都采用了类似结构，图 3-1-6 所示是广州花都国际机场 T1 航站楼的室内外照片。

图 3-1-6　广州花都国际机场 T1 航站楼的室内外照片

当建筑平面造型有明显的方向性时，如矩形、条状形平面，这种单向布置的桁架结构更加适用。桁架属于单向传力构件，不是力学意义上的、三维传力的空间结构。对于其他平面，也可以布置成双向正交桁架，形成双向传力体系，但这种双向正交桁架结构实际是一种网架。

单向平面桁架设计时需要重点关注桁架平面外的稳定性，特别是安装时要防止桁架面外倾覆和失稳。

3.1.1.4 张弦结构

张弦结构顾名思义，由最初的"将弦进行张拉，与受力杆件组合"这一基本形式而得名，属于大跨度预应力空间结构体系。张弦梁结构的命名来自于该结构体系的受力特点，即"弦通过撑杆进行张拉"。随着张弦梁结构的不断发展，其结构形式呈现出多样化。20 世纪 80 年代日本大学的 Saitoh 教授将张弦梁结构定义为"用撑杆连接抗弯受压构件和抗拉构件而形成的自平衡体系"，可称之为索撑结构。

　　张弦梁结构由三种基本的构件组成，即承受压弯构件的上弦刚性构件、承受拉力的下弦索和连接两者的受压撑杆，如图 3-1-7 所示。根据张弦梁的受力特点，第一种理解认为张弦梁结构是在双层悬索体系中的索桁架基础上，将上弦索替换成刚性构件而形成的一种结构。这样理解的好处是：由于上弦刚性构件可以承受弯矩和压力，不但可以提高桁架的刚度，而且结构中构件内力可以在其内部平衡，而不再需要依靠端部支承系统的反力来维持。第二种理解将张弦梁结构看作是以拉索替换常规桁架结构的受拉下弦而产生的结构体系，这种替换的优点是：桁架的下弦拉力不仅可以由高强度拉索来承担，更为重要的是可以通过张拉拉索在结构中施加预应力，从而达到改善结构受力性能的目的。第三种理解是将张弦梁结构看作体外布索的预应力梁或桁架，通过预应力来改善结构受力性能。

图 3-1-7　张弦结构组成概念示意图

　　数榀张弦梁结构通过不同布置方式可以形成不同的结构体系，可单向受力、双向受力和空间受力，如图 3-1-8 所示。

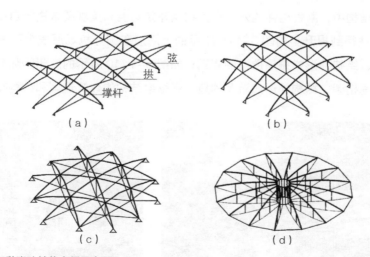

图 3-1-8　各种张弦结构应用示意图
（a）单向张弦梁结构；（b）双向张弦梁结构；（c）多向张弦梁结构；（d）辐射式张弦梁结构

张弦梁结构具有如下特点：

1）承载能力高

张弦梁结构中，索内施加的预应力可以控制刚性构件的弯矩大小和分布。例如，当刚性构件为梁时，在梁跨中设一撑杆，撑杆下端与梁的两端均与索连接，均布荷载作用下，单纯梁跨内弯矩为正。在索内施加预应力后，通过支座和撑杆，索内预应力将在梁内引起负弯矩，调整撑杆沿跨度方向的布置，还可以控制梁沿跨度方向内力的变化，使各个截面受力趋于均匀。由于刚性构件与下挠的索绷紧连在一起，形成一个结构，材料强度可得到充分利用。

2）使用荷载作用下的结构变形小

张弦梁结构中的刚性构件与索形成整体刚度后，这一空间受力结构的刚度就远远大于单纯刚性构件的刚度。相同的使用荷载作用下，张弦梁结构的变形比单纯刚性构件小得多。同时，施加的预应力形成正抗弯刚度，还可进一步减小结构的变形。

3）自平衡功能

当刚性构件为拱形时，在支座处产生很大的水平推力。索的引入可以平衡侧向推力，从而减少其对下部结构抗侧性能的要求，使支座受力简单、明确，易于设计与制作。

4）结构稳定性强

张弦梁结构在保证充分发挥索的抗拉性能的同时，由于引进了具有抗压和抗弯能力的刚性构件而使体系的刚度和形状稳定性大为增强。通过适当调整索、撑杆和刚性构件的相对位置，可保证张弦梁结构整体稳定性。

5）建筑造型适应性强

张弦梁结构中，刚性构件的外形可以根据建筑功能和美观要求进行自由选择，使结构的适应性得到提升。如图 3-1-9 所示的上海浦东国际机场屋盖上弦是焊接钢管组成的截面，结构外形如振翅欲飞的鲲鹏；如图 3-1-10 所示的广州国际会展中心屋盖上弦是空间桁架，结构外形如游弋的鱼。张弦梁结构的建筑造型和结构布置能够完

图 3-1-9　上海浦东国际机场二期照片　　　图 3-1-10　广州国际会展中心照片

美结合，使之适用于各种功能的大跨空间结构。

　　张弦结构也可分为平面张弦梁和空间张弦梁。平面张弦梁是以平面受力为主的单向张弦梁结构，深圳大运中心体育馆的热身馆如图 3-1-11 所示；空间张弦梁如郑州新郑国际机场 T1 航站楼，如图 3-1-12 所示等；深圳会展中心屋盖结构是将两榀平面张弦梁并在一起，加大了结构跨度，如图 3-1-13 所示。

图 3-1-11　深圳大运中心体育馆的热身馆　　　　图 3-1-12　郑州新郑国际机场 T1 航站楼结构

图 3-1-13　深圳会展中心

　　张弦梁的受力体系通常是对下弦拉索施加预应力，通过撑杆对上部刚性构件产生竖向顶升力，改善了上部构件的内力幅值与分布，减小了由外荷载产生的内力和变形。所以，张弦梁是典型的刚、柔杂交结构，不仅充分利用了拉索的高强度性能，还可通过带预应力的拉索改变结构的受力性能。

　　结构形式所能取得的技术、经济效果在很大程度上取决于它的工作状态。结构构件受力状况不好，就意味着材料消耗的增加。当结构形式确定后，它的受力会随着它的几何形状变化而变化。在张弦结构中，上弦刚性杆的线形对受力也有很大影响。如新郑国际机场 T1 航站楼设计时，建筑师给出的屋面造型有一段向下的反向弧，如图 3-1-14 虚线所示。结构计算分析发现，这个反向弧对上弦受力特征影响明显，轴力份额明显减小，弯矩份额明显增大。同时，从加工制作角度，弧梁和直梁的难度是不同的，弧梁加工更麻烦一些。因此，结构工程师提出将这个反向弧改为直线连接，建筑师觉得对建筑效果没有影响，接受了此建议。举这个例子主要想说明，建筑师做方案时不会注意建筑形体对结构受力的影响，结构工程师应该给建筑师提出建议，最终取得建筑设计与结构设计的均好性。

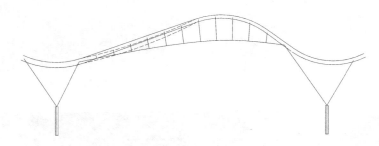

图 3-1-14   上弦曲梁线形对结构受力的影响示意图

3.1.1.5 索结构

索结构是由拉索作为主要承重构件而形成的预应力结构体系。它的应用范围很广，像桥梁中的斜拉桥、悬索桥都属于索结构的一部分，属市政范畴。在房屋建筑中的应用包括悬索、斜拉之类的结构。图 3-1-15 和图 3-1-16 分别是佛山世纪莲体育场和深圳宝安体育中心体育场两个工程，均是外侧为压环内侧为拉环，布索都呈现出轮辐形式，但处理手法却不相同。佛山世纪莲体育场采用的是根部厚，端部（场心侧）薄

图 3-1-15   佛山世纪莲体育场照片

图 3-1-16　深圳宝安体育中心体育场照片

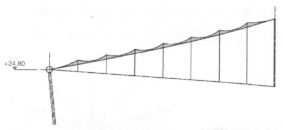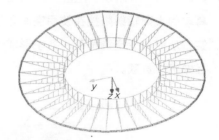

图 3-1-17　深圳宝安体育中心体育场索结构构型图

的构型，外圈采用双环，内圈为单环，而深圳宝安体育中心体育场则相反，采用的是外侧薄内侧（场心侧）厚布置，外圈为单环，内圈为双环，呈现出真正的轮辐形式，结构剖面图及结构简图如图 3-1-17 所示。结构构成形式的不同，创造了建筑造型的不同，形成了建筑的多样性。

悬索结构是由柔性拉索、其边缘构件及下部支承结构所形成的承重结构，是大跨度屋盖的一种理想结构形式。由于索结构通透性好，也被广泛用于幕墙的支撑结构。据统计，目前索幕墙的应用量已经超过索屋盖。索的材料可以采用钢丝束、钢丝绳、钢铰线、链条、圆钢以及其他受拉性能良好的线材，取材广泛。

3.1.1.6 膜结构

膜结构是 20 世纪中期发展起来的一种新型建筑结构形式，是由多种高强薄膜材料（PVC 或 Teflon）及加强构件（钢架、钢柱或钢索）通过一定方式使其内部产生一定的预张应力而形成某种空间形状。作为覆盖结构，并能承受一定的外荷载。膜结构可分为充气膜结构和张拉膜结构两大类。充气膜结构是靠室内不断充气，使室内外产生一定压力差（一般为 500 ~ 800Pa），室内外的压力差使屋盖膜布受到一定的向上的浮力，从而实现较大的跨度。张拉摸结构则通过柱及钢架支承或钢索张拉成型，其造型非常优美灵活。

　　膜结构又叫张拉膜结构。膜结构建筑是21世纪最具代表性与充满前途的建筑形式。打破了纯直线建筑风格模式，以其独有的优美曲面造型，简洁、明快、刚与柔、力与美的完美组合，呈现给人以耳目一新的感觉，同时给建筑设计师提供了更大的想象和创造空间，上海世博轴便是很好的案例。此外，膜结构也可以与其他钢结构形式进行组合产生其他功能。如深圳大运中心体育馆，立面为玻璃，在玻璃的内侧，以每个大的三角形平面的结构主管为支座，设置PTFE膜，使得膜结构和玻璃间形成一个空腔，如图3-1-18所示。空腔内的热空气可以在空腔内向上流动，有效地将穿过外层玻璃幕墙的太阳辐射阻挡在使用空间之外，并且将空腔内的热量通过通风换气措施带出建筑，从而减少空调负荷；冬季形成保温层，从而减少供暖负荷。膜结构在建筑节能方面做出了贡献。

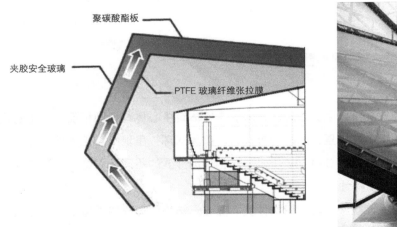

图3-1-18　深圳大运中心体育馆PTFE膜应用

　　除了以上介绍的6种结构形式之外，空间结构设计还可采用的结构形式有折板结构等，不再赘述。

3.1.2 结构选型的影响因素

　　大跨空间结构可选用的结构形式多种多样，分类方法也很多。每种结构形式都有各自的优点和不足，各自有其适用范围，设计的选择范围较大。结构选型要结合建筑设计的空间要求和工程实施的各种具体情况有针对性地进行。当几种结构形式都有可能满足建筑设计条件时，在满足安全的条件下，经济条件和工期就是决定因素，应尽量采用能降低工程造价，施工方便快捷的结构形式。结构形式选择的影响因素大致有以下几个方面。

3.1.2.1 建筑造型与空间

结构的覆盖空间包含建筑的使用空间和结构部分占去的非使用空间等，当结构的覆盖空间与建筑的使用空间趋近一致时，空间的使用效率达到最高。因此，设计时应当将力求结构的覆盖空间与建筑的使用空间趋近一致作为设计追求的目标。

结构是传递荷载、支撑建筑的骨骼，是用来构成建筑空间与视觉效果的主角。深圳大运中心设计时，建筑师选择的是一个水晶石造型，结构构件布置必须贴合建筑的形体来构建结构体系，否则必将形成建筑结构两层皮，互相带来不利影响。该建筑结构设计充分利用了建筑的折面构成，采用了单层折面网格体系，以建筑的折面交线布置结构的主要受力杆件，再在每个面上按照幕墙分格要求布置次结构，形成了单层折面结构，如图 3-1-19 所示。做到了结构的覆盖空间与建筑的构成空间一致，实现了建筑结构的完美结合，详见本书第 3.5.1 节。板类构件本身的面内刚度很大，面外刚度很差，将板进行弯折，并使其相互形成约束，便是该工程结构的精髓。

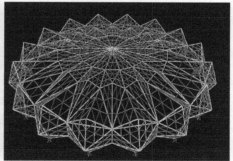

图 3-1-19　深圳大运中心体育馆结构

3.1.2.2 构件形式与空间

社会生产和生活对现代建筑使用空间提出了灵活、通透的使用要求，即结构形成的可供建筑使用空间既要"大"又要高。这种建筑空间的扩展，只有从结构的整体受力出发才能使建筑的平面、剖面同结构形式很好地结合起来。图 3-1-20 是深圳国际会展中心的照片，其平面跨度达到 126m，横向柱网达到 30m，屋面结构的下支座在地面上，屋盖的高点支座简支在混凝土结构上的牛腿上，其受力类似于半跨门式刚架。由于该工程跨度大，水平构件承担的线荷载大，导致实腹构件截面巨大，

图 3-1-20　深圳国际会展中心

结构自重大，建筑空间效果不好。经研究，最终在钢梁段增设拉杆，解决跨中弯矩过大问题，减小了结构实腹构件的截面高度和自重，增加了视觉空间，营造出了良好的建筑效果。

3.1.2.3 结构构型与材料

王仕统教授经常讲形效结构。形效结构是一种由于形状而产生效益（节材）的结构。它具有三大特点：结构构成呈曲线（面）状（按形态学、拓扑原理构成）、有封闭的边缘构件；结构效率高，节省材料；造型符合力学美。图 3-1-21 为法国埃菲尔铁塔的立面图及水平力作用下的弯矩图，建筑与结构造型与弯矩图十分吻合，弯矩大的部位，抵抗弯矩的臂大，钢材发挥的效率得到极大提高，采用普通钢材实现了良好的建筑效果。图 3-1-22 是美国雷里（Raleigh）竞技场的造型及布索示意图。该工程屋面造型非常适合双向布索，且双向索能够共同形成稳定结构，提供面外刚度，满足建筑造型和功能需要，充分利用了高强材料的特点，更是利用了受拉比受压更利于材料强度发挥的特点，是世界上第一个现代索网结构，建于 1953 年，用钢量 30kg/m²。该工程的屋面结构如果采用网架或其他结构也可以，但用钢量就远不止 30kg/m² 了。

在实际工作中，工程结构的形态变化多端，能够像这两个工程实现受力与造型完

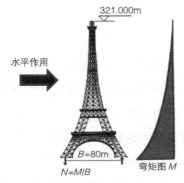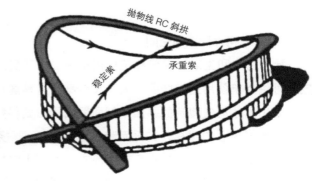

图 3-1-21　法国埃菲尔铁塔　　　　图 3-1-22　美国雷里（Raleigh）竞技场

美结合的工程很少。不过，如果设计人员头脑中始终保持这个意识，在同建筑师的方案配合过程中，主动提出好的建议，建筑方案就会向结构受力合理方面前进一大步。

3.1.2.4 工期与造价

2017 年 6 月，中国建筑东北研究院有限公司承接了西安奥体中心体育馆和游泳跳水馆的设计任务。其中，体育馆是 2021 年全国第十四届体育运动会的主场馆，如图 3-1-23 所示，同时它还有一项功能即拟承办 2019 年"一带一路"峰会。要同时满足这两项会议功能，意味着 2018 年底工程必须竣工。然而，2017 年该工程的建筑方案还在不断地调整，尚未确定最终实施方案。面对这样的工期，该工程选择了最成熟的双层网架，未考虑索、隔震等新技术。事实证明，这种选择确实有利于工程的快速推进，施工过程中也没有出现需要现场停下来协调的任何问题。

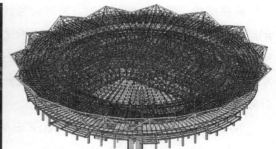

图 3-1-23　西安奥体中心体育馆

无独有偶，另一城市某运动会的体育场工期很紧，原结构方案为索撑结构，如图 3-1-24 所示，施工图设计时，甲方迫于工程进度压力，强烈反对使用索撑结构，经过多方研讨，最终选择了桁架结构，给设计造成了无谓返工。该案例充

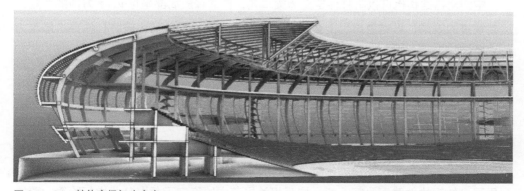

图 3-1-24　某体育场初步方案

分说明，结构选型时应充分考虑工期要求，设计师应当了解一些工程结构施工的具体实施方案以及其对工期的影响，尤其要了解对结构方案确定有重大影响的一些施工技术。

　　总之，结构选型应在满足建筑功能和造型的前提下，做到受力合理、加工制作简单、现场安装方便，要充分发挥钢结构预制率高的特点，减少现场焊接，减少现场技术投入和施工难度，保证工程质量。提高建筑与结构的结合度，用结构美来体现建筑美，减少不必要的装饰。

3.2 大空间结构设计应注意的问题

3.2.1 计算单元选取问题

　　网格结构、桁架结构计算时，常常会遇到模型杆件定义为梁单元还是桁架单元的问题。桁架单元在软件中只承受轴力，不承受弯矩，只有三个自由度，空间网格结构可将杆件定义为桁架单元。梁单元既可以承受轴力，又可以承受弯矩，有六个自由度，单层结构应该定义成梁单元。如果不注意区分，将杆件都定义为桁架单元，采用软件计算时，程序会报出如下错误：

WARNING : NODE NO. 1470　RX　DOF MAY BE SINGULAR.

WARNING : EQUATION NO. 8602

WARNING : NODE NO. 1470　RY　DOF MAY BE SINGULAR.

WARNING : EQUATION NO. 8603

WARNING : NODE NO. 1470　RZ　DOF MAY BE SINGULAR.

WARNING : EQUATION NO. 8604

　　空间网格结构也可以将杆件定义为梁单元，但需释放局部坐标 y、z 方向的弯矩，达到铰接的效果，可避免出现上述错误，但后处理杆件设计前，应将杆件再次修改为桁架单元。

3.2.2 稳定分析问题

　　大空间钢结构设计，稳定分析是不可缺少的工作之一。稳定分析分为杆件稳定分析、局部稳定分析和整体稳定分析。杆件稳定分析是对杆件稳定承载力的分析，可以利用程序的钢构件截面验算功能，按照相关规范中的稳定承载力公式进行验算。整体稳定和局部稳定分析可利用软件的屈曲分析功能实现。

　　整体稳定分析又可分为线性屈曲分析、几何非线性屈曲分析、几何和材料双非线性屈曲分析。以 Midas Gen 软件进行线性屈曲分析为例，首先定义稳定分析工况，指定稳定分析的荷载大小，线性屈曲问题属特征值分析类型，特征值分析求得的解有特征值和特征向量，特征值就是通常所说的屈曲因子，特征向量则是对应于临界荷载的屈曲模态。临界荷载可以用施加的荷载和特征值的乘积计算得到。例如，当初始荷载为 10 的结构进行屈曲分析时，求得临界荷载系数为 5，这表明这个结构受 50 的荷载时将发生屈曲。但是线性屈曲分析是针对完好结构的稳定求解，即结构无初始弯曲、残余应力等情况，求解方法也是线性求解方式，而实际工程的结构不管是几何方面还是材料方面都呈现非线性性质，所以以线性屈曲分析得到的临界荷载是结构稳定临界荷载的理论上限值。

　　线性屈曲分析的主要目的是求解屈曲模态和屈曲因子。为了得到结构的屈曲模态，需要合理的划分杆件单元，单元划分应根据分析目的确定。当重点研究对象是单根构件的屈曲模态如跃层柱时，每段划分不超过 1m，一般构件 3~4 等分便可。单层网壳以整体屈曲为主，可以不用划分杆件。下面采用同一工程，分别对杆件不划分单元和划分单元两种方式对比。模型一为不分段单层网壳模型，节点间杆件长度约 2.35m；模型二为杆件分段模型，将每根杆件划分为 4 段，每段约 0.6m。其余条件一样，计算第一阶线性屈曲模态如图 3-2-1 和图 3-2-2 所示。

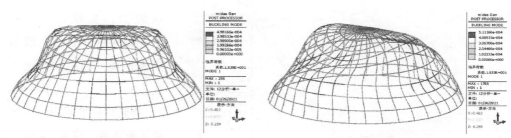

图 3-2-1　不分段第一阶线性屈曲模态　　　　　图 3-2-2　分段第一阶线性屈曲模态

　　由对比图可知，不分段第一阶屈曲因子为 15.39，分段第一阶屈曲因子为 15.33，二者差别很小，不影响计算精度，可以忽略不计。

　　《空间网格结构技术规程》JGJ 7—2010 第 5.1.2 条，给出了网架、双层网壳、立体桁架等结构在不同节点形式下的杆件计算长度系数。采用螺栓球节点时弦杆及腹杆计算长度系数为 1.0，采用焊接球时，网架弦杆和腹杆分别取 0.9 和 0.8，双层网壳分别取 1.0 和 0.9。对于单层网壳，面内计算长度系数 0.9，平面外计算长度系数 1.6。其他规范没有规定的，设计时需要利用欧拉临界力公式计算出具有代表性杆件的计算长度系数，与规范的系数进行比较，取包络值。

对于理想压杆，欧拉临界力（P_{cr}）公式如下：

$$P_{cr} = \frac{\pi^2 EI}{(\mu L)^2}$$

（3-2-1）

式中　　μ——压杆的计算长度系数；

　　　　E——弹性模量；

　　　　I——惯性矩；

　　　　L——构件长度。

进而可以导出：

$$\mu = \frac{1}{L}\sqrt{\frac{\pi^2 EI}{P_{cr}}}$$

（3-2-2）

计算长度系数与临界值 P_{cr} 相对应，所以应用时应注意，该临界值对应的荷载是否正确，荷载不正确，对应的计算长度系数必然不准确。杆件长度 L 的取法也需分析工程的具体情况，否则也难以得出正确结论。以上述的单层网壳为例，利用欧拉临界力公式计算网壳杆件第一阶屈曲的欧拉临界承载力，如图 3-2-3 所示，如果杆件长度 L 取节点间距离，利用该力代入式（3-2-1）、式（3-2-2）得到杆件的平面外的计算长度系数，见表 3-2-1。

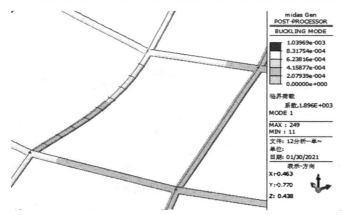

图 3-2-3　压杆第一阶屈曲欧拉临界承载力（1896kN）

利用欧拉临界力公式反推的计算长度系数表　　　表 3-2-1

管径（mm）	壁厚（mm）	P_{cr}（kN）	E（N/mm²）	I（mm⁴）	L（m）	μ
114	6	1896	206000	2977287	2.355	0.759

由欧拉临界反推的计算长度系数仅为 0.759，故实际定义计算长度系数时，应取规范规定的平面外计算长度系数 1.6。

3.2.3 节点重量问题

网格类钢结构由杆件与节点两部分组成。网格结构的杆件一般以空腹截面为优，如圆钢管、方钢管等，也可以采用轧制型钢、冷弯薄壁型钢等。节点有螺栓球和焊接球或板节点等，网架结构的螺栓球节点是实心的，它与杆件连接的部分会在工厂加工时预留挖空。焊接球是空心的，但其内部往往需设加劲肋。软件计算时，一般的网架专用程序是可以将球节点重量反映在其中，但并不是所有软件均能准确反映这部分重量，尤其是混凝土结构上支撑钢结构时，一般要用通用有限元软件进行整体模型分析计算，节点的重量并没有自动生成功能，此时，需要人为干预，根据经验人为施加。否则会造成荷载丢失，通过软件查得的用钢量与实际用钢量也会相差较多。

网架的自重计算包括两部分：杆件自重和节点自重。网架的节点自重占网架杆件的总重比值跟跨度有关，一般在 15% ~ 25%，小跨度的节点重量占比偏大，大跨度的占比略小。中等跨度网架，节点重量占比基本在 10%~15%。用软件计算时，可以修改钢材密度来对计算结果进行修正，只简单取 $78.5 kN/m^3$ 计算会造成荷载丢失。

桁架的节点重量占比较小，通常在 5%~10%，框架和门式刚架大约在 10%。对于轻钢结构，如果结构比较单薄、柱高比较低、梁分段多、板材厚度低于 10mm，连接板一般占主材重量的 8%~15%。结构比较厚重的话，连接板占主材重量的 8% 以下。

3.2.4 幕墙结构与大空间屋面结构的相互作用

大空间结构往往伴随着高大幕墙，不同于普通的多高层结构。普通的多高层结构有清晰的层概念，竖向荷载传递过程中基本不会形成水平分力。大空间结构往往没有清晰的层概念，常呈倾斜和曲面状态，竖向荷载作用下，水平构件的变位会对竖向构件产生水平分力，水平荷载也可以在水平构件上产生竖向分力。尤其在一些地震烈度不高、风荷载较大的地区，风荷载时常会成为结构的控制工况，需要重视。幕墙抗风柱及其两端的支撑设计需要重点关注。图 3-2-4 是常见的大空间结构幕墙柱照片。该幕墙柱既承担水平风荷载也是幕墙自重的主要承担构件，风荷载需要通过幕墙柱传至屋面结构，对屋面结构的受力有一定影响，如果被忽略，屋面结构存在荷载丢失问题，对结构安全带来不利影响。

另外，大空间屋盖在竖向荷载作用下的变形往往较大，屋盖荷载如果传递给幕墙柱，对幕墙柱的稳定影响较大，幕墙支撑结构的变形又会引起幕墙玻璃内的应力变化，甚至造成幕墙的破坏。为防止屋盖自重传递给幕墙柱，造成幕墙不必要的损坏，就需

图 3-2-4　常见大空间结构幕墙柱照片
（a）上海浦东机场；（b）深圳机场；（c）香港机场；（d）长春速滑馆；（e）郑州机场；（f）长春机场；
（g）北京首都机场；（h）阿姆斯特丹机场

要采取必要的措施来解除幕墙柱的负担。通常的做法是在幕墙上方预留一段风琴板，
如图 3-2-5 所示，并设置一个可协调竖向变形的幕墙柱顶部构造来实现屋面的竖向
自由变形，如图 3-2-6 所示。

图 3-2-5　幕墙顶部软连接照片

图 3-2-6　幕墙柱顶轴力释放
机构照片

　　高大空间的幕墙风荷载很大，需要靠幕墙柱传递给主体结构，主体结构与此对应部位是否有可靠的结构构件及足够的刚度，保证其荷载可靠传递至竖向构件是设计必须考虑的问题。空间结构有时并不具有足够的面内刚度，因此，需要在对应位置设置水平支撑，使屋面形成一个整体。如图 3-2-7 是郑州新郑国际机场 T1 航站楼屋面钢

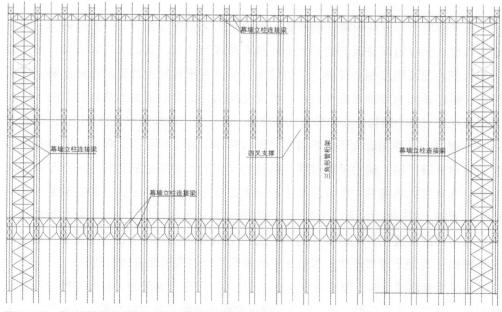

图 3-2-7　郑州新郑国际机场 T1 航站楼屋面钢结构布置图

结构布置图,在幕墙立柱的正上方设置了一圈闭合的水平桁架,桁架的直腹杆正对着幕墙立柱,如图 3-2-8 所示。本工程幕墙柱顶采用的连接构造是在屋盖桁架的直腹杆上设两块开有长孔的连接板,通过销轴将幕墙柱与连接板连接在一起,连接方便,传力直接,经济实用。

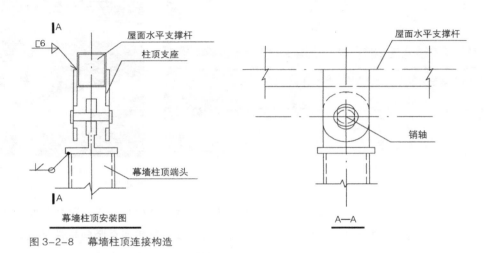

图 3-2-8　幕墙柱顶连接构造

3.2.5 屋面的做法与荷载

通常情况下,大空间建筑的屋面一般应避免采用重型屋面。一方面是为了减轻竖向荷载;另一方面是因为这种大空间屋面往往为曲面,混凝土不好浇筑;第三是因为大空间屋面刚度相对较小,外力作用下易产生相对较大的变形造成混凝土屋面开裂;第四是因为混凝土屋面存在刚度退化问题,计算空间曲面结构屋盖时,混凝土屋面刚度对整个结构的影响分析比较复杂。对于一些特殊情况,如高风压的海岛,风对屋面的上吸作用远大于结构自重,可以采用混凝土重屋面,但需控制风作用引起的屋面开裂问题。笔者曾做过两个钢结构 + 混凝土屋面板的工程。一个是深圳大运中心体育馆的热身馆,因其屋面上满铺太阳能板,为了便于连接和安装采用了钢结构 + 混凝土屋面做法。另一个是位于莆田湄洲岛的世界妈祖文化论坛永久性会址,当地基本风压取值 $1.3kN/m^2$,且地面粗糙度为 A 类,抗风掀设计十分重要,故采用了钢结构 + 混凝土屋面做法,其他大空间屋面工程均采用金属轻型屋面。

当采用金属屋面时,屋面坡度不宜小于 5%。对于金属屋面,排水不畅是引起屋盖积水、漏水的主要原因,设计时除应保证屋面有良好的防水性能外,足够的排水坡度同样重要。要复核钢结构安装完成以后，金属屋面的真实排水坡度，故屋面钢结构的安装位型复核要引起重视。对于北方地区，为防止积水结冰产生不必要的荷载，可按满水计算荷载，必要时也可采取融雪融冰措施。

3.2.6 关于金属屋面的抗风掀问题

金属屋面是由金属板通过连接件与檩条相连，檩条再通过檩托与主体结构相连，连接环节多，构造复杂，处理不好，就易发生风掀事故。屋面被风掀常见有以下三种状态，一是屋面板被撕脱；二是角码（或抗风钉）拔断；三是面檩与檩条间的连接件破坏，如图 3-2-9 所示。原因主要有以下几方面。

图 3-2-9　金属屋面风灾照片

首先是复杂屋面各部位风作用的大小难以准确评估。第一，现有规范给出的风荷载体型系数无法概括造型千变万化的屋面所受的真实风荷载；第二，风洞试验因缩尺而无法全面准确揭示屋面的风荷载，且试验多为静态试验，无法真实模拟屋面的刚度影响，即便是动态模拟，与真正的自然风也有区别；第三，风环境会因周边建设的改变而改变；第四，气候在改变，全球正处在不断升温之中，导致极端天气不断出现。

其次是金属屋面的抗力模糊，屋面的构造形式复杂导致其抗力无法通过计算确定，只能靠试验数据作为设计取值的参考，而试验的条件与工程的真实情况难以完全一致。

此外，屋面构造连接的层次多，需要控制的环节多，以及施工时因施工误差的存在，屋面板和主檩之间的连接件经常需要现场调整，现场技术把关很难准确到位。

总之，无论哪个环节出问题，都会导致屋面出现风掀问题，屋面施工时，现场的施工误差不可简单处理，应充分考虑其承载能力的可靠性。但不管怎样，屋面的边部和角部一定是抗风作用最薄弱的部位，风掀往往是从这里开始。所以设计时，应该将这些部位的檩条加密处理。

3.2.7 关于风洞试验

大空间结构往往体型复杂，对风荷载敏感。《建筑结构荷载规范》GB 50009—2012无法涵盖，风洞试验可提供很好的参考，但建议将其结果与类似工程和相关规范综合考虑使用，不应将其视为唯一正确的结果。目前的风洞试验基本上都采用刚性模型，无法准确反映相关的风致响应。因此，风振系数的分析同样重要，可通过随机振动分析提供参考。

风洞试验也存在着很多局限性。由于风洞的试验段不可能很大，风洞试验很难模拟真实的空气流场，也很难获得一些极为重要的局部流场的信息，且为获得这些流场信息而安装的诸如压力传感器等设备将干扰真实的流场，导致测量的误差。

在使用风洞试验数据时，应当正确区分综合风压和极值风压的不同用途。一般情况下，综合风压用于主体结构计算，而极值风压用于围护结构设计。对于大空间的高大幕墙柱设计可以取与主体结构相同的风荷载计算，因其支撑的若干块玻璃不可能都同时承受极值风压，它所受的风荷载作用与主体结构无差别。

3.2.8 关于张弦结构的风吸作用问题

张弦梁用作屋盖结构时，屋面常采用轻质围护材料，此时张弦梁属于风荷载敏感型结构。对于风荷载较大且采用轻屋面系统的张弦梁屋盖，在风吸力作用下，下弦拉索可能会受压而退出工作，使得张弦梁结构的整体受力状态发生实质性变化，不满足弹性分析理论假定，需增加分析工况，否则会影响分析的真实性、准确性，影响结构的安全性。因此，在张弦梁结构的工程应用中，也有采用缆风索拉住张弦梁中的上弦刚性梁的工程，如图3-2-10所示，保证在风吸力作用下，下弦拉索不退出工作也可以采取加大张弦梁自重的做法或采用重型屋盖平衡风吸力的作用。

图 3-2-10   上海浦东国际机场一期照片

3.2.9 关于温度应力

温度应力分析可分为两个阶段：施工阶段和使用阶段。对于带大悬挑的航站楼等，使用阶段计算还可以区分室内和室外分别取不同的温差来反映温度的真实作用。

计算温度应力要考虑三个因素：一是合拢温度，二是温差，三是约束因素。温度应力是约束应力，如果约束不存在，温度应力也就不存在；约束越强，温度应力就越大。一个工程，支座形式与构造确定了，约束力的大小基本也就确定了，且支座的形式也牵涉到结构设计的其他方方面面，不多讨论。

我们知道，任何地点、任何时间温度都在不断变化。因此，计算温度应力应该首先确定计算的最高温度与最低温度取值，一般可取当地的最高与最低日平均气温。然后再确定施工合拢的季节，可考虑当地当月的月平均气温。合拢温度不应该是固定的一个值，应该是一个范围，这个范围不应该小于 5℃，如 20±5℃。有了合拢温度，升温与降温的值也就好确定了。升温可取 20-5=15℃与最高温度的差值，降温可取 20+5=25℃与最低温度的差值。

3.2.10 积雪荷载

雪荷载是中原和北方地区很重要的荷载，且有它的特殊性。第一，中原一带气温高于北方，这个区域的雪黏度大，密度高，随风吹落的比例小。因此，中原等气温相对高一点的地区，雪荷载更应该得到重视。第二，雪荷载的计算除满布工况外，半跨工况不可忽视。第三，当屋面有起伏时，应当充分分析积雪可能堆积的工况，充分考虑其荷载作用。图 3-2-11 是郑州机场 GTC 屋面的雪后照片。第四，雪融化不是一天完成的，融化的雪水流到雨沟里会结冰，形成接近满水状态，故雨沟部位可直接按满水计算和设计。

3.2.11 大跨工业厂房和大空间公共建筑的管线荷载

公共建筑的空调量通常很大，空调水管多、直径大，水管直径 600~1000mm 十分常见，这些水管在满水的情况下集中在哪里，哪里就有一个不可忽视的荷载，且很可能有一定的振动。图 3-2-12 是笔者 2002 年设计的电子厂房，属于那个年代的 EPC，当时不叫 EPC，叫交钥匙工程，这种工程，自然要严格控制造价。该工程结构采用的是门式刚架结构，以满足大空间要求。设计过程中，总包要求屋面荷载严格控制，不允许荷载预留太多。该工程的厂房对温、湿度要求较高，导致设备多，管道多，密集的管道导致某些区域的荷载很大，该工程管道安装初步完成时，总包方面开始担心预留荷载是否满足要求，特别请设计师到现场，好在这些管线密集在梁端，核算结果承载力满足使用要求，不存在安全问题。这个实例说明，对于工业建筑，包括大空间建筑，经常会出现设备管道直径很大以及管道密集的情况，而且大直径管道安装方法不同，有的支承在下层，有的吊挂在上层。设计时，应对设备的安装情况有所了解，尽可能地反映出现场荷载的真实情况，避免造成工程的安全隐患，也要注意主要管道的安装位置和安装方式，避免管道振动影响相关部位的使用。

图 3-2-11　郑州机场 GTC 屋面雪后照片　　　　图 3-2-12　某电子厂房密集的管道布置

3.2.12 空间结构与大跨度结构差异

空间结构是指建筑结构的体型呈三维空间状并具有三维受力特性且呈立体工作状

态的结构，是力学维度的空间结构，具有良好的力学性能，能提供较大的建筑空间和满足现代建筑的造型。空间结构设计水平能够反映出一个国家的建筑技术水平。

按照这个定义，很多貌似空间结构的都不具有立体性，未呈现出三维空间状、三维受力特性以及立体工作状态。如图 3-2-13 和图 3-2-14 所示的结构空间很大，但都是单向受力结构，它们是大跨结构、大空间结构，但不是真正意义上的空间结构。之所以强调要区分一个结构是不是空间受力结构，是因为它对实际工作具有重要指导意义。结构设计不注意区分的直接后果就是设计出笨重、怪异的钢结构；施工方案不注意区分的直接后果是最终形成的结构与设计意图大相径庭，甚至会引起工程隐患。保证实际形成的结构与计算模型是否一致对工程安全十分重要。

图 3-2-13　国外某工程照片　　　　　　　　图 3-2-14　国外某站棚照片

3.3 节点设计

节点设计是钢结构设计的重要工作内容之一，它不仅是钢结构安全的重要控制点，还是结构美学的重要体现部位，过去常用的节点有螺栓球节点、焊接球节点、焊接钢板节点等。空间管桁架兴起之后，相贯节点也成为大空间钢结构常见的节点，如图 3-3-1 所示，此外，受连接空间的限制，还可以用鼓形节点等。

随着大空间建筑设计中结构构件的不断暴露和人们对美化要求的提高，结构构件的美已成为建筑艺术的一部分，节点板连接已不再是建筑师所希望的节点，因此，采用节点板连接的工程越来越少，代之以铸钢节点、锻钢节点等。深圳音乐厅黄金树的树杈节点是我国较早应用的铸钢节点。2008 年，颁布了中国工程建设标准化协会标准《铸钢节点应用技术规程》CECS 235—2008，对铸钢节点的推广应用起到了很大作用。

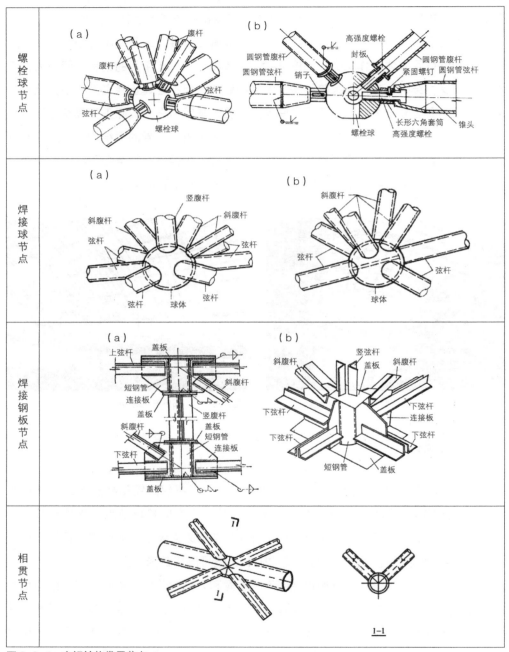

图 3-3-1　空间结构常用节点

　　在建筑美学要求的驱使下，大空间钢结构设计中出现了许多构型复杂、美观要求很高的节点，铸钢件和锻钢件以及其他形式加工很精细的零件化的构件不断地出现在当今的结构设计中。图 3-3-2 是郑州新郑国际机场 T1 航站楼应用的弧形托板铸钢节点，图 3-3-3 是日本关西机场柱顶节点，用的都是铸钢节点，造型美观、加工精细。铸钢件本身可以说就是机械零件，许多工程都在使用。它们与其他结构构件一起成为建筑美的一部分。

图 3-3-2　弧形托板铸钢节点

图 3-3-3　日本关西机场柱顶节点

随着这些构件的不断应用，加工制作零件化的势头将日益彰显出来，有的节点采用铸钢件也很难满足精度要求，有时需要锻钢件等，如常用的索头等。这些精细的加工件将与其他艺术构件一起构成十分受建筑师及广大业主好评的结构艺术，零件化的构件应当具有很强的生命力。图 3-3-4 是国外两个工程的照片，机械化加工体现得更加真切，值得国内设计师学习借鉴。

图 3-3-4　国外几个节点加工精细实例

3.4 大空间屋盖钢结构与下部混凝土结构的单元协调

3.4.1 大空间钢屋盖建筑的特点

　　大空间钢屋盖建筑有一个共同特点：一般下部为钢筋混凝凝土框架结构，屋盖则为钢结构。《混凝土结构设计规范》（2015 年版）GB 50010—2002 规定，钢筋混凝土框架结构伸缩缝的最大间距为 55m。《钢结构设计标准》50017—2017 规定，纵向温度区段长度为 220m，横向温度区段因柱顶连接形式的不同分别为 120m 和 150m。设计时要考虑如何协调钢结构与混凝土结构设缝要求不一致的问题，本节主要对这类建筑混凝土结构与钢屋盖设缝协调性进行调查并在调查的基础上对缝的设置问题提出笔者的看法。

3.4.2 设计现状

　　航站楼建筑一般都是超大平面建筑，是大空间屋盖钢结构应用最广的领域之一，如上海浦东国际机场 T2 航站楼建筑面积达到 48 万 m^2，登机长廊全长达 1400m。昆明长水国际机场建筑面积 54.8 万 m^2，南北长 855.1m，东西宽 1131.8m。北京首都国际机场 T3 航站楼由 T3A、T3B 和 T3C 等组成，建筑面积 98 万 m^2，其中 T3A 航站楼屋面在平面上呈南北轴对称的 Y 形，主体 Y 形的两翼端点相距约 770m，Y 形南北走向指廊的顶部距两翼的端点大约有 950m。成都双流国际机场 T2 航站楼建筑面积 29.624m^2，南北长 799m，东西宽 440.5m，其中仅大厅部分即达到 496m×145.6m 等。通过对上述几个超大型机场的设计情况调查发现，无论是混凝土结构还是钢结构，最大结构单元的尺寸超过规范要求的现象普遍存在，见表 3-4-1。

几个超大航站楼最大单元尺度及跨缝情况汇总表　　表 3-4-1

名称		混凝土最大结构单元（m）	钢结构最大单元（m）	跨缝方式
上海浦东国际机场 T2 航站楼		108×95	90 或 72×217	横向跨缝
北京首都国际 T3 航站楼	主楼	246	750×538（534×538）	双向跨缝
	指廊	138	412×41.6	单向跨缝
昆明长水国际机场航站楼		324×256	336.6×275	指廊纵向跨缝
成都双流国际机场 T2 航站楼		486×145.6	508×206	未跨缝
广州白云国际机场航站楼		108		跨缝

注：括号内的数是扣除采用滑动支座后能够释放变形后的最大尺寸。

3.4.3 屋盖钢结构与下部混凝土结构单元的协调问题

3.4.3.1 黏滞阻尼器的应用

超大平面建筑屋盖钢结构与下部混凝土结构的单元协调可分两种情况，一是保持混凝土结构与钢结构单元尺度大体一致，好处是避免钢结构跨缝问题，如成都双流国际机场 T2 航站楼。缺点是要么混凝土结构最大单元尺度过大，混凝土结构单元长度超规范程度相当严重，要么屋面钢结构单元过小，需要处理的屋盖结构缝多。因此，应尽量加大单元尺度。混凝土单元取的偏大，为防止混凝土的开裂需采取一系列措施，如改善混凝土配合比、混凝土低温入模、加强振捣和养护、二次压光以及配温度筋等；钢结构单元尺寸偏大，主要是增加温度分析，必要时可在边柱顶设滑动支座，释放部分温度应力即可；二是屋盖的钢结构跨越混凝土结构单元缝，屋面钢结构形成类似弱连体，设计时应对其做详细的分析研究，采取适当的构造措施。考虑温度作用变化缓慢，地震作用变化很快。黏滞阻尼器正好具有变化速度快时提供的阻尼力大，变化速度慢时提供的阻尼力小的特性，于是笔者曾提出：对于钢结构跨混凝土结构缝时，可在混凝土单元间设置黏滞阻尼器，实现温度作用下单元间变形基本自由，地震作用下单元间基本保持不变位的构思，具体如下。

变形缝处的保险丝构造尝试如下。

地震作用和温度作用是两种完全不同的作用。温度作用下，结构变位的相对速度是很缓慢的。地震作用下，结构运动的速度往往是很快的，尤其是混凝土结构单元运动方向相反时，相对速度会更大。因此，所采取的措施应具有以下功能：温度作用下能够适当变位，中、大震作用下变位又能受到一定限制，同时所采取的措施不应使结构在地震作用下形成碰撞效应，起到给屋盖钢结构加一道保险的作用。

速度型阻尼器的输出阻尼力与阻尼器两端的相对速度有关。相对运动速度越大，输出的力越大，反之越小，如图 3-4-1 所示。即速度型阻尼器可以提供汽车安全带似的保护作用。

考虑该阻尼器应该在温度作用下可以缓慢变形，相对速度很小，提供的阻尼变形力很小；相反，在地震作用下缝两侧结构单元的相对运动速度较快，能够提供较大的变形抵抗能力，因此可选用速度型阻尼器来解决钢结构跨缝问题。阻尼器的输出力则可取中震时结构缝处铰接连杆的内力，从而可以实现中震不坏，大震可修的控制目标。

郑州国际机场 GTC，地面以上建筑总长度 580m，主体采用钢筋混凝土框架结构。屋盖结构形式为正交正放桁架式网架结构，屋盖总长度约 618.5m，宽度约 194m。城铁范围内主要柱网为 8000mm×12500mm 和 8000mm×14400mm，地铁范围柱网 7300mm×12000mm 和 6000mm×12000mm，其上部结构尽可能使

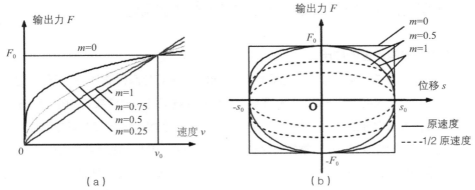

（a）

（b）

图 3-4-1 速度型阻尼器的工作曲线
F—阻尼器的出力；v—阻尼器两端的相对速度；m—阻尼器的阻尼指数，其取值为 0~1

用城铁和地铁部分的柱网，柱轴力传给下部结构。地铁、城铁以外部分，主要柱网
9000mm×12000mm。地面标高为 –1.500m，二层楼面标高 6.000m。地下室部分四
周留有 8~12m 的采光天井，地下室外墙实际上是纯粹的挡土墙，建筑无外墙，结构
受温度的影响较大。因此，本工程混凝土结构如果不设缝，结构单元严重超长温度应
力很大。结构单元划分如图 3-4-2 所示。

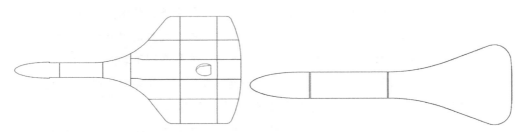

图 3-4-2 结构单元划分示意图

为不影响使用和美观，在屋盖下层混凝土结构缝处梁底设置了黏滞阻尼器，对混凝
土单元间的变形行为进行了一定的限制，如图 3-4-3 所示，实际安装如图 3-4-4 所示。

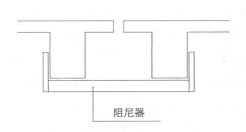

图 3-4-3 黏滞阻尼器安装示意图

图 3-4-4 黏滞阻尼器的实际安装照片

3.4.3.2 屋盖结构因跨缝产生的附加应力

当钢屋盖跨越混凝土的结构缝后，混凝土缝上部的钢结构实际上形成了一个弱连体结构，即混凝土结构缝的变形需在跨越缝的钢结构上消耗掉。根据材料力学的计算公式，钢构件内产生的应力：

$$\sigma = E\varepsilon = E\frac{\Delta L}{L} \qquad\qquad (3-4-1)$$

式中　E——弹性模量；

　　　L——跨越钢结构的长度；

　　　ΔL——混凝土缝的变化量，即钢结构的受力变形；

　　　ε——应变。

这里，这些参数均可以作广义的理解，屋盖的刚度是由支撑柱和屋盖共同形成的。

通过式（3-4-1）可知，要想减小钢结构因混凝土缝的变化而产生的应力可有以下两个途径：

一是降低屋面钢结构的刚度，尤其是平面内的刚度，如使用曲面构件代替平面构件。上海浦东国际机场 T2 航站楼横向屋面钢结构为拱，支撑结构 Y 形柱的柱脚为铰接，E 值很小，为屋面钢结构跨缝创造了很好的条件，故跨缝对钢结构的影响不大。

二是加大消耗变形量的跨越钢结构的长度 L，在满足抗侧变形要求的基础上，也可减小缝两侧支撑柱的刚度甚至可以使用摇摆柱。

计算表明，结构设缝后，在地震的作用下，缝两侧的结构单元并不是做 X 或 Y 向的相对运动，有时还有各自的扭转运动，为更好地反映地震对跨缝钢结构的影响，将混凝土与钢结构一起整体建模，考察其在地震作用下的反应，采取适当的加强措施十分必要。

3.4.3.3 屋面钢结构设缝的几个办法

混凝土结构设缝最简单的方法就是双柱双梁。对于钢结构，还可以根据结构形式的不同采用几种变通的做法。如前所述，大跨度空间结构可粗略地分为单向受力结构和空间受力结构两大类：单向受力结构设缝最简单，对于檩条跨度不大的结构可以直接使用悬挑檩条法，下部混凝土结构采用双柱法设缝。深圳宝安国际机场即采用了这种处理办法，如图 3-4-5 所示。此外，对于类似结构还有一种设缝办法，笔者取名为反弯点处套接法。其原理是：一根梁在其反弯点处弯矩为零，故只要采取措施保证该处能传递剪力即可，在剪力传递得到保证的情况下，钢梁即可切断，构造如图 3-4-6 所示，当在梁端的反弯点都采用此构造时，该梁轴向可以变形，其受力可以等效为轴向释放的链杆，结构能够适应很大的变形。该设缝办法也可以进行变种，将接头设在支座处，在檩条与主体结构的连接节点上设长孔，取消套管，檩条则作为简支梁；对于双向或者说空间受力结构，结构缝不能简单划分，简单划分可能彻底改变结构的受力形式，需要结合支座情况划分。

3.4.3.4 金属屋面在结构缝处的处理

金属屋面既有隔热又有防水作用，对建筑的美观有很大影响，经常被处理成曲线造型。因排水需要，金属屋面的坡度要大于 5%，且在屋面上每隔一定距离要设置排水沟，自然将屋面分成若干个小块。另外，为增加金属屋面板的面外刚度，金属板均被压制成具有一定折线的板，垂直于板肋方向面内刚度很小，对结构缝处的变形有很好的适应性；平行于板肋方向，其与檩条的连接一般采用角码连接，金属板与角码间可以产生些许的相对变位，相当于设了滑动支座。金属板在该方向对结构缝具有很好的适应性，所以，大空间钢屋盖结构可以采用结构设缝，金属屋面不设缝的构造方式，有效减少屋面漏水的概率。

图 3-4-5　深圳宝安国际机场檩条悬挑设缝

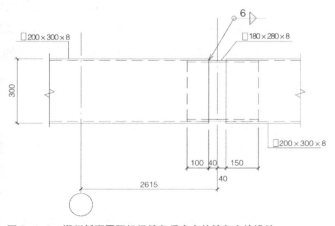

图 3-4-6　郑州新郑国际机场檩条反弯点处檩条套接设缝

3.5 工程案例

3.5.1 深圳大运中心体育馆钢屋盖结构设计

3.5.1.1 工程简介

深圳大运中心位于深圳市龙岗区奥体新城，是第二十六届世界大学生运动会的主会场，由一场两馆组成。建筑设计沿袭了中国山、水、石三大传统水墨艺术之精髓，将理性风格融入东方神韵，形成一幅山水画卷，如图 3-5-1 所示。其中的建筑造型是基于水晶石造型的设计构思而来，建筑外形为岩石状的水晶结构，如图 3-5-2 所示。山水与水晶石造型建筑一起，将理性而和谐统一的规划与环绕场馆的广阔景观公园、景观湖、自然的铜鼓岭山体融为一体，形成了人与自然的和谐统一，中国建筑东北设计研究院有限公司完成了其中主体育馆的设计。

图 3-5-1　山水画构思

图 3-5-2　深圳大运中心鸟瞰图

该体育馆建筑面积 7.4 万 m², 建筑高度为 34m。平面为圆形, 支座处位于平面直径为 144m 的圆上, 呈等分排列, 整个综合体育馆的屋盖呈中心对称结构。结构形式新颖, 造型独特, 标志性强, 建成后的室内外效果如图 3-5-3 所示。

图 3-5-3　体育馆实景照片

3.5.1.2 钢屋盖结构设计

（1）结构选型

本工程结构设计首先按照建筑构型, 在每个构成单元的折面上布置结构构件, 形成结构的基本骨架。如图 3-5-4（a）所示, 屋盖的中心部位做成圆形网壳, 支撑于十六个折面单元的边缘上。在此基础上, 结合幕墙分格, 布置次杆件, 形成对主杆件的约束和对幕墙结构的支撑, 成为钢网格折面结构的面, 如图 3-5-4（b）所示。该工程整个结构相当于将众多的三角形网格, 围绕一个虚构的曲面折上折下或折左折右, 形成一个空间折面相连的结构。故称为"单层折面空间网格结构"。

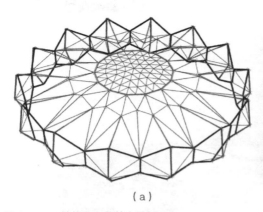 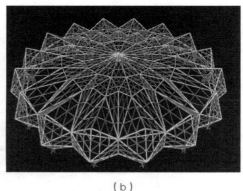

（a）　　　　　　　　　　　　　　　　（b）

图 3-5-4　结构方案的基本骨架图
（a）结构主杆件三维图；（b）整个结构三维图

该结构可分为外围的围合结构和中心铁饼状结构扁球壳两部分。围合结构由十六个完全相同的单元组成；扁球壳由梭形桁架式沿中心点放射布置形成，整个结构不设结构缝，分别如图 3-5-5 和图 3-5-6 所示。

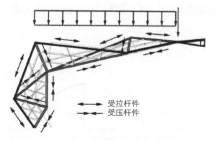

受拉杆件
受压杆件

图 3-5-5　几何单元剖面图

图 3-5-6　中心圆顶结构剖面图

（2）结构设计控制参数

该体育馆座位数 1.8 万座，属特大型体育馆，承担国际赛事，故抗震设防类别定为乙类，设计的主要控制参数见表 3-5-1。

结构设计控制参数表　　　　　表 3-5-1

建筑结构安全等级	钢结构屋盖一级、混凝土结构二级
设计基准期	50 年
设计使用年限	50 年
抗震设防类别	乙类
设防烈度	7 度（0.1g）
抗震构造	8 度
钢筋混凝土框架抗震等级	二级
支承钢结构的十六个柱子及框架梁抗震等级	一级
基本风压	百年一遇风压：0.9kN/m^2
场地类别	II 类（T_g=0.35s）
基础设计等级	甲级
基础安全等级	一级（比赛馆外围大平台下基础二级）
结构重要性系数	γ_0=1.1

3.5.1.3 支座设计

（1）球型支座设计

本工程钢屋盖设有十六个落地柱脚，上半部分采用了碗状结构，下半部分采用了凸出的半球结构，如图 3-5-7 所示，可防止碗状结构积水，但需要考虑支座在力的作用下是否会产生脱出的问题。

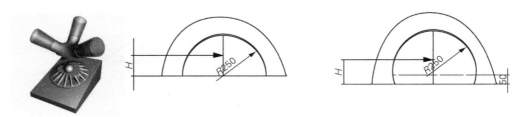

图 3-5-7　球形支座构造分析图

引起支座脱出破坏有以下三种可能：一是在上拔力作用下直接拔出。当结构的自重大于风吸力，其合力指向球心时，这种情况不会发生，本工程不会被拔起。二是支座的上半球在水平力作用下沿下半球的球面向上滑移。上部结构滑出需克服接触面上摩擦阻力，取摩擦系数为 0.1，核算结构也不会发生滑动。三是支座的上半球在附加弯矩作用下绕下半球球心的转动，当转动超过一定角度后脱出。因构造要求水平力未通过球心，产生了附加的力矩，才会使柱沿接触面向上翻转，但要克服摩擦阻力和周围结构的约束。设计时在半球下加一段 50mm 圆柱体，降低上半球的重心，使上半球的合力尽量指向球心减小附加力矩。改造后产生的附加偏心力矩不足以克服摩擦阻力，即使没有周围结构的约束上支座也不会滑出。为更安全起见，本工程用一根 M40 的 10.9 级高强度螺栓通过上半球上的锥形孔固定于下半球上。上半球的锥形孔与螺栓间预留活动空间以保证球形支座活动自如，如图 3-5-8 所示。

（2）球支座与主

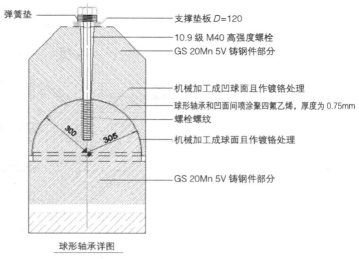

弹簧垫
支撑垫板 D=120
10.9 级 M40 高强度螺栓
GS 20Mn 5V 铸钢件部分
机械加工成凹球面且作镀铬处理
球形轴承和凹面间喷涂聚四氟乙烯，厚度为 0.75mm
螺栓螺纹
机械加工成球面且作镀铬处理
GS 20Mn 5V 铸钢件部分

300　305

球形轴承详图

图 3-5-8　球形支座构造

体结构的连接构造

本工程支座的水平推力很大，为减小支座的水平剪力，一将支座的下半球向内倾斜 15° 放置，使重力荷载在球形支座产生向圆心方向的水平分力，形成自平衡体系，减小外张力；二沿支座所在圆设环形混凝土拉梁，并加厚环梁周边楼板，使其能够很好地将水平力向周边其他结构传递，连接节点构造简图如图 3-5-9 所示。

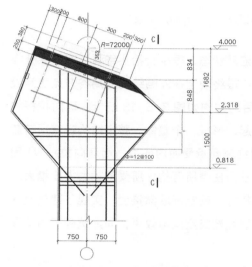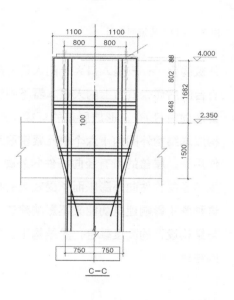

图 3-5-9　球形支座与主体结构的连接节点构造简图

3.5.1.4 设计优化

（1）结构体系优化

初步研判，由于四周的围合结构也是由折板桁架连接而成，沿直径结构可用图 3-5-10 表示，结构整体刚度不好，效率不高，故有必要增设拉杆。

图 3-5-10　计算简图

钢屋盖与看台之间为体育馆的环廊，它是建筑的入口大厅与比赛馆之间的过渡空间。环廊的外侧为幕墙，为了满足节能的需要，建筑在幕墙的内侧还设了一层张拉膜结构。环廊内侧为体育馆的功能用房。经过反复权衡，决定在环廊靠幕墙侧的肩部设一圈拉杆，如图 3-5-11 和图 3-5-12 所示。在该位置设拉杆：一是外立面看不到，它躲在建筑幕墙的后面；二是该构件位于空中，高度在二十多米对心理空间几乎没影响，且有张拉膜的遮盖，露出部分的构

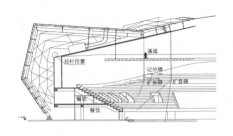

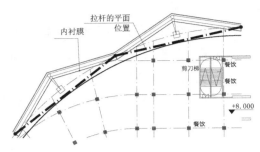

图 3-5-11　建筑剖面图　　　　　　　　　　　图 3-5-12　拉杆的设置位置

件被弱化了；三是入口大厅的人们一般处于流动状态，很少会抬头细看；四是它处在看台的后面，看台上的人根本看不到该构件。最终确定在外围结构的肩谷节点之间设置环向拉杆 R1，形成屋盖的环梁，改造之后的结构如图 3-5-13 所示。环向拉杆将构成本结构外围的十六个单元紧密联系在一起，形成一个整体。整个结构在穹顶荷载作用下，屋盖的所有径向杆件向外膨胀受到约束而承受面内压力，而环向拉杆 R1 因受到径向构件向外膨胀而承受较大的拉力，从而使得所有构件所受的轴力占比增大。这种既不影响建筑功能又不影响建筑效果的措施，建筑师欣然接受，实现了建筑设计与结构设计的高度融合，是结构工程师努力研究建筑空间与效果，向建筑师努力争取的结果。

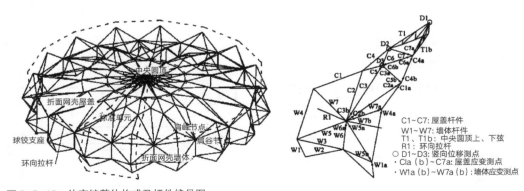

图 3-5-13　体育馆整体构成及杆件编号图

设有肩部拉杆时，拉杆可使屋面及立面折板向几何不变方向转变，结构刚度可得到显著加强。图 3-5-14 和图 3-5-15 对比了实际结构（有 R1）和假想的没有环向拉杆 R1 情况下，承受对称竖向荷载时杆件中段的轴力和屋盖节点的变形。R1 杆件的存在使穹顶的作用得到了充分的发挥，部分杆件承受压力作用，且大幅加强了结构的刚度、减小了屋盖的竖向变形。

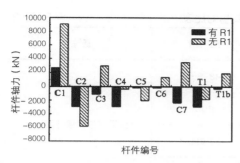

图 3-5-14　有拉杆与无拉杆轴力对比图

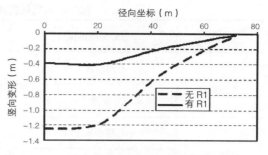

图 3-5-15　竖向变形对比有拉杆与无拉杆竖向变形对比图

图 3-5-16 给出了设拉杆和不设拉杆时，杆件内力和变形的对比。可以看出，拉杆不但改变了结构受力还改变了结构的振动模态。

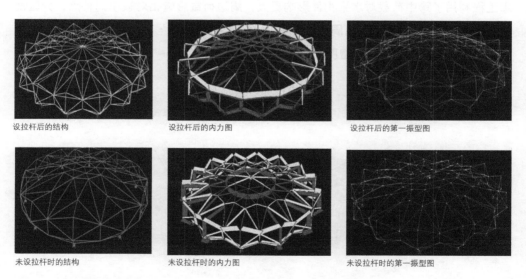

图 3-5-16　优化效果对比图

本工程抵抗水平地震作用的结构可认为有两部分，一是顺地震方向的沿径向剖分结构得到的类似门式刚架的结构；二是沿地震方向结构两侧的立面六棱锥形成的类柱间支撑作用。没有拉杆时，结构在水平力作用下的振型以中心圆顶的侧翻为主，呈现出框架结构的变形特征；设有拉杆时，拉杆的存在改善屋面的面内受弯能力，屋面振型以整体平移为主，呈现出框架 - 剪力墙结构的变形特征。

选用的杆件截面尺寸相同，但壁厚定义成多个壁厚，由程序自动优化截面，优化以满足强度指标为主要控制目标。优化结果见表 3-5-2。

加拉杆前后结构用钢量对比表   表 3-5-2

方式	分类用钢量	用钢量	备注
不加拉杆	总用钢量（t）	4876.5	单位用钢量以展开面积计
	单位用钢量（kg/m²）	190	
加拉杆	总用钢量（t）	3769.9	
	单位用钢量（kg/m²）	147	

该表说明：拉杆的设置可减少结构用钢量 20% 以上。

（2）荷载优化

对于这种一百多米的大跨结构，屋面的竖向荷载对工程成本有着极其重要的影响。本工程利用了跨中荷载对水平构件影响更大，周边荷载影响相对较小的特点，分区使用了玻璃与聚碳酸酯板。屋面周边采用玻璃，密度为 28kN/m³；屋面中间采用聚碳酸酯，实心板约 12kN/m³，是玻璃密度的一半，具体部位如图 3-5-17 所示。

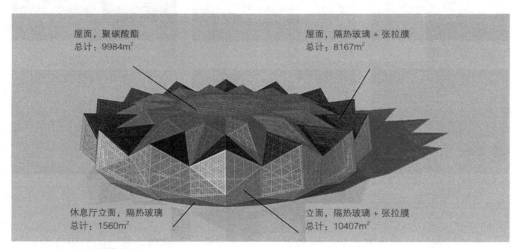

图 3-5-17　围护材料分布图

（3）尖谷节点优化

本结构是一个由多根杆件相交后形成的空间结构，多根杆件相交后形成的节点受力十分复杂，杆内存在的弯矩则更复杂。如果能将部分杆端的弯矩部分甚至全部释放，节点的受力则会相对简单一些。肩谷节点位于屋盖和幕墙主结构的汇交处，如图 3-5-18 和图 3-5-19 所示，是深圳大运中心钢结构工程中汇交杆件最多、受

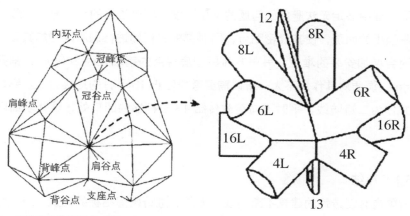

图 3-5-18　肩谷节点位置及构成图

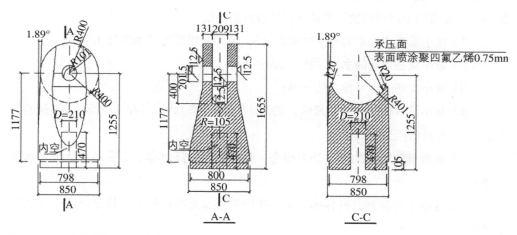

图 3-5-19　肩谷节点立杆顶部构造详图

力最复杂的节点之一。

为了释放 13 号杆的弯矩，将其上端改为铰接，所以在节点区域设计为带销孔的铸钢板。12、13 号杆的接头均为铸钢板，位于同一竖直面上，形成本节点的中轴面。4、6、8 号杆件与 12、13、16 号杆组成核心相贯。该节点仍为非贯通型，管口向内掏出椭球体形状的空腔，空腔的大小依靠计算分析结果并结合制作工艺来确定。计算表明，最大应力出现在 13 号杆销孔受压壁上，局部已达到屈服点。该节点的节点试验发现，耳板左右两侧应变并不呈现理想的对称性，而是一边偏大，并且随着荷载的增长其偏差越来越大。试验结束后，将销轴取出，发现销轴和销孔受压孔壁的偏斜受压，销轴明显变形。精心制作和安装的试件在试验中出现了销轴受压偏斜变形的情况，那么实际工程中必定无法避免此问题的发生。设计销轴连接的节点时，一般会在耳板之间预留很小的间隙，使其紧密贴合，同时要求将销轴进行调质以增加其硬度。但这样一方面会增加安装的难度，另一方面原型肩谷点的销轴直径240mm，销孔处的板厚160mm，调质对其作用不大，所以需要考虑修正13号杆的连接方式。销轴作用改为限位并作为二道防线，平时竖向荷载传给13号杆端的凹口处，该处表面喷涂聚四氟乙烯。

3.5.1.5 小结

目前国内有创造性的建筑不断涌现，尤其是进行国际招标的建筑，新型结构更是如雨后春笋，它给我们带来了无穷的惊喜，也给我们带来了严峻的考验。如何在满足建筑师原创作品基础上来完成结构的再创作则需要我们动一番脑筋。本工程仅通过一道拉杆的设置和使用材料的调整即起到了很好的效果。

（1）减小屋面中心点的垂直挠度近2/3，不用起拱即可基本满足1/400；

（2）减小立柱顶端的水平位移近3/4；

（3）减小支座的水平推力约一半；

（4）减小了杆件的内力的峰值，约为（0.5 ~ 0.6）$N_{1.35}$（$N_{1.35}$表示1.35倍的恒荷载），部分杆件已变号；

（5）改善整体结构的水平受力模态，第一振型由反对称上下振动变成屋面水平振动；

（6）减小了圆顶部分杆件的弯矩，使得圆顶与周围结构的连接受连接形式的影响减小。

3.5.1.6 工程获奖

本工程获奖情况见表3-5-3。

深圳大运中心体育馆项目获奖一览表   表3-5-3

奖项	获奖年份	颁奖单位
全国优秀建筑结构设计一等奖	2011	中国建筑学会
第十一届中国土木工程詹天佑奖	2013	中国土木工程学会
优秀勘察设计建筑结构二等奖	2014	中国建筑工程总公司

续表

奖项	获奖年份	颁奖单位
全国优秀工程勘察设计行业建筑结构一等奖	2015	中国勘察设计协会
全国优秀工程勘察设计行业建筑工程一等奖	2015	中国勘察设计协会
建筑创作银奖	2018	中国建筑学会
科技进步二等奖	2019	中国建筑学会

注：本工程结构顾问为德国 BHP 公司。

3.5.2 西安奥体中心体育馆结构设计

3.5.2.1 工程简介

西安奥体中心为 2021 年第 14 届全国运动会的主场馆，位于西安市未来城市发展的东北向主轴上，柳新路以南，向东路以北，杏渭路以西，迎宾大道以东，占地约 74.9hm²，地理位置优越，交通便利，鸟瞰图如图 3-5-20 所示。其中，体育馆是一个综合体育馆，建筑面积 108283m²，座席数 18000 座，看台高度 26.40m，建筑高度 41.360m。

图 3-5-20　西安奥体中心鸟瞰图

体育馆下没有地下室，停车集中在中央地库完成。地上 4 层，底层的外圈尺寸 168m，屋盖外围尺寸约 204.6m，属甲级大型体育建筑，可以满足篮球、手球、排球、体操、羽毛球、乒乓球、拳击、网球、室内足球、摔跤、室内曲棍球、剑术、柔道、桌球、举重、冰球 16 种以上的国际单项赛事的比赛要求，建筑立面造型借用传统建筑"飞檐"的形象，以唐代"屋脊"为设计思路，以高台之态、宫殿之势，在圆形屋顶基础上加上三角形元素，在唐风建筑形制上进行现代演绎，让城市的灯火阑珊与中国传统美学完美融合，形象地诠释了"雄浑塬上，梦回长安"的理念。体育馆一层层高 7.8m，其他楼层层高 4.5m，与体育馆的实用功能相匹配，与体育建筑的硬朗与坚强相得益彰，如图 3-5-21 所示。

图 3-5-21　体育馆实景照片

体育馆一层周圈布置有商业设备用房及上屋面的台阶，周圈商业和设备用房与体育馆间一层设有环形车道。商业用房的屋面（二层）为体育馆的入口平台，平台与体育馆间通过部分连桥连接，用于体育馆的人员疏散，平面图如图 3-5-22 所示，剖面图如图 3-5-23 所示。屋面采用铝镁锰合金直立锁边屋面板 +TPO 防水卷材形成两道防水屋面。金属屋面构造见表 3-5-4。

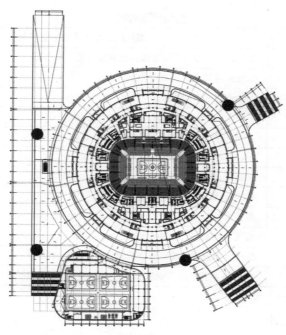

图 3-5-22   体育馆二层建筑平面图

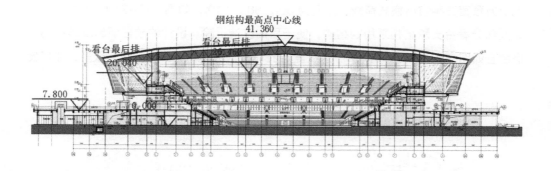

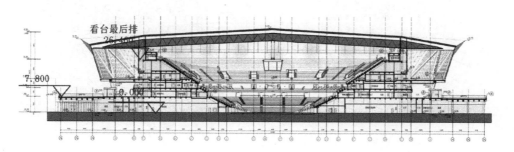

图 3-5-23   体育馆剖面图（示意图）

金属屋面构造表　　　　　　　　　　表 3-5-4

编号	系统构造层次（由上至下）
1	1.0mm 厚 65/300 型铝镁锰合金直立锁边屋面板
2	50mm 厚玻璃棉，密度 12kg/m³
3	1.5mmTPO 防水卷材
4	2×50mm 厚保温岩棉，密度 180kg/m³
5	2.5mm 厚热浸镀锌几字形衬檩及其支架
6	2×1.0mm 厚镀锌钢板
7	0.3mm 厚 PE 防潮膜
8	0.8mm 厚压型钢底板，肋高 35mm
9	屋面次檩条：C200mm×70mm×20mm×3mm
10	屋面主檩条：□ 200mm×100mm×6mm
11	50mm 厚超细玻璃纤维吸声棉，密度 32kg/m³
12	0.6mm 厚穿孔压型钢底板，穿孔率 20%，网眼 3mm

3.5.2.2 结构设计

本工程设计除满足赛事需要外，还要充分考虑后期运营需求，对后期需求做出充分预留。经后期与运营单位协调，在体育馆的正中央预留重量 52t 的斗屏，在比赛场地上方预留三种演出模式荷载，分别为 50t、80t、110t，如图 3-5-24（a）所示，且端头部分看台支承结构采用钢结构，便于后期改造拆除。设计的预留演出及维护用马道综合如图 3-5-24（b）所示。这么复杂的马道，吊挂在屋面上，吊点众多，如何使

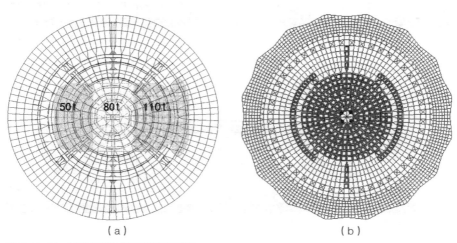

（a）　　　　　　　　　　　　　　　　（b）

图 3-5-24　演出预留荷载及马道布置图
（a）三种演出模式的荷载布置；（b）马道布置图

马道吊点与结构很好协调是屋面结构方案选型中不应忽视的问题。

　　本工程建设工期短，整个工程需要在两年不到的时间完成施工建设，简单、成熟的技术才是可靠保证，该工程在设计中采用的都是十分成熟的技术，并充分考虑当地的既有资源，方便采购、运输和施工。体育馆完成后的室内效果如图 3-5-25 所示。

图 3-5-25　体育馆完成后的室内效果

　　（1）结构选型与设计

　　如前所述，商业及设备用房与体育馆在二层楼面通过部分连桥连接，故沿体育馆周边设一圈结构缝将平台与主馆脱开。考虑主馆使用过程中温度变化较小，故主馆不设结构缝，只在施工阶段采取措施防止混凝土开裂。周边商业沿体育馆外圈按长度小于 120m 的单元长度设置结构缝，将商业部分分成 13 个结构单元，如图 3-5-26 所示。

　　考虑对体育馆造型的适应性，钢屋盖采用网架结构，其竖向支承构件由均匀布置看台后侧的 48 根混凝柱构成，柱所在圆直径 136.6m，并在柱顶设两道环梁，形成环向框架，提高屋盖支承结构的抗扭刚度，如图 3-5-27 所示。

　　看台的外侧是体育馆的环廊，环廊的外立面由 64 片倾斜的三角形幕墙组成，各三角面的交线上设有钢斜杆作为幕墙的支承结构，使钢屋盖上的网架形成多跨连续结构，幕墙荷载传递路线清晰，如图 3-5-28（a）所示。

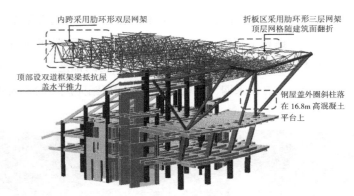

图 3-5-26　结构单元图　　　图 3-5-27　钢屋盖与混凝土结构间的支撑结构图

（a）　　　　　　　　　　　　　　　　　（b）

图 3-5-28　钢屋盖结构图
（a）四周钢支撑柱立面图；（b）钢屋盖平、剖面图

　　本工程钢屋面呈圆形穹顶形式，屋面钢结构在竖向荷载作用下有向外膨胀的趋势，为使屋面钢结构形成自平衡，减少屋盖传给竖向构件的水平推力，钢屋盖选用肋环形双层网架结构，中间最大跨度 136.6m，外环跨度 34m，环形布置的杆件对圆形穹顶在竖向荷载作用下的向外膨胀起到约束作用，实现结构内力自平衡。

　　为满足屋面造型需要，结合建筑功能，沿屋面外圈局部抬高形成夹角，尖角部分采用了三层网架，该部位防水屋面做在网架的中间层，上层为装饰屋面，实现建筑造型与结构布置的统一，如图 3-5-28（b）所示。

　　屋面钢结构内跨支座采用成品铰支座，如图 3-5-29（a）所示。因立面幕墙两组三叉撑中间的直杆支承于下部混凝土结构的悬挑梁上，设计将其处理成轴向铰，如图 3-5-29（b）所示，不传递竖向力，能够传递竖向力的仅有三叉撑中的斜杆，各杆件与球节点的连接为铰接。

（a）

竖向释放，
荷载向下传递
（b）

图 3-5-29　钢屋盖支座
（a）成品铰支座；（b）轴向铰

（2）结构设计控制参数

本体育馆为特大型综合类体育馆，为重点设防类建筑，有关结构设计参数见表3-5-5。

结构设计参数表　　　　　　　　　　　　　　表 3-5-5

控制项		控制参数
建筑结构安全等级		钢结构屋盖及其支撑柱一级；混凝土结构二级
设计基准期		50 年
设计使用年限		50 年（耐久年限 100 年）
抗震设防类别		重点设防（乙类）
设防烈度		8 度（0.2g）
抗震措施		9 度
结构体系		看台以下：框架 – 剪力墙结构；钢屋面：双层网架结构（局部三层）
抗震等级		框架及剪力墙均为一级（支撑钢屋盖混凝土柱特一级）
屋盖网架		关键杆件地震组合内力放大 1.15； 支座节点地震作用放大 1.20； 长细比限值：压杆 120；拉杆 200
基本风压		0.40kN/m² （100 年）
基本雪压		0.30kN/m² （100 年）
场地类别		II 类（T_g=0.40s）
基础设计等级		甲级
湿陷性分类		甲类
允许层间位移角	小震	1/800（看台以下）、1/550（看台以上）
	大震	1/100（看台以下）、1/50（看台以上）

根据风洞试验结果整理，45°角风荷载标准值如图 3-5-30 所示。

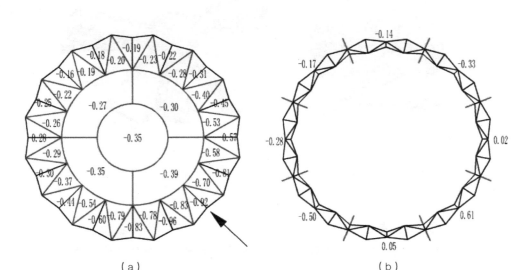

（a）　　　　　　　　　　　　　　　（b）

图 3-5-30　风荷载标准值
（a）屋面风荷载；（b）幕墙风荷载

（3）传力路线规划与关键构件的确定

体育馆功能可分为四周环廊和内部看台两大区域，钢屋盖的支座设在这两个区域的分界处，故体育馆钢屋盖可形成三跨连续结构，竖向荷载作用下的弯矩图可简化如图 3-5-31 所示。钢屋盖的大部分竖向荷载将通过内侧直柱向下传递。为传力简洁，应设法让主要的水平力也通过内圈混凝土直柱下传，做到传递路径最短，内圈混凝土直柱毫无疑问是关键构件。同理，屋面钢结构中，该柱附近的钢网架弦杆和斜腹杆及其基础也是设计的重点。

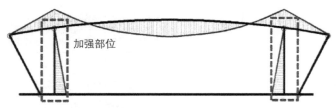

加强部位

图 3-5-31　结构受力简图

（4）性能目标

本工程根据结构的自身特殊性和超限情况，根据抗震性能目标四等级和抗震性能五水准规定，确定结构的抗震性能目标为 C 级，见表 3-5-6。

结构抗震性能目标　　　　　表 3-5-6

构件分类	构件位置	受力状态	多遇地震（性能水准1）	设防烈度（性能水准3）	罕遇地震（性能水准4）
关键构件	钢屋盖的支座	抗压抗拉	弹性	弹性	不屈服
		抗剪	弹性	弹性	不屈服
	支撑钢屋盖的柱子及其顶圈环梁	抗弯	弹性	不屈服	不屈服
		抗剪	弹性	弹性	不屈服
	临近支座2个区格的斜腹杆、弦杆	抗压抗拉	弹性	弹性	不屈服、不失稳
耗能构件	连梁、框架梁	抗弯	弹性	部分屈服	大部分屈服满足截面抗剪条件
		抗剪	弹性	不屈服	
普通竖向构件	关键构件以外的钢屋盖杆件	抗压抗拉	弹性	不屈服	部分进入屈服阶段
	框架柱剪力墙	压弯	弹性	不屈服	部分进入屈服阶段
		抗剪		不屈服	部分屈服，满足受剪截面控制条件
主要计算方法			反应谱、弹性时程	弹性反应谱法	动力弹塑性分析法

（5）主要计算结果

1）周期分析结果

体育馆采用 Midas Gen 进行整体计算，屋盖结构的振型周期见表 3-5-7，由该表可知，结构的整体抗侧刚度及抗扭刚度适中。

屋盖结构的振型周期　　　　　表 3-5-7

振型	周期（s）	U_X	U_Y	U_Z	R_Z
1	0.896	0.000	0.002	99.997	0.000
2	0.642	9.950	83.504	0.000	0.011
3	0.636	81.672	10.354	0.000	0.029
4	0.523	28.009	65.184	0.000	0.169
5	0.517	64.590	27.156	0.000	0.118
6	0.501	0.378	0.092	0.000	99.488
7	0.458	0.004	0.235	0.000	99.565
8	0.422	2.997	0.106	1.158	94.651
9	0.409	0.000	0.000	0.001	99.998
10	0.391	0.080	0.023	0.001	99.895
振型参与质量		99.95%	99.95%	99.49%	92.96%

2）钢屋盖的变形情况

对于大空间结构，屋盖的水平和竖向变形是设计需要重点关注的问题，本工程钢屋盖的跨中挠度计算结果见表3-5-8，由该表可知，屋盖结构水平和竖向变形满足相关规范要求。

钢屋盖的跨中挠度　　　　　　　　　　　表3-5-8

荷载与作用	挠度 W_{max}（mm）	W_{max}/L
恒荷载	-172	1/792
满布活荷载	-172	1/794
恒荷载+满布活荷载	-350	1/390
恒荷载+满布雪荷载	-197	1/695
恒荷载+半跨雪荷载	-186	1/735
恒荷载+高低跨雪荷载	-201	1/680
恒荷载+水沟满水荷载	-171	1/797
恒荷载+0°风	-136	1/1003
恒荷载+90°风	-136	1/1007

注：L为跨度。

3）屋盖地震剪力在内外圈支撑柱的分配情况

地震作用的本质是惯性力，质量大产生的地震作用也大，该作用如果不发生水平转移，直接沿竖向构件传至基础则路径最短。钢屋盖内圈支承柱的刚度决定了地震作用的分配合理程度。本工程内圈框架柱截面取1500mm×1500mm。计算表明，其分配的地震剪力占总地震作用的80%以上，外排钢斜柱分配的地震剪力不足20%，与规划的传递路线一致，见表3-5-9。

地震剪力分配情况　　　　　　　　　　　表3-5-9

工况	内圈框架柱（kN）	外圈斜柱（kN）	总剪力（kN）	内圈框架柱剪力百分比
E_x	29786.7	7343.5	36794.9	80.95%
E_y	30505.7	7647.9	37924.2	80.44%

4）钢屋盖地震作用在支座上的分配

地震作用在支座处的分配将随屋盖及其支承柱的刚度变化而变化，如图3-5-32所示。图中数据说明：内圈支承柱中，位于直径与地震方向平行的柱地震作用最大，垂直方向最小；高区看台柱较短，抗侧刚度相对偏大，因此分担的地震作用偏大。

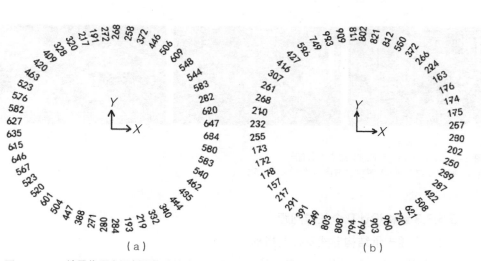

图 3-5-32　地震作用在混凝土柱顶的分配（单位：kN）
（a）X 向地震；（b）Y 向地震

5）外围斜撑承担的竖向荷载

屋面钢结构内支座所在轴线直径 136.6m，投影面积为 14647.75m²。屋盖外径 204.4m，外环投影面积约为 18149m²。体育馆的外环廊屋盖负荷面积与馆内屋盖相差不大。为此，去掉外圈幕墙荷载，计算得到 D+L 工况下支座反力如图 3-5-33 所示。该图说明：外圈三叉斜柱虽仍为压杆，但竖向荷载作用下杆内的轴向力很小，内圈混凝土柱才是竖向荷载的主要承担者，是关键构件，也说明该结构基本实现了竖向荷载内外跨的基本平衡。

6）关键节点的有限元分析

本工程钢结构的几个节点均采用了中震弹性的性能目标。图 3-5-34 是用 AB-AQUS 分析的网架支座、立面斜撑上下几个关键节点的应力云图。在中震作用下，节点能够保持弹性。

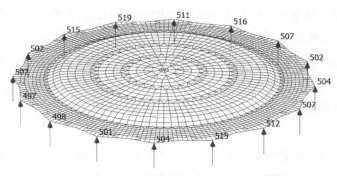

图 3-5-33　外圈三角形斜撑承担的竖向力（单位：kN）

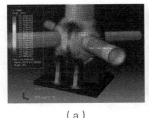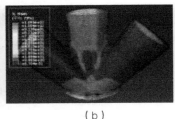

（a）　　　　　　　　　　（b）　　　　　　　　　　（c）

图 3-5-34　中震作用下的节点应力云图
（a）网架支座；（b）斜柱底节点；（c）斜柱顶节点

3.5.2.3 结构设计几个关键问题

（1）屋盖支承结构形式及控制指标

钢屋盖的内圈支承结构形式有三种：

1）混凝土柱以悬臂柱形式单独支承，下部的剪力墙不升至钢屋盖；

2）剪力墙和混凝土柱共同支承，两者均升至网架下弦支座处；

3）在内圈混凝土柱顶设环梁，将内圈独立的混凝土悬臂柱形成环形框架。

针对不同的支承形式，结构的水平位移角遵循以下原则：

1）当混凝土柱为悬臂柱时，位移角可以控制为 1/250；

2）当下部结构的混凝土墙也升至柱顶时，位移角应按框剪结构控制为 1/800；

3）柱顶设有环梁时，位移角可按框架结构控制为 1/550。

上述三种方式均刚度越大结构的地震作用越大，为减小地震作用，加强支承结构的整体性，减少屋盖对内圈柱的水平推力，本工程采用了悬臂柱顶设水平环梁的做法，位移角参照框架结构按 1/550 控制。

（2）环梁的作用分析

柱顶环梁的存在可以将一个个独立的悬臂柱连成一个整体，形成环向框架，增大结构的抗扭刚度，避免单个柱失效带来的重大伤害。对比分析表明：环梁的存在，对屋盖支座的水平变位起到了约束作用，并使各支座的受力趋于均匀。不设混凝土环梁，支座的最大剪力会减少约 40%，说明屋盖支承结构环向刚度大幅降低，支承屋盖柱子水平位移增大，同时各支座的受力因柱子刚度的不同而差异较大，如图 3-5-35 所示。图 3-5-35 中外圈数据是混凝土柱顶设环梁时支座的径向剪力，内圈数据是不设环梁时的径向剪力。

关于环梁的设置位置研究：设在钢屋盖支座处的下弦球上，好处是能更有效地约束钢屋盖在竖向荷载作用下引起的支座水平变位，缺点是对混凝土支承体系的整体性

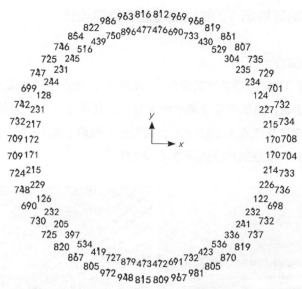

图 3-5-35　设与不设环梁支座径向剪力对比图（单位：kN）

及下部结构的抗侧刚度贡献很小，故本设计采用了柱顶设混凝土环梁的方式，环梁按控制裂缝宽度小于 0.3mm 进行配筋。

3.5.2.4　小结

（1）本工程工期紧，网架结构技术成熟，有较好的适应性，特别适合工期紧张的工程。

（2）通过尖角部位采用附加网架，立面结合幕墙需求设立柱，实现了建筑结构的一致需求，形成连续跨网架，大大减小了网架的厚度。

（3）追求传力直接，内力自平衡是设计追求的目标之一，本工程使用了一系列环向构件和连续跨竖向荷载平衡，结构受力合理。

（4）高烈度区的大空间建筑钢屋盖结构，抗震设计不应该被轻视。

3.5.2.5　工程获奖

本工程获奖情况见表 3-5-10。

西安奥体中心体育馆项目获奖一览表　　　　　　　　表 3-5-10

奖项	获奖年份	颁奖单位
陕西省优秀设计奖	2021	陕西省住房和城乡建设厅
第四届辽宁省土木建筑科学技术奖建筑设计类建筑创作一等奖	2021	辽宁省土木建筑科学技术奖励委员会

3.5.3 新郑国际机场 T2 航站楼屋盖钢结构设计

3.5.3.1 工程简介

新郑国际机场 T2 航站楼总建筑面积约 48 万 m²，共分为三个部分，包括主楼（中间部分）和两个指廊，建筑平面呈扁平的 X 形。主楼地上 3 层，局部有 1 层地下室，埋深达到 14m，建筑最高点为 39.350m，最低点（指廊）为 16.750m，大厅入口雨篷悬挑 28m，实景照片及建筑剖面如图 3-5-36 所示。

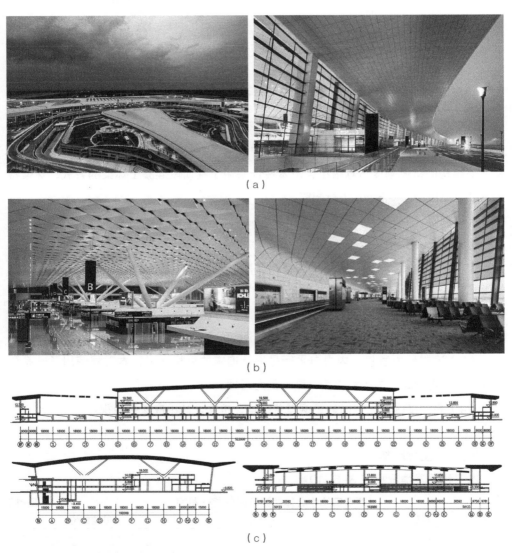

（a）

（b）

（c）

图 3-5-36　新郑国际机场 T2 航站楼的实景照片及建筑剖面
（a）室外照片；（b）室内照片；（c）建筑剖面图

3.5.3.2 结构设计

（1）结构选型

T2 航站楼的主楼采用混凝土框架结构，混凝土楼面标高为 6.000m 和 14.000m，局部房中房楼面标高为 20.000m，基本柱网尺寸为 18m×18m，楼面采用井字梁结构，主梁截面尺寸为 500mm×1300mm，次梁为 300mm×800mm。

主楼屋面结构为斜放四角锥空间网架结构，网架结构由中间的 8 组四叉钢斜撑和其周边的混凝土斜柱、直柱共同组成屋盖结构的竖向构件，同时兼作屋盖结构的抗侧力构件。四叉钢斜撑为变截面圆钢管，直径为 ϕ900~1600mm×42mm，最大长度约为 32m，其柱脚和柱顶为铸钢件，四叉钢斜撑的支座为下部混凝土结构的框架柱，最大支座间距达 90m。屋面网架结构的支座间距（即四叉钢斜撑各斜撑的顶部间距）为 36000mm×45000mm、36000mm×36000mm、45000mm×54000mm、36000mm×54000mm 以及 27000mm×4500mm 等，布置图如图 3-5-37 所示。每组四叉斜撑支撑的屋盖面积较大，斜撑长度较长。因其直接暴露在人们的视野中，构件的截面尺寸不能太大，造型要合理、美观，否则，对建筑空间效果有直接影响。为减小截面尺寸，提高承载能力，四叉斜撑钢材选用 Q345GJ。网架节点分为焊接球和螺栓球两种，对于网架杆件夹角较小者采用在焊接球外焊加劲板的办法予以加强。屋面檩条通过檩托连接在网架节点上，檩托同网架一起完成加工和安装。为便于吊顶施工，在网架下弦球节点上还预留了吊顶连接件。网架使用的材料：直径大于等于 180mm 的钢管为 Q345B，直径小于 180mm 的钢管为 Q235B，杆件截面范围为 ϕ88.5mm×4mm ～ ϕ351mm×16mm。

指廊部分为混凝土框架结构，其基本柱网尺寸约为 9m×9m，楼面采用井字梁结构，主梁截面尺寸为 400mm×700mm，次梁为 300mm×600mm；为增加出发层室内净高，指廊屋面结构采用实腹 H 型钢梁结构，梁高 900 ～ 1100mm，材质为 Q345B，支承钢屋盖的基本柱网尺寸为 18m×40m。

（2）结构分缝

本工程平面尺寸巨大，左右（南北）向的混凝土结构长度达到 1122m，上下（东西）向混凝土结构长度最远点 405m，主楼中间最窄部分的宽度也达到了 192m。设计结合建筑功能、机场的工艺流程以及上下结构受力的合理性，将混凝土结构分成 25 个温度单元，控制单元尺寸在 100m 左右。屋面网架结构单元划分原则：一是尽量使支承屋面钢结构的四叉钢斜撑布置在尽量少的单元上（8 组四叉钢斜撑分别位于两个单元上）；二是单元长度不超过 300m。将主楼的屋面钢结构化为一个单元，主楼左右两侧与指廊的连接部位各为一个单元，每个指廊又分为两个单元，共分成 11 个温度单元，如图 3-5-38 所示。

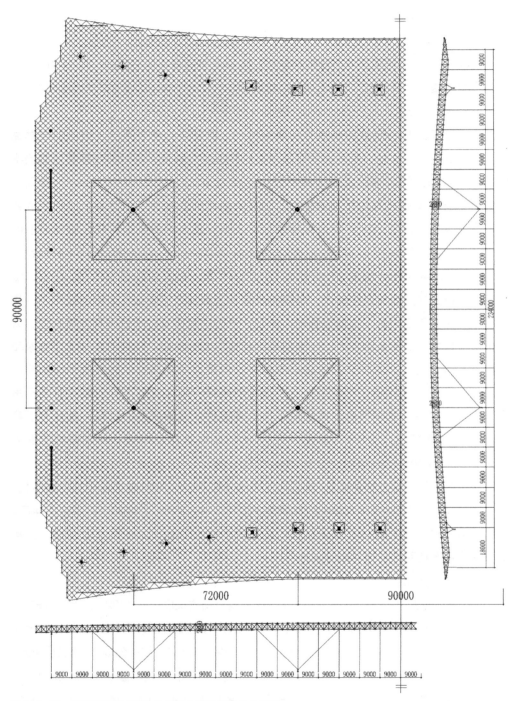

图 3-5-37　新郑国际机场 T2 主楼部分钢屋盖结构布置图

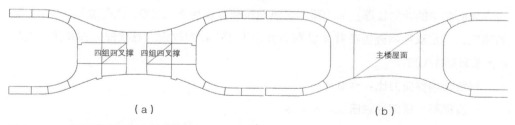

图 3-5-38　新郑国际机场 T2 航站楼结构分缝示意图
（a）混凝土结构分缝；（b）屋面钢结构分缝

（3）自然条件与结构设计控制参数

1）地震作用控制参数见表 3-5-11。

地震作用控制参数　表 3-5-11

地震烈度	设防类别	场地类别	地震分组
7 度（0.1g）	乙类	II	第二组

注：表中参数参考地勘资料的中间报告和《建筑抗震设计规范》（2016 年版）GB 50011—2010 确定。

2）风荷载参数：基本风压（百年一遇）0.50kN/m^2，地面粗糙度 B 类。具体荷载施加按风洞试验结果。

3）雪荷载参数：基本雪压（百年一遇）0.45kN/m^2。

4）设计控制参数见表 3-5-12。

设计控制参数　表 3-5-12

建筑结构安全等级	一级
设计基准期	50 年
设计使用年限	50 年
抗震构造措施	8 度
钢筋混凝土框架抗震等级	一级
基础设计等级	甲级
基础安全等级	一级
结构重要性系数	安全等级一级，γ_0=1.1（注：地震工况不乘）

柱顶水平位移角控制：地震工况 1/550；风荷载工况 1/400。

屋面跨中的竖向位移：非地震工况满足恒荷载作用下 1/400、活荷载作用下 1/500 的规定，满足双层网壳恒荷载 + 活荷载作用下 1/250 的规定。悬挑部分按悬挑长度的 2 倍核算即 1/125。

钢结构构件应力比：≤ 0.8。

一般混凝土框架柱轴压比：≤ 0.65。

3.5.3.3 重要构件及节点的优化设计

（1）四叉钢斜撑的设计

1）四叉钢斜撑的截面形式选择

四叉钢斜撑除受轴力作用外，还受到自身重力的作用。从直观概念而言，四叉撑截面形式选为矩形应合理，如图 3-5-39（a）所示，但分析结果表明，杆内承受轴力的比例较大，属压弯构件。按照《钢结构设计规范》GB 50017—2003 规定：矩形截面轴心受压构件钢管腹板的高厚比为 $40\sqrt{235/f_y}$。为满足矩形截面腹板的高厚比要求，矩形截面长边厚度要很大。因此，将矩形截面改为图 3-5-39（b）所示的由方管和圆形钢板组合而成的椭圆形截面，这种截面能够减小板件的厚度，但由于组成截面的板件向组合截面的中心集中，组合截面的回转半径减小，对杆件的稳定承载力损失较大。圆钢管轴心受压构件的外径与壁厚之比为 $100\sqrt{235/f_y}$，局部稳定对壁厚的要求较低，因此，最终选择截面形式为图 3-5-39（c）所示的圆形变截面锥形钢管。

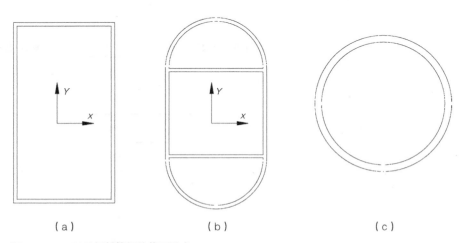

（a）   （b）   （c）

图 3-5-39　四叉钢斜撑杆件截面形式

（a）矩形截面；（b）椭圆形截面；（c）圆形变截面

2）锥形圆管的参数化处理

软件中给出的构件截面均为等截面，为能在 SAP2000 软件中准确描述变截面杆件特征，对变截面柱截面惯性矩的计算作如下推导：

$$I_2 = I_3 = \frac{\pi}{64}(D^4 - d^4) \tag{3-5-1}$$

式中　I_2, I_3——变截面柱沿两个主轴方向的惯性矩；

　　　D——截面的外半径；

　　　d——截面的内半径。

因柱截面变化时，其截面厚度为定值，故截面外径为线性变化，可由式（3-5-2）、式（3-5-3）表示：

$$D(x) = D_0 + \frac{D_e - D_0}{L}x \tag{3-5-2}$$

$$t = D(x) - d(x) \tag{3-5-3}$$

式中　D_0——截面初始端的外半径；

　　　D_e——截面末端的外半径；

　　$D(x)$——任意位置处截面的外半径；

　　$d(x)$——任意位置处截面的内半径；

　　　t——截面的厚度，为常数；

　　　L——长度。

$$I_2(x) = I_3(x) = \frac{\pi}{64}\left[D(x)^4 - d(x)^4\right]$$
$$= \frac{\pi t}{64}\left[D(x) + d(x)\right]\left[D(x)^2 + d(x)^2\right] \tag{3-5-4}$$

已知柱截面外径的变化规律为线性变化，欲知圆柱截面惯性矩的变化趋势可考虑将截面惯性矩表示为截面外径的函数。

由式（3-5-3）可得：

$$d(x) = D(x) - t \tag{3-5-5}$$

将式（3-5-5）代入式（3-5-4）可得：

$$I_2(x) = I_3(x) = \frac{\pi t}{64}[2D(x) - t]\left\{D(x)^2 + [D(x) - t]^2\right\}　\text{（3-5-6）}$$

很显然，式（3-5-6）为外径的一元三次函数，也即 SAP2000 软件中的 "Cubic"，从而解决了参数化描述问题。SAP2000 中的具体操作如下：①在截面定义中选 Other，点击常规，分别定义参数；②在截面定义中定义开始截面，结束截面，EI 分别选线性和三次方变化。

3）自重对锥形圆管稳定承载力的影响分析

本工程四叉钢斜撑长度较大，最大达到 32m，不同于普通的轴心受压构件，其自重将使斜撑产生平面外的变形，对其稳定承载力有多大影响，需进行评估。以 ϕ 1600mm×30mm 的等截面圆管为例，在 SAP2000 软件中进行分析，分析简图如图 3-5-40 所示，在杆端加单位轴力后进行杆件的屈曲分析，分析结果见表 3-5-13。由表可知，四叉钢斜撑的重力对其稳定承载力的影响不大，可以忽略，说明四叉钢斜撑选择圆形截面是合适的。

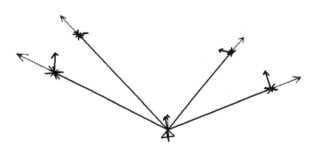

图 3-5-40　四叉钢斜撑稳定承载力分析简图

一阶屈曲因子　　　　　　　　　　　　　　　　　表 3-5-13

支承方式	考虑自重	不考虑自重	误差
上铰下刚	43480	43670	0.44%
两端交接	42196	42393	0.47%
两端固定	96864	97110	0.25%
上端滑动铰、下端刚接	43480	43672	0.44%

4）四叉钢斜撑两端节点的设计处理

四叉钢斜撑的下端节点为铰接连接，在造型上需追求一种力量效果。经过几个方案的比对，最终选择了图 3-5-41（a）所示的节点，寓意为"在用力的肘关节"。为达到此效果，采用了铸钢节点。与此相对，考虑四叉钢斜撑的顶部节点相连杆件数量较多，角度变化较大，节点做成如图 3-5-41（b）所示的铸钢节点。

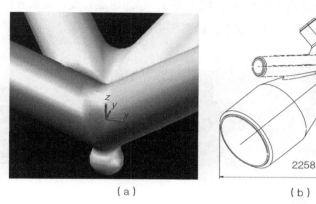

（a）　　　　　　　　　　　（b）

图 3-5-41　铸钢节点
（a）柱脚效果图；（b）斜撑顶部轴测图

由于斜撑杆件的材质为 Q345GJ，所以铸钢节点的材料强度应尽可能相近，实现强度上的匹配；化学成分也要接近，提高易焊性，以保证焊接质量和连接的可靠。现行《钢结构设计标准》GB 50017 中给出了四种建议采用的钢铸件材料，其中 ZG310-570 强度最高，抗拉、抗压和抗弯强度设计值 f=240MPa。《铸钢节点应用技术规程》CECS 235—2008（简称"铸钢节点规程"）规定：对于承受静力荷载或间接动力荷载，多管节点、三向受力等复杂受力状态下的铸钢节点，可焊铸钢件材料，可选择 ZG275-485H，SCW480SCW550，G20Mn5N。当节点受力较复杂、受直接动力荷载或处于 7 度及以上抗震设防区域时，宜选用 G17Mn5QT，G20Mn5N，G20Mn5QT。经比较，G20Mn5 对钢材残余元素 S，P 的含量要求比较严格，要控制在 0.02% 以下。严格限制 C，S，P 的含量不仅使铸钢件具有良好的塑性与韧性，而且确保了节点的可焊性，故本工程选择 G20Mn5QT。铸钢节点的弹性状态应力可用有限元进行模拟分析，其 Von Mises 应力为：

$$\sigma_{\text{Mises}} = \sqrt{\frac{1}{2}\left[\left(\sigma_1 - \sigma_2\right)^2 + \left(\sigma_2 - \sigma_3\right)^2 + \left(\sigma_3 - \sigma_1\right)^2\right]} \leqslant f_y \qquad (3\text{-}5\text{-}7)$$

式中　σ_1、σ_2、σ_3——不同方向主应力。

以四叉钢斜撑下部的支座节点为例，计算时，球头与球碗间接触面设置为摩擦接触，摩擦系数0.3，划分单元采用四面体单元Solid187进行网格划分，铸钢节点在1倍设计荷载下的最大Von Mises应力集中在节点球位置，为141.11MPa，如图3-5-42（a）、（b）所示。

根据铸钢节点规程进行弹塑性有限元分析时，铸钢节点在3倍设计荷载下的弹塑性有限元应力云图局部位置最大应力为301.75MPa，稍超屈服强度，大部分位置应力均小于268MPa，铸钢节点满足设计要求，如图3-5-42（c）所示。

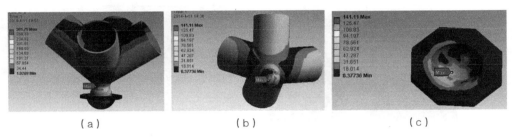

（a）　　　　　　　　　　（b）　　　　　　　　　　（c）

图3-5-42　节点有限元分析（单位：MPa）
（a）铸钢件整体应力；（b）球头部分铸钢件应力；（c）球碗部分铸钢件应力

（2）四叉钢斜撑支承柱的设计

每组四叉钢斜撑支承的屋盖面积都很大，最大达到6000m²，四叉钢斜撑支座下传的轴力近25000kN。同时，为方便行人通过，四叉钢斜撑的交点（支座）高出楼面2.5m，该处支承柱的安全性十分重要。设计时，该支承柱采用了钢骨混凝土柱，柱底节点的力可通过钢骨直接下传，同时增强了其抗剪能力和结构的延性，钢骨柱节点如图3-5-43所示。

（3）钢屋盖的吊顶预留

钢结构工程进入装修施工阶段时，结构已处于受力状态，此时，如果在受力结构上施焊，相当于给钢结构局部加热，不加任何限制地施焊会给结构安全带来隐患。钢结构和装修又分属于不同的施工单位，钢结构施工单位很反感装修单位在已经受力的钢结构上施焊。所以，装修构件与钢结构如何连接是工程中经常遇到的一个麻烦。

大空间钢屋盖下面往往需要吊顶，其吊杆在钢屋盖上的连接是很多工程都不得不面对的问题，钢结构施工单位甚至设计单位一般都会要求装修单位不得在已安装好的钢结构上施焊。逼着装修单位做抱箍等办法，避免出现工程事故。在本工程设计中，设计师充分考虑了装修施工的需求，在网架的下弦球上预留150mm长的钢接头，装

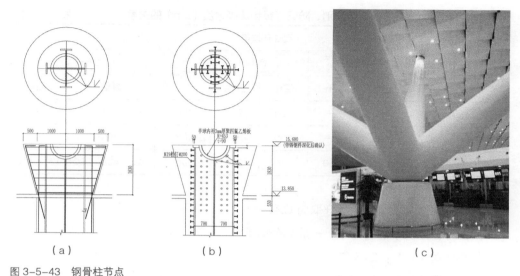

图 3-5-43　钢骨柱节点

（a）钢骨柱顶节点钢筋构造；（b）钢骨柱顶节点构造；（c）最终效果

修单位的所有操作必须在该预留接头上完成，施工过程中，施工各方界面清晰，互不干涉，省去了很多麻烦，是实现工程易建性的良好措施。节点构造如图 3-5-44 所示。

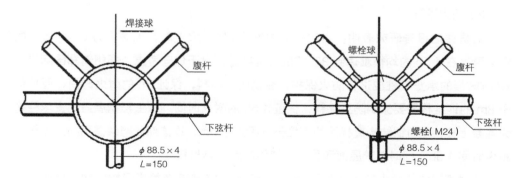

图 3-5-44　钢屋盖网架吊顶预留节点构造图

（4）钢结构防护设计

1）防腐设计

防腐涂料的防腐设计应充分考虑腐蚀环境及结构耐久性要求，环境分类标准 ISO 12944 给出了腐蚀环境类别、防腐等级和漆膜厚度的关系，见表 3-5-14。

腐蚀环境类别、防腐等级和漆膜厚度（μm）的关系   表 3-5-14

防腐等级	腐蚀环境类别							
	C2	C3		C4		C5-I	C5-M	
		其他	Zn	Zn	其他		其他	Zn
短期防腐	80	120	—	160	200	200	—	—
中等防腐	120	160	—	200	240	240（Zn）	300	240
长效防腐	160	200	160	240	280	320	320、400、500	320、400

本工程腐蚀环境类别：保守取为 C2。

防腐等级取决于防腐年限，一般划分如下：

短期防腐（L）：2~5 年；

中等防腐（M）：5~15 年；

长效防腐（H）：>15 年。

考虑工程重要性，本工程取 H 级。最终确定的防腐方案：

底漆：环氧富锌底漆、室内漆膜厚度 80μm、室外漆膜厚度 80μm；

中间漆：环氧云铁中间漆、室内漆膜厚度 120μm、室外漆膜厚度 160μm；

面漆：丙烯酸聚硅氧烷、干膜厚度 2×30μm。

2）防火设计

消防评估报告研究表明：当航站楼内发生 8MW 火灾时，火源上方 6.0m 以上的钢架温度在 1.5h 内均很难达到 380℃的安全判据，出于保守考虑，郑州新郑国际机场 T2 航站楼的承重钢柱应进行防火保护，涂刷防火涂料，保证 3h 的耐火时间，屋顶低于 8m 的钢结构需要涂刷防火涂料，保证 1.5h 的耐火时间。本工程钢屋盖的支承柱均为混凝土柱，屋面钢结构离楼面的高度部分不大于 8m，故该部分网架需刷防火涂料，耐火时间 1.5h。同时要求屋面和吊顶材料均应为不燃材料。

《建筑钢结构防火技术规范》GB 51249—2017 第 6 节给出了钢结构温度的计算方法，是防火设计的一大进步。但规范中的升温曲线计算公式主要适用于常规的室内建筑。当能准确确定建筑的火灾荷载、燃物类型及其分布、几何特征等参数时，建筑内着火空间的环境温度也可按其他有可靠依据的火灾模型计算。展览馆、剧院、体育馆、候车厅、候机厅等，其面积经常达几百甚至几千平方米，高度一般在 8~20m。这类高大空间火灾着火时，空间的环境温度不一定很高，但是火灾区域及邻近的构件，还应考虑可能被火焰吞没、火焰辐射对其升温的影响。《建筑钢结构防火技术规范》

CECS 200—2006 有这类大空间升温曲线公式，但《建筑钢结构防火技术规范》GB 51249—2017 并没有将其列入，只能参考。

3.5.3.4 小结

本工程是少见的复杂工程，不仅子项多、面积大，且航站楼下同时有城际铁路、城市地铁以及下穿路通过。同时，本工程工期极短，是同等规模甚至更小规模的机场所不能比的。在这种特殊的条件下，通过采用先进、可靠、合理的技术，调动一切可调动的力量，采用分期出图等措施，确保了工程的正常开工；通过派有经验的驻场代表，配合业主、协助施工，很好地保证了工程的进度。

3.5.3.5 工程获奖

本工程获奖情况见表 3-5-15。

新郑国际机场 T2 航站楼项目获奖一览表　　　　　　　　表 3-5-15

奖项	获奖年份	颁奖单位
勘察设计建筑工程一等奖	2016	中国建筑工程总公司
勘察设计金奖	2016	中国建筑工程总公司
辽宁省优秀工程勘察设计建筑工程一等奖	2016	辽宁省住房和城乡建设厅
第十届空间结构设计金奖	2017	中国钢结构协会空间结构分会

3.5.4 新郑国际机场 T1 航站楼的曲梁拉索结构设计

3.5.4.1 工程简介

郑州新郑国际机场原 T1 航站楼建于 1996~1997 年，为 2 层混凝土框架结构，基本柱网为 8.400m×8.400m，柱网布置方向与主入口成 45° 夹角，人流方向的实际柱网相当于 5.94m，空间感觉柱子林立，视觉拥挤。屋盖为斜放平板钢网架结构和混凝土方格梁上设玻璃天窗，室内空间零乱，与现代候机楼的形象不协调。

本工程改建时拆除原有屋面结构，混凝土部分沿原有柱网对角线间隔拆除一排柱子，形成 11.879m×11.879m 的柱网，改、扩建后的横剖面图如图 3-5-45 所示。扩建和改建两部分的结构形式相同。扩建部分在原有候机楼的基础上向左侧扩大近原楼的两倍长度，向右补齐缺口，柱网取原柱网的对角线，底层基本柱网为 11.879m × 11.879m。

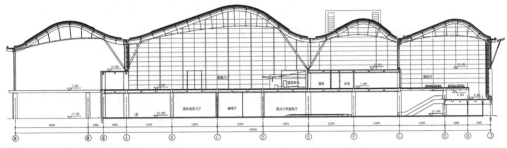

图 3-5-45　建筑横剖面图

3.5.4.2 结构设计介绍

本工程钢屋盖结构设计需兼顾以下几个特点：①屋面波浪起伏较大；②建筑屋面曲线为不对称曲线；③建筑跨度相差较大，其中第 1 跨为高架桥 L=29.00m，第 2 跨为离港大厅 L=47.518m，第 3 跨为办公区 L=23.76m，第 4 跨为候机区 L=23.76m；④第 2、3、5 跨支座为四叉撑，第 1、4 跨支座为摇摆柱，下部支撑构件侧向刚度较弱；⑤第 1 跨车道的顶盖完全开敞且屋盖四周均有较大的外挑部分。需注意第 1 跨屋盖如何抵抗风上吸问题。

（1）钢屋盖结构体系

该工程屋盖钢结构采用了斜撑 + 曲梁 + 拉索的结构体系。考虑到幕墙立柱传来的水平力需通过屋面构件传递至竖向构件，故设计原则是在幕墙立柱与屋面相连部位，设置横向水平支撑。屋盖钢结构平面布置示意图如图 3-5-46 所示。

为更清楚地了解本工程所采用体系的性能，将该结构体系做如图 3-5-47 所示的演绎。图 3-5-47 中上图所示多跨门式刚架结构是十分成熟的结构形式，其体系的成立有赖于梁柱顶部的刚接节点。现用两根两端铰接的斜杆代替中柱与屋面梁组成一个三角形便得到图 3-5-47 的中间图形。由于三角形为几何不变体系，即使斜杆的上端为铰接连接，整个体系仍然为几何不变体系。然后再将屋面斜梁改为不对称曲梁便是本工程所采用的曲梁结构。

另外，作为钢屋面结构的完整体系，设置一定的水平支撑和垂直支撑是必要的。但这些支撑设置得不好会使屋面杆件显得繁多，视觉效果零乱。如图 3-5-48 所示，柱间支撑是门式刚架结构保证体系成立不可缺少的构件。现用一组两端铰接的斜柱组成一榀垂直桁架，该桁架不仅是竖向构件，同时还能传递水平力的抗侧力构件。再进一步在斜杆下端的交叉点处用一个侧向刚度很大的柱子支承则下弦杆可取消，最终结构如图 3-5-49（a）所示。图 3-5-49（b）则是本工程单榀屋架的断面图。

如图 3-5-50（a）所示 GJ-1 与 GJ-2 之间可以前后发生相对运动，但图 3-5-50

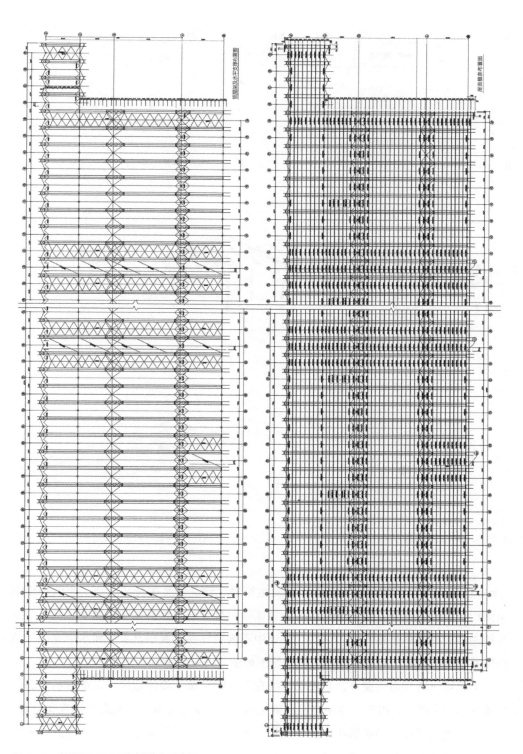

图 3-5-46　屋盖钢结构平面布置示意图

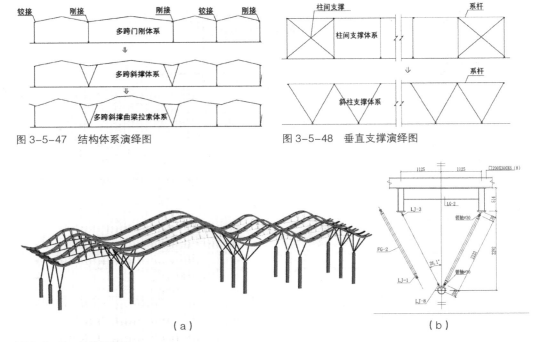

图 3-5-47 结构体系演绎图

图 3-5-48 垂直支撑演绎图

图 3-5-49 结构示意图
（a）三维图；（b）断面图

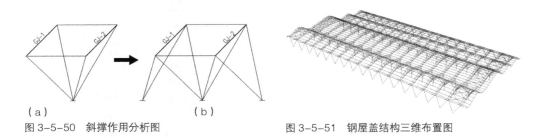

图 3-5-50 斜撑作用分析图

图 3-5-51 钢屋盖结构三维布置图

（b）因两侧多了斜撑杆，两者则不能发生相对运动。四叉撑杆又起到了协调各榀钢架间相互位移的作用。综上，可以认为斜撑同时具有纵向垂直支撑和横向垂直支撑以及传递竖向荷载等多重作用。因此，设计中不需要单独设置垂直支撑和水平支撑，结构体系简洁、清晰。钢屋盖结构三维布置图如图 3-5-51 所示。

考虑第一跨相当于室外，且超长，故在第一跨又设了局部短缝。改造后的立面图如图 3-5-52 所示，四叉支撑 + 曲梁拉索结构实现了建筑空间及外观形象的完美呈现。

本工程钢屋面为轻柔结构，尤其是第一跨风荷载大于屋面结构自重。因此综合考虑建筑特点和荷载情况，第一跨采用桁架结构，增加抵抗风荷载作用下结构向上变形

图 3-5-52　改造后的立面图

的能力。其余各跨采用拉索 - 变截面箱形曲梁组合结构，拉索曲线为上挠曲线。此拉索既能抵抗竖向荷载作用下结构的外张变形，同时其腹索内的拉力又能形成一部分等效竖向力。

（2）设计控制参数

1）抗震设计

基本烈度：7 度（0.10g），设计地震分组：第一组；

本工程场地类别：III 类，场地特征周期值 0.45s；

抗震设防类别：乙类；

设防烈度：7 度（0.10g）；

框架抗震等级：一级。

2）抗风设计

本工程场地较空旷，地面粗糙度 B 类。考虑工程重要性，基本风压按百年一遇取 0.50kN/m^2。

3）钢结构的防腐设计

钢结构构件表面喷砂除锈，除锈等级 Sa2.5 级。构件表面喷砂处理后必须在 4h 内涂装以防再次生锈。对防锈漆要求如下：底漆采用环氧富锌底漆，涂刷遍数不少于两遍，漆膜厚度不小于 75μm；中间漆采用环氧云铁富锌漆，涂刷遍数不少于两遍，漆膜厚度 75μm，面漆应与所选防腐漆有很好的相容性。防腐漆的防腐年限应大于 15 年。因建筑物的使用年限大于防腐涂料的防腐年限，故在建筑物使用中应定期维护。

4）钢结构的防火设计

钢结构的防火以涂刷防火涂料为主，室内 V 形钢管撑与四叉钢管撑杆的耐火极限为 2h，耐火等级一级；屋面拱梁的耐火极限不小于 0.5h。

3.5.4.3 优化设计

（1）构件形式艺术化

在现代设计中，尤其是一些大空间建筑的设计中，结构构件被暴露于人民的视野中，结构对建筑美有很大影响，结构工程师应对建筑的美有所关注。没有结构工程师的艺术配合，建筑艺术也将失去部分应有的效果。

结构构件的尺度与形式的变化往往决定着建筑艺术的基调。该工程屋面的波浪造型使建筑物富于动感，形成了变化的韵律和结构艺术。结构设计通过两条不对称的波浪起伏的曲线形且截面高度变化的钢梁（图 3-1-14）与下弦的拉索组成一榀钢屋架，钢屋架通过斜撑杆支撑在混凝土柱顶。斜撑杆与钢屋架间通过销轴相连。变截面箱形曲梁使构件克服了呆板感。斜撑杆的端头采用锥形铸钢件，使得该构件外形匀称且富于变化，体现出构件形式的艺术性。

本工程结构艺术不但体现在结构构件的处理上，还体现在构件与构件间的节点处理上。图 3-5-53 是斜撑杆及斜撑杆与弧形托板的连接节点照片，斜撑杆与弧形托板间采用了销轴连接。

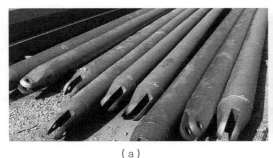

（a）　　　　　　　　　　　　　　　　　　（b）

图 3-5-53　斜撑杆及斜撑杆与弧形托板的连接节点照片
（a）斜撑杆实物图；（b）弧形托板节点图

斜撑杆的端头和弧形托板均为铸钢件，体现出制作的精良和造型的美观。

（2）材料选择功能化

新郑国际机场 T1 航站楼屋面曲梁的变形控制要求大于强度要求，且该地区不是很冷，因此曲梁钢材选用 Q235B；柱顶花瓣形节点与四叉撑之间的连接为销轴连接，铸钢材料选用 ZG275-485H。四叉撑端头设锥头铸钢件，该铸钢件与斜撑杆之间为等强焊接连接，故此铸钢应有较好的焊接性能，因此该铸钢材料选用 GS-20Mn5，并要求施焊前进行焊接工艺评定。

销轴是两构件间的连接构件，除应当具有很好的强度和韧性外，还应具有一定的表面硬度。同时需考虑销轴的防腐不好处理，选用调质合金钢。为了增加其表面硬度，要求对其进行表面淬火处理。因此销轴材料选用 20MnTiB，35VB 及 20Cr、40Cr 号钢比较合适。

综上所述，设计应当充分研究材料的特性，根据材料的不同功能合理选用。

（3）抗弯应力最优化

做好设计有以下几个原则。

1）减小弯矩原则：在所有的结构构件中，按受力情况分无非是轴心受压构件、轴心受拉构件、受弯构件以及拉压弯构件。这些构件中，含有受弯成分的构件并不是应力全截面发挥的构件。因此设法减小弯矩使其应力全截面发挥是节省材料的途径之一。减小了弯矩也就减小了构件的截面。

2）尽量使用受拉构件原则：在所有的结构构件中，受拉构件是最能发挥全截面极限强度的一种材料，其他任何情况都比不上轴心受拉构件，因为受压构件有失稳问题。构件失稳就不能使构件全部发挥强度。

3）减小自重原则：建筑物的自重大会带来两个缺点，一是与此相关的承重构件及基础均应加大；二是建筑物所受的地震作用加大，在地震作用下许多构件的弯矩增大，构件的抗弯成分越大，越不利于材料的发挥。

4）在满足使用功能的前提下，选择布置柱网尺度。水平构件的弯矩随跨度增大呈几何增长。所以片面追求大柱网，动辄要求上百米的跨度是不经济的。

本工程钢屋架采用了曲梁 – 拉索组合结构。而且，斜撑杆的上下端均采用铰接连接，释放了杆内的弯矩使其成为轴心压杆。很好地解决了因抗侧力刚度较弱而造成的位移偏大问题，索的存在减小了拱梁对其下部柱子的推力，改善了拱梁的内力，符合构件应力最优化的创新原则。在柱网确定方面，充分运用了物理空间和心理空间的概念。一般来说建筑师总是希望柱网越大越好，因为这样才能获得足够大和足够灵活的空间。然而，柱网的加大意味着结构用钢量的成倍增长，与建设节约型社会的理念不符。物理空间是实实在在的空间，这种空间中会存在许多诱导因素。它的存在会使人们对同样的空间产生不同的心理感觉。对于本工程来说，功能分区十分清楚和规整。因此在不同的功能分区间立结构柱只是对功能分区的分割。对于每一个分区而言，其中间无柱，不存在引起人们产生拥挤感的因素，给人的感觉是空间很大。本工程的最大柱网跨度只有 29.00m、47.518m、23.76m，并不很大，但空间效果较好。柱网尺寸的合理带来的直接效果是结构用钢量的合理和建筑空间的舒适，本工程的用钢量为 76kg/m^2。

3.5.4.4 支撑上节点计算分析

图 3-5-53（b）所示节点中的圆钢管是一个双向弯曲构件，钢管两侧的拉力将使钢管呈现出明显的被拉扁趋势。一旦圆钢管被拉扁，抵抗斜撑上顶的承载力也将受到严峻的考验，节点的承载力很重要。计算上需要分析双向弯曲承载力和钢管局部拉压应力，节点拆分如图 3-5-54 所示。

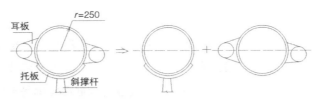

图 3-5-54　节点拆分示意图

现行国家标准《钢结构设计标准》GB 50017 并没有给出这类节点的分析方法。根据钢管梁的资料作如下分析：将斜撑顶部、圆钢管下部的弧形托板视为钢管梁的鞍形支座，圆钢管则视为钢管梁，作用其上的索则是管梁上的荷载，按照弹性叠加原理分别进行计算。图 3-5-53（b）中钢管规格为 ϕ 500mm×22mm，长度 L=900mm，其下部托板厚 40mm。

（1）管壁所受局部压应力

$$\sigma = \frac{K_g R}{t_c(b+1.56\sqrt{r_i t})} \tag{3-5-8}$$

式中　K_g——压应力计算系数，这里近似取 0.92；

　　　R——支座反力，为计算简单，根据工况取 R=617.8kN；

　　　t——钢管壁厚，即 t=22mm；

　　　t_c——管托的计算厚度，这里 t_c=40mm；

　　　r_i——钢管内半径，r_i=250-22=228mm；

　　　b——管托的宽度，b=900mm；

于是有：$\sigma = 0.92 \times \dfrac{617.8 \times 10^3}{62 \times (900 + 1.56 \times \sqrt{228 \times 22})}$

$$=14.06\text{N/mm}^2 < 205\text{N/mm}^2$$

由于真正的管托刚度不均匀，实际的最大应力将大于此值。

（2）管托边角处钢管环向弯曲应力

在此部位产生应力的外力有两个：一个是斜撑杆的上顶力；另一个是两侧索的侧拉力。

1）斜撑杆上顶力产生的环向弯曲应力：

$$\sigma = \frac{3k'R}{2t_c^2} \tag{3-5-9}$$

式中　k'——环向弯矩计算系数，这里近似取 k' =0.082，其他同上。

于是：

$$\sigma = \frac{3 \times 0.082 \times 617.8 \times 10^3}{2 \times 62^2}$$
$$= 19.8\text{N/mm}^2 < 1.1 \times 205 = 225.5 \text{ N/mm}^2$$

2）索侧拉力产生的环向应力：

$$\sigma = \frac{K_m F r_c}{W} - \frac{K_z F}{A} \tag{3-5-10}$$

式中　A、W——荷载产生影响的管的截面面积和截面惯性矩；

　　　　F——加固圈所受的外荷载；

　　　　r_c——加固圈中和轴至管道中心的距离；

　　K_m、K_z——系数，因荷载角约 150°，K_m 和 K_z 可分别取 0.064 和 0.187。

取 F=255kN，截面宽度取 30 倍壁厚，于是有：

$$\sigma = -\frac{0.064 \times 255000 \times 250}{(1/6) \times 30 \times 22 \times 22^2} - \frac{0.187 \times 255000}{30 \times 22 \times 22} = -79.91\text{N/mm}^2$$

上述两项叠加为 19.8+79.91=99.71N/mm²。

（3）作为受弯构件的抗弯应力

两箱形曲梁的间距为 2.5m，斜撑的集中力为 F=617.8kN，按两端简支，跨中作用有一集中荷载 F 计：

$$M = \frac{FL}{4} = \frac{617.8 \times 2.5}{4} = 386.1\text{kN} \cdot \text{m} \tag{3-5-11}$$

式中　L——跨度，即支承点的间距。

又可得到钢管壁上部沿管轴中心方向的应力：

$$\sigma_2 = \frac{M}{1.05W} = \frac{386.1 \times 10^3}{1.05 \times 3782.2} = 97.2 \text{kN/mm}^2$$

（4）节点有限元分析

由于节点的应力比较复杂，手工计算的结果是否能够准确反映节点的实际受力状态需要有其他方法进行佐证。图 3-5-55 是 ABAQUS 有限元的分析结果。

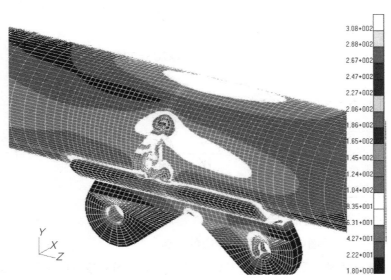

图 3-5-55　节点有限元分析应力图（单位：N/mm²）

网格剖分：六面体单元数 33080，节点数 41934。荷载工况：左索设计拉力 340kN，右索设计拉力 270kN，斜撑设计轴力分别为 -743kN，207kN。

分析考虑了材料非线性的失效，从有限元结果看，结构是安全的。

3.5.4.5 小结

（1）本工程将拱梁与索组合在一起使用，很好地解决了工程因抗侧力刚度较弱而造成的位移偏大问题，同时索的存在减小了拱梁对其下面柱子的推力，改善了拱梁的内力。该结构符合构件应力最优的创新原则。

（2）工程中大量应用了钢销连接，减少了现场的焊接工作量，有些节点采用铸

钢件，美化了钢结构节点。符合建筑构件艺术化和加工制作零件化的创新原则，符合
装配式发展理念。

（3）根据结构的实际受力情况分别在不同区域采用了不同的结构形式，以适应
结构的不同受力，如第一跨为桁架结构而其他跨采用了索拱梁组合结构。符合结构设
计功能化的创新原则。

（4）该结构每平方米用钢量约 76kg，符合创建节约型社会理念。

（5）设计中根据不同部位的不同功能使用了不同的钢材品种，符合材料选择功
能化的要求。

（6）柱网设置充分利用物理空间和心理空间的概念，没有一味追求超大柱网，
用钢量合理。

3.5.4.6 工程获奖
本工程获奖情况见表 3-5-16。

新郑国际机场 T1 航站楼获奖一览表　　　　　　　　表 3-5-16

奖项	获奖年份	颁奖单位
优秀设计工程二等奖	2006	中国勘察设计协会
全国优秀工程勘查设计奖铜奖	2008	住房和城乡建设部
第六届全国优秀建筑结构设计二等奖	2009	中国建筑学会
全国优秀工程勘察设计行业建筑结构二等奖	2010	中国勘察设计协会

3.5.5 深圳宝安国际机场 A、B 号候机楼空间曲线三角形管桁架设计

3.5.5.1 工程简介
深圳宝安国际机场位于宝安区黄田村和福永村附近的珠江东岸，距市中心西北
32km，是深圳航空、深圳东海航空和货运航空公司顺丰航空的枢纽，也是中国南
方航空和海南航空的重点城市，还充当 UPS 航空公司的亚太货运枢纽。A 楼建设于
1996~1998 年，建筑面积为 7.6 万 m²，航站楼采用两层半式布局方式，底层为国际、
国内到港部分，二层为国际、国内离港部分。中间设有夹层作为到港通道，离到港人
流路线清晰明确，互不交叉。B 楼建设于 20 世纪 80 年代末 ~ 90 年代初，结构形式
为混凝土框架结构，原称 1 号航站楼。原设计层高不足，室内空间狭小，伸缩缝多，

柱网种类繁杂等。2003 年对该楼进行了改造。设计人员对所有问题逐一进行了分析，对平面布局、室内空间效果、外部造型都做了统一的考虑，使改、扩建后的深圳宝安国际机场 1 号航站楼流线简洁明确，功能布局合理，室内环境舒适宜人、外部造型协调统一。改造后的建筑面积 7.8 万 m²，整体效果如图 3-5-56 所示。

图 3-5-56   深圳宝安国际机场照片

3.5.5.2 屋盖钢结构设计

本工程结构形式为混凝土框架 + 空间曲线三角形钢桁架结构。主要创新点如下：

（1）在大空间屋面钢结构设计上首次使用了四叉支撑与三角空间曲线管桁架组成结构，桁架跨度 60m，悬挑跨度 18m。桁架上弦直接铺设矩形钢管檩条，并将桁架和檩条暴露于室内，是一个充分利用结构构件直接作为建筑装饰的范例，如图 3-5-57 所示，打破了大空间结构被球节点网架统治的历史。

（2）三角空间曲线管桁架的腹杆与弦杆采用相贯焊接节点，是当时节点连接的一种新形式。

（3）四叉支撑同时具有竖向构件、抗侧力构件的功能，不但简化了结构形式，还使得其与屋面结构的节点由刚接变为铰接，简化了节点构造，节约了工程造价，该结构成为后来许多大空间建筑效仿的对象。

（4）设计中采用了鱼腹式桁架作为抗风的主要受力构件，其下端为铰接连接，上端设计了一个肘式机构，该机构既可以很好地传递水平力又可以很好地随屋面上下变形，避免了屋面荷载传给幕墙立柱（鱼腹式桁架），如图 3-5-58 所示。

图 3-5-57　深圳宝安国际机场室内照片　　　　　图 3-5-58　幕墙柱与屋面的连接节点

　　B 楼改造设计，没有采用在原有候机楼外另罩一个钢棚的简单做法，最大限度地利用了原有结构。设计中在原有柱上新加梁时，采用了植筋与加大截面相结合的处理办法很好地解决了梁柱节点的抗震构造要求。局部基础的加固则采用了锚杆静压桩技术，很好地解决了操作空间不足难题。屋盖三角形空间曲面桁架结构通过混凝土柱顶的四叉斜撑与下面的钢筋混凝土框架相连接。四叉斜撑支撑于三角形管桁架的下弦，节点构造如图 3-5-59 所示。屋面结构布置如图 3-5-60 所示，屋面檐口部位檩条做了加密处理。

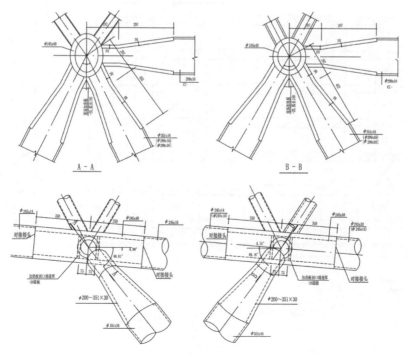

图 3-5-59　四叉斜撑与屋面三角形管桁架的连接节点图

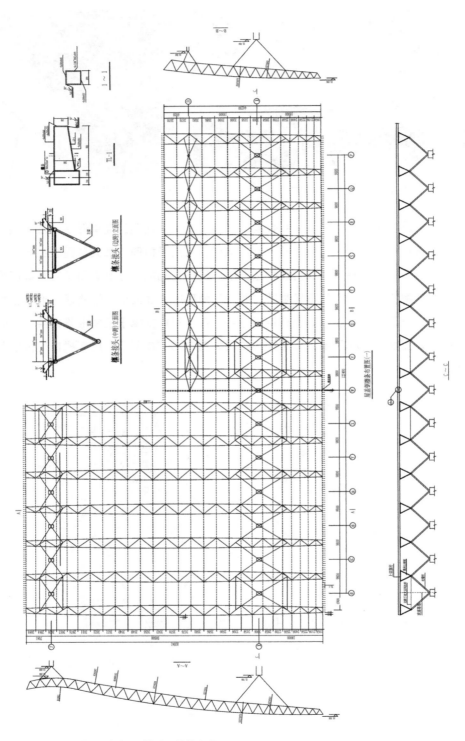

图 3-5-60　深圳宝安国际机场 B 楼屋面结构布置图

　　屋面矩形钢管檩条直接连接于三角形管桁架的上弦。屋面檩条为连续跨布置，檩条与弦杆为铰接连接。由于每根檩条与管桁架上弦的两根钢管均有连接，檩条为连续，则形成了檩条与整个三角形管桁架间的刚性连接，如图 3-5-61 所示。这一点很重要，是该结构体系成立的必要条件，否则，该结构易被认为是机构。设计初期，争议还是很大的。即便是后来，很多工程采用了类似结构，都在三角形桁架间增设了联系桁架，空间效果因联系桁架的存在而显得不那么干净。深圳宝安国际机场的这两座航站楼，经历了多次台风洗礼和数十年的岁月考验，事实证明，结构安全性完全没有问题，这种结构体系完全可以放心使用。这个问题的根本是屋面上的这些矩形檩条是否可以看成结构的一部分参与主体工作，进而构造措施是否要按主体结构对待。

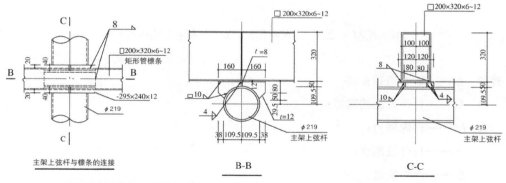

图 3-5-61　屋面檩条与管桁架的连接节点

3.5.5.3　几个典型节点的设计与处理

　　深圳宝安国际机场 A、B 航站楼的结构形式为空间三角形截面曲线钢管桁架通过混凝土柱顶的四根斜撑（简称"四叉撑"）架于两柱顶而形成的空间结构。该种结构中代表性的节点有三种：一是主管与支管的连接；二是四叉斜撑杆与桁架下弦钢管的连接；三是四叉斜撑杆与混凝土柱顶的连接。这三种节点中，第一种节点的设计规范已有规定，但实际设计中仍会遇到一些构造上如何处理的问题。后两种节点《钢结构设计标准》GB 50017—2017 没有给出明确规定，节点的设计与处理需要设计人员依据有关资料和经验进行处理。

　　（1）一般节点——桁架弦杆与斜腹杆的节点设计

　　该种节点是最普遍的节点，但《钢结构设计标准》GB 50017—2017 公式的使用条件是节点不存在任何偏心弯矩，为了符合《钢结构设计标准》GB 50017—2017 的计算假定，钢管桁架的各杆件中心应尽可能在节点处汇交于一点。实际工程中经常会遇到节点处各杆中心难以交于一点的情况，需要设计人员根据实际情况对桁架腹杆位置人为地进行调整。

对于空间管桁架，可以将偏心分成两种情况，一是桁架平面内偏心；一是桁架平面外偏心。对于桁架平面内偏心，因桁架平面内相邻两斜腹杆多为一压一拉杆，当杆间有间距时，主管将受到一个附加的偏心弯矩作用（受剪力不变）。当间距很小时，附加弯矩很小，对主管承载力的影响不大，只是焊缝受些影响。因此受力和施焊上允许时可以不拉开。当拉开间距较大时其影响是不可忽略的。《钢结构设计标准》GB 50017—2017 规定：当偏心 $0.25 > e/d > -0.55$ 时可以忽略偏心的影响（e 为偏心距，d 为圆主管外径）；当偏心 $e/d < -0.55$ 或 $e/d > 0.25$ 时，不可忽略其不平衡弯矩。处理办法是根据汇交于该节点各杆件的线刚度进行偏心弯矩分配，公式表达如下：

$$M_i = K_i M \ / \ \sum K_i \qquad K_i = E_s I_i \ / \ L_i \qquad M = (N_1 - N_2)e$$

式中　M——偏心弯矩；

　　　M_i——杆件分配的弯矩；

　N_1、N_2——杆内轴力；

　　　K_i——杆件线刚度；

　　　E_s——弹性模量；

　　　L_i——杆件长度；

　　　I_i——惯性矩。

此时，各杆件受力为拉压弯构件，不再是单纯的轴心受力构件。由于实际设计中支管与主管的连接均可按铰接计算，因此可以将不平衡弯矩只在节点两侧的弦杆间进行分配。对于桁架平面外支管过密，因同一截面上不同方向的两根支管内力同号，将两杆拉开会有以下几点有利因素：首先相贯焊缝长度增长，对焊缝强度有利；其次支管对主管的冲切面增大，对抗冲切破坏有利；最后对提高主管壁的环向变形承载力有利。因此，如果平面外遇到两支管相碰时完全可以将两支管适当拉开。以下几点经验可以借鉴：①主管不宜选得过细；②确定桁架几何尺寸和曲线形状时应对节点的相交情况进行充分考虑，③从结构形式上，应尽量避免采用较多杆交于一点的节点形式，如在主管上附加焊上一个圆管等。

（2）四叉撑杆与下弦杆相交处（桁架支座）的节点

该节点与其他节点完全不同，它的破坏形式除了主管壁的塑性破坏，主管壁的冲剪破坏以及支管与主管之间的连接破坏外，因四叉撑在下部的支撑作用可能造成主管的局

部屈曲和主管的环向弯曲破坏。因此，该节点除了按上述节点验算支管（斜腹杆）与主
管相交处承载力和焊缝强度外，还应验算四叉撑杆与下弦主管相交处的局部应力和主钢
管的环向弯曲应力。对于此节点，《钢结构设计标准》GB 50017—2017 没有给出明确
的计算方法，解决该问题思路有二：一是将撑杆反过来看，将撑杆与下弦主管的节点看
成双 Y 形节点，套用《钢结构设计标准》GB 50017—2017 计算即可。但这只解决了问
题的一个方面，主管的环向弯曲无法保证；二是将下弦主管看成一根钢管梁，两斜撑杆
交在一起看成钢管梁的支座进行计算。本工程将桁架下弦杆视为放在斜撑杆上的钢管梁，
根据有关资料对此节点进行如下计算（近似取斜撑杆直径为钢管梁支托宽度）：

1）局部应力

$$\sigma = K_g \frac{R}{t_c(b+1.56\sqrt{r_i t})}$$

$$= 0.92 \times \frac{1382 \times 10^3}{18 \times (200 + 1.56 \times \sqrt{104.5 \times 18})}$$

$$= 263.86 \ \text{N/mm}^2 > f$$

2）钢管环向弯曲应力

$$\sigma = \frac{3K'R}{2t_c^2}$$

$$= \frac{3 \times 0.082 \times 1382 \times 10^3}{2 \times 18^2}$$

$$= 524.6 \ \text{N/mm}^2 > 1.1f$$

式中　　K_g——压应力系数；

　　　　R——支座反力；

　　　　t——管梁壁厚；

　　　　r_i——钢管半径；

　　　　f——钢材设计强度；

　　　　t_c——管托计算厚度；

　　　　K'——环向弯矩系数。

上述计算结果表明：该节点若不做加强处理，节点强度不满足要求。处理方法一是：
在四叉撑的上部与下弦杆相交处加了一个半圆托板，节点因加半圆形托板而使外观上

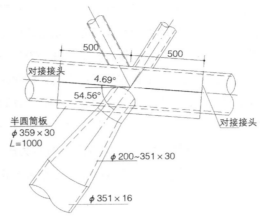

图 3-5-62   斜撑顶部节点

多出一部分，不美观；处理方法二是：在下弦主管内部加两道加劲板。这种处理办法外观干净好看，如图 3-5-62 所示。

本次设计即采取了后一种处理办法。由于两节点板间距小于撑杆端头直径，可以认为大部分力直接通过加劲板传递。

（3）四叉撑与柱顶连接的节点设计

此连接为空间连接，可供选择的连接方式有三种：一种是板式连接；一种是铸钢节点；一种是空心球节点。采用板式节点设计加工难度均较大，焊缝相互交叉重叠，加工精度不高且不美观。采用铸钢节点安装精度要求较高，施工出现偏差时安装困难，成本较高。采用空心球连接节点对建筑造型来说不一定是一个完美的节点，但对于结构设计、加工制作乃至安装应该说是一个相当理想的连接方式，它回避了空间角度确定难题。因此，本设计采用半球节点。半球节点与整球节点的区别是：连接半球的平钢板对球体的水平变形有约束，受力上应比整球更有利。计算上可近似采用整球的办法。

为可靠传递杆件的内力和使空心球能有效地布置与之相连接的圆钢管杆件，参考网架工程中的球支节点（有肋球）如图 3-5-63 所示，设计如下：

1）为便于施焊和确保质量，连于空心球上的两相邻杆件间的净距不宜小于15mm。同时还有两层厚型防火涂料的厚度约 2×25mm，由数学推导可得球的最小直径：

$$D_{min}=180 \times (d_1+2a+2b+d_2) / (\pi \theta)$$
$$=180 \times (200+2 \times 15+2 \times 25+200) / (3.14 \times 52°)$$
$$=529.2mm$$

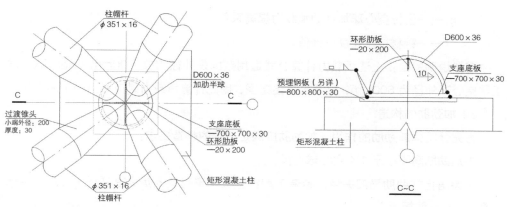

图 3-5-63　斜撑下端节点设计图

结合以往经验，为防止各杆之间过于拥挤，本设计取球直径为 600mm。

2）参照空心球节点的设计资料承载力近似计算如下：

空心球受压承载力：

$N_c = \eta_c \left(400 t_b d - 13.3 \times t_b^2 d_2 / D_d \right)$

其中，$d=200$，$D_d=600$，$t_b=36$

所以，$N_c = 1.4 \times \left(400 \times 36 \times 200 - 13.3 \times 36^2 \times 200^2/600 \right)$

$\qquad = 2423 \text{kN}$

空心球受拉承载力：$N_t = 0.55 n_{tb} d \pi f$

$\qquad\qquad = 0.55 \times 1.1 \times 36 \times 200 \times 3.14 \times 205$

$\qquad\qquad = 2804 \text{kN}$

式中　D_{min}——节点球的最小直径；

$\qquad d_1$——连接于球上的相邻圆管杆件的较大外径；

$\qquad d_2$——连接于球上的相邻圆管杆件的较小外径；

$\qquad a$——连接于球上的相邻圆管杆件的净距；

$\qquad b$——防火涂料厚度；

$\qquad \theta$——连接于球上的相邻圆管杆件轴线的夹角；

$\qquad N_c$——受压空心球的轴向受压承载力；

$\qquad N_t$——受拉空心球的轴向受拉承载力设计值；

$\qquad t_b$——空心球壁厚；

$\qquad D_d$——空心球外径；

$\qquad n_t$——受拉空心球加肋承载力提高系数，有肋可取 1.1；

$\qquad d$——与空心球相连的对应于 $N_{c,\,max}$ 或 $N_{t,\,max}$ 的圆管外径；

η_c——受拉空心球加劲肋承载力提高系数;

f——钢材抗拉强度设计值。

需要说明的是:上述承载力计算公式适用范围是外径 120~500mm 的空心球,本工程空心球外径为 600mm,略超出上述范围,因此计算承载力时应留出一定的余量。

3)加劲肋的构造

为充分发挥加劲肋的作用,加劲肋应满足一定的构造要求:

①加劲肋高不小于 1/4 空心球直径;

②为防止加劲肋局部失稳,参考 T 型钢腹板等资料取 $h_0/t_w < 18\sqrt{235/f_y}$($h_0$——肋板高;$t_w$——肋板厚);

③加劲肋与球壁内侧的焊缝可参考焊接 H 型钢要求。本工程选定的加劲肋板为—20mm×200mm,双面 10mm 角焊缝。

3.5.5.4 小结

本工程的结构用钢量指标较低,每平方米用钢量约 70kg。相贯焊接节点因取消了连接板或球,美化了钢结构,为钢结构直接作为建筑装饰的一部分提供了条件。工程中三角形管桁架的腹杆与主管间的连接采用了相贯焊接节点,带动了加工企业多维切割技术的发展,也为《钢结构设计标准》GB 50017—2017 相贯节点的推出提供了良好支持。该结构施工中第一次使用了滑移技术,带动了安装企业滑移技术的应用。同时,本工程幕墙的应用获得了巨大成功,因此也带动了国内点驳幕墙的应用和发展,高强预应力管桩基础的成功促进了高强预应力管桩在深圳地区的普及。

3.5.5.5 工程获奖

本工程获奖情况见表 3-5-17。

深圳宝安国际机场 A、B 号候机楼获奖一览表　　　　表 3-5-17

奖项	获奖年份	颁奖单位
优秀勘察设计二等奖（A 楼）	2001	住房和城乡建设部
优秀工程设计一等奖（A 楼）	2001	中国建筑工程总公司
优秀勘察设计二等奖（B 楼）	2005	住房和城乡建设部
优秀工程设计一等奖（B 楼）	2005	中国建筑工程总公司

第 4 章

多高层钢结构设计的
若干问题与工程案例

多高层钢结构的常用体系相对比较固定，与混凝土结构设计有一定的共性思路。钢管混凝土柱的抗开裂性能与钢柱接近，且采用钢管混凝土柱的结构，楼层梁多数为钢梁，故钢管混凝土柱 + 钢梁的结构在本书也视作多高层钢结构。钢骨混凝土结构从抗开裂性能更接近混凝土结构，设计也有其特殊性，本章不做详细论述，但其钢骨的节点构造、施工等可参照钢结构执行。

4.1 多高层钢结构常用的结构体系

随着城市建设的发展，建筑高度不断增加，建筑造型也趋于复杂化，建筑构型呈现构件立体化、结构支撑化、巨柱周边化、连体以及大悬挑等。钢结构在多高层建筑中的应用日益普遍，新的结构体系也不断涌现。从体系构成上可分为全钢结构和钢 – 混凝土混合结构两大类。

4.1.1 全钢结构体系

全钢结构的结构体系包括：

（1）钢框架结构。框架柱可以是开口型钢、闭口型钢及钢管混凝土构件，一般应用在高度不是很高的建筑上。

（2）钢框架 – 支撑、延性墙板结构。支撑结构包括中心支撑、偏心支撑以及屈曲约束支撑等。钢框架 – 支撑体系中，支撑框架是第一道防线，纯框架部分是第二道防线。一般应用在高度较高的建筑上。此外，将外框架进行斜交又可形成斜交筒结构，在特殊造型的多层建筑上也有应用。目前国内的建筑设计中，高层建筑采用全钢结构的工程还不是很多，中建钢构大厦是全钢结构应用案例之一，见本节第 4.6.1 节。如图 4-1-1 所示是中建钢构天津办公楼，因造型特殊及考虑企业性质，设计采用了全钢结构。

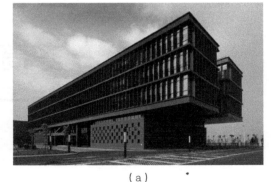

（a）

（b）

图 4-1-1　中建钢构天津办公楼
（a）效果图；（b）平面图

（3）筒体和巨型框架结构，包括钢框筒结构体系、钢桁架筒结构体系、筒中筒结构体系和束筒结构体系等，一般应用在高层、超高层建筑上。

钢结构体系构成不同，其工作形态也不同，适用的建筑高度也不同。《高层民用建筑钢结构技术规程》JGJ 99—2015 中规定的钢结构房屋适用的最大高度见表 4-1-1。

钢结构房屋适用的最大高度（m）　　　　　　　　　　　表 4-1-1

结构类型	6、7 度（0.10g）	7 度（0.15g）	8 度		9 度（0.40g）	非抗震设防
			（0.20g）	（0.30g）		
框架	110	90	90	70	50	110
框架 - 中心支撑	220	200	180	150	120	240
框架 - 偏心支撑框架 - 屈曲约束支撑框架 - 延性墙板	240	220	200	180	160	260
筒体（框筒、筒中筒、桁架筒、束筒）和巨型框架	300	280	260	240	180	360

注：1. 房屋高度指室外地面到主要屋面板板顶的高度（不包括局部凸出屋顶部分）；
　　2. 超过表内高度的房屋，应进行专门研究和论证，采取有效的加强措施。

这里要强调：表 4-1-1 中的筒体不包括混凝土筒体，框架柱可以是全钢柱，也可以是钢管混凝土柱。

4.1.2　钢 - 混凝土混合结构体系

钢 - 混凝土混合结构包括：

（1）钢框架 - 混凝土核心筒体系，该体系在超高层建筑中应用比较普遍，工程实例较多。结合建筑空间需要和施工便利性，也可以是框架 - 混凝土核心筒结构中的一部分采用钢结构，如深圳汇隆商务中心。该建筑内部设有四个 50m 高的共享空间，设计时考虑施工方便采用了部分钢结构，见本书第 4.6.2 节。

（2）钢外筒体 - 混凝土核心筒体系，钢外筒可以是密柱深梁形成的钢框筒、带斜撑的钢框架组成的桁架筒以及由交叉斜杆编织成的钢结构网格筒体等，而内部的筒体可以是密柱框筒或带支撑的桁架筒体。

（3）巨型框架结构，主要应用在一些特殊的超高层建筑中。

从实际工程应用看，核心筒为钢筋混凝土筒，外围为钢结构的钢 - 混凝土混合结构体系的应用非常多，环桁架、伸臂桁架以及立面跨层大斜撑是目前超高层钢结构应用的主流结构。大连裕景中心是既有巨型柱，又有立面跨层大斜撑的工程案例之一，如图 4-1-2 所示。

《高层建筑混凝土结构技术规程》JGJ 3—2010 第 11.1.2 条给出了混合结构高层建筑适用的最大高度，见表 4-1-2。超过表中高度为超限高层，需做抗震设防审查。

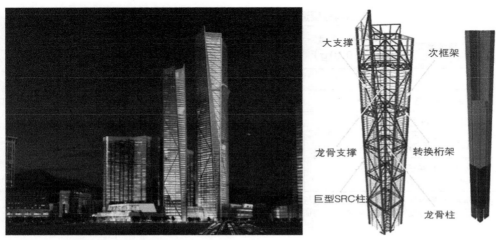

图 4-1-2   大连裕景中心效果图

混合结构高层建筑适用的最大高度（m）   表 4-1-2

结构类型	6度	7度	8度（0.2g）	8度（0.3g）	9度
钢框架 – 钢筋混凝土筒	200	160	120	100	70
钢外筒 – 钢筋混凝土筒	260	210	160	140	80

4.2 钢框架结构的稳定问题

钢材强度高，构件截面小，稳定承载力验算成为钢结构设计的重要内容，包括结构整体稳定和构件稳定。结构的整体稳定可通过控制二阶效应等分析来实现。构件的稳定，则多采用构件计算长度法计算，即通过计算构件计算长度系数，查表得出稳定系数再进行构件稳定设计。该方法虽然是简化计算法，但很直接、很好用。杆件的计算长度系数与结构的变位特点有关，因此，《钢结构设计标准》GB 50017—2017 中将钢框架结构划分为有侧移框架和无侧移框架，主要就是为了更好地反映钢框架柱的工作状态，准确计算钢柱计算长度系数，进而得到准确的稳定承载力。

稳定问题需注意以下几个特点：

（1）构件的稳定离不开整体。任何一个结构其结构构件都不是孤立存在的，其任何结构变位都会受到与之相连构件的制约。

（2）结构整体的稳定又离不开构件的稳定。结构是由一个个构件组成的，当结构的局部构件失稳时，失稳构件的应力将急剧下降，与其相邻的构件必须承担本该由失稳构件承担的荷载，产生结构内力重分布，进而影响结构的整体承载，甚至影响结构的整体稳定。相邻构件能够承担重分布后的内力，则结构变形不再发展，结构体系保持稳定。否则，结构变形将进一步发展，直至引起整体失稳。

4.2.1 钢结构整体稳定计算

《钢结构设计标准》GB 50017—2017 中给出了一阶弹性分析、二阶 $P\text{-}\Delta$ 弹性分析以及直接分析设计法三种分析方法。

（1）一阶弹性分析适用于二阶效应放大系数不大于 0.1 的情况。一阶弹性分析不考虑结构几何非线性对结构内力和变形产生的影响，根据未变形的结构建立平衡条件，按弹性阶段分析结构内力及位移。

（2）二阶 $P\text{-}\Delta$ 弹性分析适用于二阶效应放大系数大于 0.1 的情况，二阶 $P\text{-}\Delta$ 弹性分析仅考虑结构整体初始缺陷及几何非线性对结构内力和变形产生的影响，根据变形后的结构位型建立平衡条件，按弹性分析计算结构的内力及位移，是从结构变位角度考虑了几何非线性的影响。$P\text{-}\Delta$ 效应的二阶弹性分析与设计方法，只考虑了结构整体层面上的二阶效应，未涉及构件缺陷对结构整体变形和内力的影响，不够精确。因此这部分的影响还应通过稳定系数来进行考虑。《钢结构设计标准》GB 50017—2017 第 5.2.1 条给出了几何缺陷的取值。

（3）直接分析设计法直接考虑对结构稳定性和强度性能有显著影响的初始几何缺陷、残余应力、材料非线性、节点连接刚度等因素，以整个结构体系为对象，进行二阶非线性分析的设计方法。直接分析设计法精确，但计算繁琐。

稳定计算的不同分析法考虑的稳定影响因素不同，表 4-2-1 给出了不同分析方法考虑的稳定影响因素的对比，不同分析方法的初始模型如图 4-2-1 所示。

不同分析方法考虑的稳定影响因素对比表　　　　　　表 4-2-1

分析方法	影响因素				备注
	整体初始 缺陷	构件几何初始缺 陷及残余应力	几何 非线性	材料 非线性	
一阶弹性分析	不考虑	不考虑	不考虑	不考虑	—
二阶 P-Δ 弹性分析	考虑	不考虑	考虑	不考虑	—
直接分析设计法	考虑	考虑	考虑	可考虑	可根据输入的 M-θ 曲 线考虑节点刚度

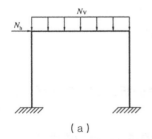 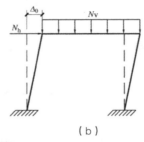 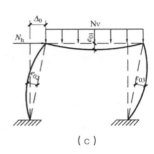

（a）　　　　　　　　　　（b）　　　　　　　　　　（c）

图 4-2-1　不同稳定分析法的初始模型图
（a）一阶弹性分析初始模型；（b）二阶 P-Δ 弹性分析初始模型；（c）直接分析设计法初始模型
Δ_0—结构几何初始缺陷代表值；　e_{01}、e_{02}、e_{03}—构件中点处的初始变形代表值；　N_v—结构所受竖向荷载；
N_h—结构所受水平荷载

4.2.2 关于构件稳定计算

构件稳定分析主要采用计算长度法，计算长度法在特定的条件下才能得到准确的计算结果。稳定分析的基本假定有以下三方面：

1）无侧移框架对应强支撑框架，假定梁端转角相等方向相反；

2）有侧移框架对应无支撑框架，假定梁端转角相等方向相同；

3）各柱的刚度参数 $\Phi = h_x \sqrt{N/EI}$ 相同，即各柱计算长度系数 $\mu = \pi/\Phi$ 相同，表示各柱同时失稳，其中，h_x 为柱子长度；N 为轴力；E 为弹性模量；I 为惯性矩。

因此，设计时使用相关规范中现成的公式和表格，即应用规范的 μ 值时，应对其使用条件进行复核，不能简单套用，避免误用。

构件的计算长度不仅与其端部受到的约束条件有关，还和荷载在结构上的作用情况有关，因此，从结构的整体分析中得出的杆件计算长度才更真实。杆端约束复杂时，也可以通过软件计算出其屈曲因子，再通过欧拉公式进行换算得到计算长度系数。在竖向荷载作用下，钢框架结构会呈现出两种不同破坏模式：无侧移失稳和有侧移失稳，如图 4-2-2 所示。无侧移失稳时横梁呈半波状，横梁无反弯点；有侧移时横梁呈一

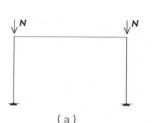 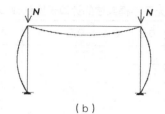 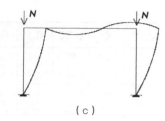

图 4-2-2　钢框架侧向变形图
（a）钢框架；（b）无侧移；（c）有侧移

个完整波，横梁在跨中出现一个反弯点。即有侧移钢框架横梁的计算长度是无侧移结构横梁的一半，横梁的线刚度是无侧移时的一倍。同样，由于失稳模式的不同，钢柱的失稳模态也不相同，无侧移钢柱的计算长度小于有侧移钢柱的计算长度。因此，无侧移框架设计时，需适当加大梁截面高度。相反，有侧移框架更多的决定因素可能就是框架柱的截面了，应该更注重柱子的抗弯刚度设计。

对应于框架的两种失稳模式，构件失稳模式体现出两种完全不同的波形，对应的钢框架结构分别称为无侧移框架和有侧移框架。无侧移框架只有构件层面的变位，对应的效应称为 $P-\delta$ 效应，有侧移框架结构既有楼盖的水平侧向变位，又有构件层面的变位，故有侧移框架既有 $P-\Delta$ 效应，又有 $P-\delta$ 效应。在计算构件的长度系数时，要先判断是有侧移还是无侧移，然后查《钢结构设计标准》GB 50017—2017 的表格进行计算；介于二者之间时，则需要换算。钢框架结构中不存在侧向刚度较大的支撑构件时，钢框架的抗侧刚度较差。要使钢框架能够以无侧移框架形式工作，可在钢结构框架内设置一定数量的可防止结构产生侧向变形的钢支撑等，使结构由钢框架变成带支撑的钢框架。当支撑刚度足够大时，钢框架能够产生的侧移量很小，则钢框架基本不承担结构侧向失稳产生的附加力，该框架可按无侧移框架设计。钢框架中，钢柱无侧移的失稳模式如图 4-2-3 所示，无侧移框架柱的计算长度系数在《钢结构设计标准》GB 50017—2017 附录中已经列出，见表 4-2-2。其长度系数均小于 1.0。

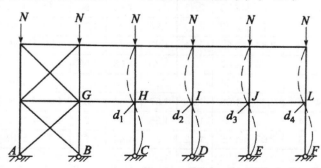

图 4-2-3　钢柱无侧移的失稳模式
N—柱顶轴力；$d_1 \sim d_4$—各支撑点的位移；$A \sim L$—节点编号

无侧移框架柱的计算长度系数 μ　　　　表 4-2-2

K_2＼K_1	0	0.05	0.1	0.2	0.3	0.4	0.5	1	2	3	4	5	≥ 10
0	1.000	0.990	0.981	0.964	0.949	0.935	0.922	0.875	0.820	0.791	0.773	0.760	0.732
0.05	0.990	0.981	0.971	0.955	0.940	0.926	0.914	0.867	0.814	0.784	0.766	0.754	0.726
0.1	0.981	0.971	0.962	0.946	0.931	0.918	0.906	0.860	0.807	0.778	0.760	0.748	0.721
0.2	0.964	0.955	0.946	0.930	0.916	0.903	0.891	0.846	0.795	0.767	0.749	0.737	0.711
0.3	0.949	0.940	0.931	0.916	0.902	0.889	0.878	0.834	0.784	0.756	0.739	0.728	0.701
0.4	0.935	0.926	0.918	0.903	0.889	0.877	0.866	0.823	0.774	0.747	0.730	0.719	0.693
0.5	0.922	0.914	0.906	0.891	0.878	0.866	0.855	0.813	0.765	0.738	0.721	0.710	0.685
1	0.875	0.867	0.860	0.846	0.834	0.823	0.813	0.774	0.729	0.704	0.688	0.677	0.654
2	0.820	0.814	0.807	0.795	0.784	0.774	0.765	0.729	0.686	0.663	0.648	0.638	0.615
3	0.791	0.784	0.778	0.767	0.756	0.747	0.738	0.704	0.663	0.640	0.625	0.616	0.593
4	0.773	0.766	0.760	0.749	0.739	0.730	0.721	0.688	0.648	0.625	0.611	0.601	0.580
5	0.760	0.754	0.748	0.737	0.728	0.719	0.710	0.677	0.638	0.616	0.601	0.592	0.570
≥ 10	0.732	0.726	0.721	0.711	0.701	0.693	0.685	0.654	0.615	0.593	0.580	0.570	0.549

注：K_1、K_2—相交于柱上端、柱下端的横梁线刚度之和与柱线刚度之和的比值。

　　实际工程中，钢框架梁两侧钢柱的刚度有时并不能完全相等，在竖向荷载作用下，绝大多数钢框架都会伴随着侧移，多数钢框架结构基本上都是有侧移框架，失稳为层失稳。

　　有侧移框架发生变形时，侧移量相对较大。一旦发生失稳，钢框架只能沿一个方向发展下去，应对钢框架柱进行有侧移框架的稳定验算。有侧移框架柱的计算长度系数应按《钢结构设计标准》GB 50017—2017 附录计算，见表 4-2-3。其长度系数均大于 1.0。

有侧移框架柱的计算长度系数 μ　　　　表 4-2-3

K_2＼K_1	0	0.05	0.1	0.2	0.3	0.4	0.5	1	2	3	4	5	≥ 10
0	∞	6.02	4.46	3.42	3.01	2.78	2.64	2.33	2.17	2.11	2.08	2.07	2.03
0.05	6.02	4.16	3.47	2.86	2.58	2.42	2.31	2.07	1.94	1.90	1.87	1.86	1.83
0.1	4.46	3.47	3.01	2.56	2.33	2.20	2.11	1.90	1.79	1.75	1.73	1.72	1.70
0.2	3.42	2.86	2.56	2.23	2.05	1.94	1.87	1.70	1.60	1.57	1.55	1.54	1.52
0.3	3.01	2.58	2.33	2.05	1.90	1.80	1.74	1.58	1.49	1.46	1.45	1.44	1.42
0.4	2.78	2.42	2.20	1.94	1.80	1.71	1.65	1.50	1.42	1.39	1.37	1.37	1.35
0.5	2.64	2.31	2.11	1.87	1.74	1.65	1.59	1.45	1.37	1.34	1.32	1.32	1.30
1	2.33	2.07	1.90	1.70	1.58	1.50	1.45	1.32	1.24	1.21	1.20	1.19	1.17
2	2.17	1.94	1.79	1.60	1.49	1.42	1.37	1.24	1.16	1.14	1.12	1.12	1.10
3	2.11	1.90	1.75	1.57	1.46	1.39	1.34	1.21	1.14	1.11	1.10	1.09	1.07
4	2.08	1.87	1.73	1.55	1.45	1.37	1.32	1.20	1.12	1.10	1.08	1.08	1.06
5	2.07	1.86	1.72	1.54	1.44	1.37	1.32	1.19	1.12	1.09	1.08	1.07	1.05
≥ 10	2.03	1.83	1.70	1.52	1.42	1.35	1.30	1.17	1.10	1.07	1.06	1.05	1.03

《钢结构设计标准》GB 50017—2017 第 5.4.1 条，关于二阶 $P-\Delta$ 弹性分析采用了考虑结构整体缺陷 $\frac{h_i}{250}$ 或 $\frac{G}{250}$ 乘修正系数的处理办法，施加整体缺陷反映了结构的 $P-\Delta$ 效应对结构承载力的影响，采用构件计算长度系数 1.0 查表，使得构件层面的 $P-\delta$ 效应对结构稳定的影响得到充分估算，故该方法可操作性较好。

结构（构件）失稳表示其不再能承受附加的水平力或竖向力，代表了其水平抗侧刚度或竖向抗压刚度的丧失。轴心压杆受压失稳的本质是压力使受压构件的弯曲刚度减小，直至消失的过程。框架结构发生有侧移失稳的过程，就是框架的抗侧刚度逐渐消失，结构丧失抵抗侧向变形能力的过程。有侧移钢框架的侧向刚度完全靠框架梁、柱的抗弯刚度抵抗侧向变形，结构效率偏低，钢材强度利用不充分。因此，设计时应同建筑师协商，争取设置一定数量的柱间支撑，形成支撑框架结构。利用柱间支撑的轴力形成的水平分力抵抗钢框架的侧向变形，有利于发挥钢结构强度高的特点。

4.3 关于支撑强弱判断问题

在支撑－框架结构中，支撑结构（支撑桁架、剪力墙、电梯井等）的抗侧移刚度较大；当支撑的抗侧刚度足够大（能承担 80% 以上的总水平力），钢框架只能以无侧移的模式失稳，失稳模态为对称变形，该支撑为强支撑，对应的框架则视为无侧移框架；如果支撑－框架结构中的支撑结构抗侧移刚度较弱，无法使钢框架以完全无侧移的模式失稳，则该支撑为弱支撑，对应的框架则为弱支撑框架，失稳模态呈非对称变形。

框架－支撑（含延性墙板）结构体系中，支撑和框架相互作用，相互影响。支撑的受力有两方面：第一是分担结构的一阶荷载。该力由内力分析可以直接得到，采用的计算模型是未变形的结构；第二是在一阶力的基础上另外分担结构的二阶效应，此效应无法在一阶分析中体现，需从考虑了变形后的模型才能分析出来。换言之，钢框架发生侧移失稳时，支撑不但要承担结构的水平力，还要承担避免框架柱失稳而产生的支撑作用。框架柱的承载力在支撑结构的支持下从有侧移框架失稳的承载能力逐步提高、逐步达到无侧移框架的承载能力。框架承载能力提高的幅度与支撑的强弱有关，如果支撑不够强，不能承担由于框架失稳引起的二阶内力，则框架部分的设计承载力就无法达到无侧移失稳时的承载力，此时的支撑属于弱支撑。框架的承载力无法得到充分发挥，达不到物尽其用，《钢结构设计标准》GB 50017—2017 没有推荐弱支撑框架。

陈绍蕃所著《钢结构稳定设计指南》一书，以单层框架为例推导了考虑结构二阶效应时的框架侧移放大系数，如图 4-3-1 所示，其推导过程摘录如下（以下公式中

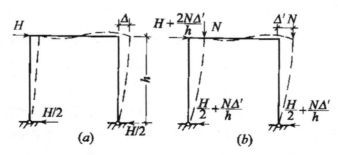

图 4-3-1   计算简图

符号释义可参见该书）：

设框架各柱顶重力荷载总和为 $\sum N$，框架在柱顶水平力 H 作用下一阶位移为 Δ_0，柱高为 h，则对应于荷载 – 侧移效应的等效水平荷载为：

$$\sum N\Delta_0/h \qquad (4\text{-}3\text{-}1)$$

此附加水平力使框架产生新的侧移：

$$\Delta_1 = \frac{\sum N\Delta_0}{hH}\Delta_0 \qquad (4\text{-}3\text{-}2)$$

记 $H/\Delta_0 = S$ 为框架的侧移刚度，则有：

$$\Delta_1 = \frac{\sum N}{hS}\Delta_0 \qquad (4\text{-}3\text{-}3)$$

这一新的荷载效应又将产生新的附加侧移：

$$\Delta_2 = \frac{\sum N}{hS}\Delta_{01} = (\frac{\sum N}{hS})^2\Delta_0 \qquad (4\text{-}3\text{-}4)$$

这样不断下去，则总侧移为：

$$\Delta = \Delta_0 + \Delta_1 + \Delta_2 + \Delta_3 + \cdots = \Delta_0[1 + \frac{\sum N}{hS} + \left(\frac{\sum N}{hS}\right)^2 + \left(\frac{\sum N}{hS}\right)^3 + \cdots] \qquad (4\text{-}3\text{-}5)$$

方括号内的表达式是一数学级数，求和得 $P\text{-}\Delta$ 效应的放大系数：

$$\alpha_{mi} = \frac{1}{1 - \sum N_i \Delta_i / (H_i h_i)} \qquad (4\text{-}3\text{-}6)$$

即式（4-3-5）所表达的总位移可以通过将一阶位移 Δ_0 乘以一个放大系数 α_{mi} 得到，推而广之，就是通过把水平荷载产生的效应乘以放大系数来反映二阶效应。

框架失稳时，钢框架的侧移将不断发展下去，相当于 α_{mi} 为无穷大，对应的式（4-3-6）

分母为零，于是有：

$$1-\sum N_i \Delta_i / (H_i h_i) = 0 \tag{4-3-7}$$

进一步推导，则有侧移框架失稳时的临界荷载为：

$$\Sigma N_i = \frac{H_i h_i}{\Delta_i} = \frac{H_i}{\Delta_i / h_i} = S_{bc} \tag{4-3-8}$$

式（4-3-8）的含义为有侧移框架的临界荷载等于框架层侧移刚度。注意这里的位移是角位移，S_{bc} 为层刚度。

我们先将无支撑的有侧移框架的临界荷载对应的框架侧移刚度记作：

$$S_1 = \sum N_{0i} \tag{4-3-9}$$

按照这样的思路，将该框架变成带有支撑框架，其发生失稳时的临界刚度可记作：

$$S_2 = \sum N_{bi} \tag{4-3-10}$$

当然，这个刚度并不是推导出来的，而是类比出来的。无侧移时，框架的二阶效应很小，对应的放大系数应该是 1。

支撑为轴向受力构件，可忽略其抗弯刚度贡献。由于 S_1 和 S_2 对应于同一个框架，且差别是一个有支撑，一个无支撑，支撑侧移刚度应为钢框架无侧移与有侧移临界荷载的差值：

$$S_b \geqslant S_2 - S_1 = \sum N_{bi} - \sum N_{0i} \tag{4-3-11}$$

虽然稳定分析不能用线弹性概念，不能用叠加原理，但这种类比法对认识问题、解决问题是有效的。作为修正，《钢结构设计标准》GB 50017—2017 考虑了有支撑和无支撑框架发生无侧移失稳时 $P-\delta$ 效应的差别，在有支撑框架的临界刚度前增加系数 $\left(1+\dfrac{100}{f_y}\right)$ 作为修正系数，用以考虑缺陷和不确定性等的影响。在此基础上，再将支撑的刚度取放大系数 4.4，于是得到支撑的临界刚度：

$$S_b \geqslant 4.4\left[\left(1+\frac{100}{f_y}\right)\Sigma N_{bi} - \Sigma N_{0i}\right] \tag{4-3-12}$$

这就是《钢结构设计标准》GB 50017—2017 第 8.3.1 条给出的强支撑需要满足的条件。

f_y 为支撑钢材的屈服强度，将钢材的屈服强度代入式（4-3-12），通过计算可得到表 4-3-1。

不同屈服强度钢材对应的 $\left(1+\dfrac{100}{f_y}\right)$ 值　　表 4-3-1

序号	钢材	$\left(1+\dfrac{100}{f_y}\right)$
1	Q235	1.43
2	Q355	1.28
3	Q390	1.26
4	Q420	1.24

关于强支撑的刚度，《钢结构设计规范》GB 5007—2003 采用的公式为：

$$S_b \geqslant 3\,(\,1.2 \sum N_{bi} - \sum N_{0i}\,)\qquad\qquad（4-3-13）$$

该式与式（4-3-12）形式相同，只是两个系数不同。估计是直接将表 4-3-1 中的修正值保守地取为 1.2 了，使用时省去了推算过程，减少了麻烦。至于支撑刚度的放大系数，取 3 还是 4.4，主要还是为了让支撑有更大的保障能力，实现《钢结构设计标准》GB 50017—2017 强调的强支撑、无侧移。

进一步推导，在式（4-3-13）两侧同时除以层高 h_i，则支撑的刚度就可以转换成水平线位移来表达刚度 S_{ith}，即：

$$S_{ith} = \frac{3}{h_i}(1.2\sum_{j=1}^{m}N_{jb} - \sum_{j=1}^{m}N_{ju})_i \quad i=1,\ 2,\ \cdots,\ n\qquad（4-3-14）$$

该式便是《高层民用钢结构技术规程》JGJ 99—2015 第 7.1.2 条第 4 款条文说明里面的公式了。注意：这里的刚度是用侧向单位位移衡量的。

所有的结构包括框架 – 支撑结构中的钢框架在水平风荷载或地震作用下，都会产生侧移。如前文所述，支撑的存在起到两方面作用，既要分担水平力，还要对框架的稳定提供支撑，于是有：

$$\frac{S_{ith}}{S_i} + \frac{Q_i}{Q_{iy}} \leqslant 1\qquad\qquad（4-3-15）$$

将式（4-3-14）中的 1.2 换成 1.0，并忽略式中右侧减号后面一项，代入式（4-3-15）得到：

$$3\frac{\sum N_i}{S_i h_i} + \frac{Q_i}{Q_{iy}} \leqslant 1\qquad\qquad（4-3-16）$$

式中　Q_i——第 i 层承受的总水平力（kN）；

　　Q_{iy}——第 i 层支撑能够承受的总水平力（kN）；

　　S_i——支撑架在第 i 层的层抗侧刚度（kN/mm）；

　　S_{ith}——为使框架柱从有侧移失稳转化为无侧移失稳所需的支撑架的最小刚度

（kN/mm）；注意，这里是水平位移。

$\frac{\Sigma N_i}{h_i S_i}$ 为柱子的二阶效应系数，记作 θ_i；$\frac{Q_i}{Q_{iy}}$ 为支撑的应力比，记作 ρ，代入式（4-3-16），于是得到《高层民用钢结构技术规程》JGJ 99-2015 的公式：

$$\rho \le 1-3\theta_i \tag{4-3-17}$$

从前面的推导可以看出，这个公式并不是理论上的准确计算，但它能给我们提供一个判断支撑强弱的非常直观的概念。

《高层民用钢结构技术规程》JGJ 99—2015 第 7.1.2 条，二阶效应系数大于 0.1 时，宜用二阶线弹性分析，即应考虑 P-Δ 效应。反之，二阶效应系数 θ_i 不大于 0.1 时就可以不需要考虑 P-Δ 效应，此时的支撑接近强支撑，由式（4-3-17）可得，该强支撑的应力比限值应为 0.7；该条也规定二阶效应系数不应大于 0.2，可以认为二阶效应系数大于 0.2 时，结构不安全，设计应当避免。当二阶效应系数 θ_i 达到 0.2 时，考虑 P-Δ 效应后，由式（4-3-17）可得，此时支撑的应力比限值可能降为 0.4，说明结构刚度不能满足要求，此时支撑的利用率也很低，框架部分需要有更强的抗侧刚度。框架的抗侧刚度依靠的是梁柱抗弯来实现，这种结构自然不经济。

由于《钢结构设计标准》GB 50017—2017 把式（4-3-13）中的系数改成了 4.4，那么对应的《高层民用钢结构技术规程》JGJ 99—2015 中关于支撑的应力比控制式（4-3-17）是不是也应该对应地改为：

$$\rho \le 1-4.4\theta_i \tag{4-3-18}$$

按式（4-3-18）重新验算《高层民用钢结构技术规程》JGJ 99—2015 第 7.1.2 条限值对应的支撑应力比，则对应二阶效应系数的应力比则分别是 0.56 和 0.12，可以看出，《钢结构设计标准》GB 50017—2017 中对支撑的刚度提出了更高的要求。

支撑很强，对应框架分担的水平力就很少。此时，框架因承担水平力很少而使得框架结构基本无侧移，框架的稳定承载能力提高至无侧移承载能力水平，向框架结构承载力极限状态接近了一大步。反之，如果不设支撑或支撑刚度很弱，则钢框架结构构件的截面则会明显增加，甚至无法满足结构安全要求。

钢框架＋混凝土核心筒的结构是高层、超高层钢结构的常用结构形式。钢筋混凝土筒的刚度往往很大，经常是框架分担水平力很小，框架部分分担的剪力不满足相关规范要求。另外，采用钢框架＋钢筋混凝土筒的混合结构，一般层数都比较多，柱截面尺寸也不会很小，且钢柱内一般都会灌混凝土，帮助钢柱承担一部分荷载，因此，计算长度对钢柱稳定承载力的影响相对小一些，基本可以认为这种结构满足强支撑的要求。故规范对于钢框架＋混凝土筒体的组合结构并没有提有侧移还是无侧移，设计上不必做区分。不过，设计时也要注意，对于一些特殊的平面，尤其是楼板连接十分薄弱的部位,如图4-3-2所示,其左侧楼板与核心筒的连接极差,楼板不符合无限刚要求,楼板很难完成框架柱与混凝土筒之间的变形协调工作,混凝土筒在该部位对框架柱的侧移约束能力极其有限。故此时宜对柱子的计算长度做单独分析,并根据分析结果将柱子的计算长度乘以适当的放大系数,复核其框架柱的稳定承载能力以保证结构安全。相反,当框架－核心筒结构中,支撑(核心筒)的抗侧支撑足够强时,完全可以将部分柱处理成上下铰接的摇摆柱,释放其抗侧刚度,此时,柱子的计算长度系数为1.0。图4-3-3是荷兰鹿特丹某建筑的照片,从图4-3-3(b)可以看出柱子顶部的连接情况。这样处

图4-3-2　弱连接楼盖平面图(示意图)

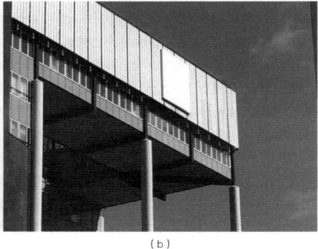

(a)　　　　　　　　　　　　　　　　(b)

图4-3-3　荷兰鹿特丹某建筑立面细长柱建筑照片
(a)建筑整体照片; (b)细长柱顶部放大照片

理之后，这部分柱子的构造要求不再受抗震规范要求的限制，控制好长细比和稳定承载力，柱子便可以做的较细长，深受建筑师的欢迎，他们认为这样的建筑效果张力十足。需要强调的是：此时，柱顶楼盖结构的整体性以及水平构件的连接和构造很重要，该部分的水平力需要依靠它有效传递至内部抗侧刚度较大的构件上。

设计中还应注意：《钢结构设计标准》GB 50017—2017 框架柱构件长细比应满足表 4-3-2 要求，目的是提高支撑的稳定承载力。

不同构件延性对应的框架柱构件长细比要求　　　　　表 4-3-2

结构构件延性等级	V 级	IV 级	I 级、II 级、III 级
$N_p/(Af_y) \leqslant 0.15$	180	150	$120\varepsilon_k$
$N_p/(Af_y) >0.15$	$125[1-N_p/(Af_y)]\varepsilon_k$		

注：N_p—柱的组合轴力；A—构件截面面积；f_y—钢材屈服强度；ε_k—钢号修正系数。

为保证结构在地震作用下的稳定，《建筑抗震设计规范》（2016 年版）GB 50011—2010 还规定：支撑的长细比不应大于 $120\varepsilon_k$。

4.4 高层钢结构节点设计

钢结构是将一个个钢构件通过节点连接在一起的结构。钢框架或带支撑的钢框架之所以能够承担一定的竖向力和水平力，靠的是构件之间通过节点（包括柱脚）形成一个完整的非可动构架。节点在外荷载作用下一旦破坏，结构就会破坏。我国是世界上遭受地震最严重的国家之一，在以往的历次地震中，也出现了不少节点破坏的事例，说明节点设计是否恰当直接关系到结构承载力的可靠性和结构安全。节点的设计与构造处理对结构的抗震性能有重要影响。

作为实际工程的节点，无论做成完全的刚接还是完全的铰接都是很困难的，半刚性连接具有有限的转动刚度，承受弯矩时节点会产生一定交角的变化，计算时应计入梁柱交角变化的影响。这种连接目前还难以与结构受力分析很好地结合，内力分析时必须先根据试验或已有的数据库确定连接的弯矩－转角特征曲线。

4.4.1 节点的连接设计有关规定

连接计算是钢结构节点设计的重要内容之一，抗侧力结构构件的连接须满足强连接弱构件原则。《建筑抗震设计规范》（2016年版）GB 50011—2010第8.2.8条规定，钢结构抗侧力构件的连接计算应符合下列规定，既有强度要求，又有延性要求。

（1）钢结构抗侧力构件连接的承载力设计值不应小于相连构件的承载力设计值，体现强连接弱杆件；高强度螺栓连接不得产生滑移，保证弹性计算假定不失效。

（2）钢结构抗侧力构件连接的极限承载力应大于相连构件的屈服承载力，保证结构延性得到发挥。这是对大震的验算，对应于第二阶段大震不倒。大震时，即使构件屈服了，连接也不会断裂。

（3）梁与柱刚性连接的极限承载力，应按下列公式验算：

$$M_u^j \geqslant \eta_j M_p \tag{4-4-1}$$

$$V_u^j \geqslant 1.2 \left(2M_p / l_n \right) + V_{Gb} \tag{4-4-2}$$

式中　M_p——梁的塑性受弯承载力；

M_u^j、V_u^j——连接的极限受弯、受剪承载力；

η_j——连接系数；

l_n——梁的净跨；

V_{Gb}——梁在重力荷载代表值作用下，按简支梁分析的梁端截面剪力设计值。

式（4-4-1）是要求节点连接的极限受弯承载力要高于构件本身的全塑性受弯承载力的η_j倍，是考虑构件的实际屈服强度可能高于屈服强度标准值，在罕遇地震作用下构件出现塑性铰时，结构仍能保持完好。式（4-4-2）是考虑钢梁的截面通常由弯矩控制，故梁的极限受剪承载力取与极限受弯承载力对应的剪力加竖向荷载产生的剪力。

（4）支撑与框架连接和梁、柱、支撑的拼接极限承载力应满足：

支撑连接和拼接　　　　　$N_{ubr}^j \geqslant \eta_j A_{br} f_y \tag{4-4-3}$

梁的拼接　　　　　　　　$M_{ub,sp}^j \geqslant \eta_j M_p \tag{4-4-4}$

柱的拼接　　　　　　　　$M_{uc,sp}^j \geqslant \eta_j M_{pc} \tag{4-4-5}$

柱脚与基础的连接极限承载力应满足：

$$M_{u,base}^j \geqslant \eta_j M_{pc} \tag{4-4-6}$$

式中　N_{ubr}^j、$M_{ub,sp}^j$、$M_{uc,sp}^j$——支撑连接和拼接的极限受压（拉）承载力、梁拼接的受弯承载力、柱拼接的受弯承载力；

$M_{u,base}^j$——柱脚的极限受弯承载力；

η_j——连接系数；

M_p——梁的塑性受弯承载力；

A_{br}——支撑杆件的截面面积；

f_y——钢材强度设计值；

M_{pc}——考虑轴力影响时柱的塑性受弯承载力。

综合上述规定，要想完成连接计算，第一要弄清楚连接系数 η_j 的取值问题，上述各式均离不开连接系数 η_j，连接系数取值见本书第 2.3.12 节；第二要弄清楚各种情况下承载力 M 的计算。关于梁柱节点设计，需要计算梁的塑性受弯和连接的极限受弯两个承载力。

4.4.2 关于梁端承载力计算

梁与柱刚性连接的计算方法有常规法和精确法。常规设计法中，考虑梁端内力向柱传递时，原则上梁端弯矩由梁翼缘承担，梁端剪力由梁腹板承担，故连接的极限受弯承载力只考虑翼缘的贡献。该算法概念简单，传力清晰，比较适合全螺栓连接和栓焊连接，梁柱节点的极限承载力忽略了梁腹板对梁受弯承载力的贡献。当采用焊接连接时，同时还要考虑前文的连接系数，梁翼缘的焊缝强度很难满足要求，需要采取加强构造，常见的如增设盖板、加宽梁端翼缘等；精确计算法是以梁翼缘和腹板各自对中和轴的截面惯性矩分担作用于梁端的弯矩 M，以梁翼缘承担弯矩 M_F，腹板同时承担弯矩 M_w 和梁端部剪力 V 进行连接设计，是把整个连接作为一个整体来考虑，连接受力更真实，充分考虑了腹板对梁抗弯能力的贡献，比较适合全焊接连接。梁腹板承担的弯矩要通过柱的腹板传给柱子，柱的腹板在梁端弯矩作用下是否会产生平面外变形，导致腹板的贡献能否得到充分发挥等，诸如此类问题，一直困扰着广大设计人员。

以梁柱全焊接连接为例，《高层民用建筑钢结构技术规程》JGJ 99—2015 第 8.1.4 条规定，梁柱刚接时，焊缝应为一级焊缝。假设一，梁柱节点采用一级焊缝，焊缝围合成的截面与梁断面完全相同，则焊缝所在截面与梁截面具有相同的惯性矩；假设二，梁柱节点处柱腹板具有足够的刚度，腹板不会产生面外变形，不会影响梁腹板对梁受弯承载力的影响。有了这两条假设后，焊缝连接的承载力计算同梁的承载力计算完全一样（忽略过焊孔对腹板的削弱），差别仅仅是焊缝强度与梁所用钢材强度的不同。于是可得到表 4-4-1 第三行不同钢号的梁柱连接极限承载力与梁塑性承载力的比值关系；当该节点采用栓焊连接时，考虑截面不连续，梁剪力由螺栓承担，弯矩由梁翼缘承担。根据刘其祥讲座的数据，栓焊连接的受弯承载力最多约为全焊接的 0.85 倍。于是，可以得到表 4-4-1 第四行不同钢号的梁柱连接极限承载力与梁塑性承载力的比值关系。

梁采用不同钢材时的梁柱连接极限承载力与梁塑性承载力的比值 表4-4-1

钢材型号	Q235	Q355	Q390	Q345GJ	Q420	Q460	备注
钢材屈服强度 f_y	235	355	390	345	420	460	
焊缝抗拉强度 f_n^w	415	480	480	480	540	540	
焊接连接 f_n^w/f_y	1.76>1.40	1.35>1.30	1.23<1.30	1.39>1.25	1.28<1.30	1.17<1.30	
栓焊连接 $0.85f_n^w/f_y$	1.49>1.4	1.15<1.3	1.04<1.30	1.18<1.25	1.09<1.30	0.99<1.30	栓焊连接

该表格说明：①梁采用 Q355 以下及 Q345GJ 钢材时，只要梁柱连接为全焊接，焊缝质量等级为一、二级，大震验算可以满足要求；②采用栓焊连接时，则只有 Q235 勉强满足，其他情况均需对节点进行加强处理，或者说采用栓焊连接时，都需要对连接做加强处理。上述估算不十分准确，但对于建立起大的设计概念还是有用的。对于有抗侧力要求的框架梁，钢材应优先选择 Q235、Q355 以及 Q345GJ，节点宜选用全焊接。钢框架梁柱节点，可以采用在钢柱上带一段牛腿，钢梁与钢柱的连接通过钢牛腿完成。钢牛腿与钢柱采用全焊接连接，并采用一级焊缝就是一个非常好的做法。钢牛腿和钢柱采用焊接连接后，工地的连接为梁梁拼接，既可以解决梁柱连接系数高需要加强连接的问题，又可以降低工地焊接的难度。牛腿与钢梁是拼接连接，连接系数小，采用栓焊相对容易满足规范要求。

《高层民用建筑钢结构技术规程》JG J99—2015 对此做了修改，第 8.2.4 条给出的计算方法相当于精确法，并给出了梁翼缘和梁腹板极限受弯承载力的具体算法：

梁端连接的极限受弯承载力：

$$M_u^j = M_{uf}^j + M_{uw}^j \qquad (4-4-7)$$

梁翼缘连接的极限受弯承载力：

$$M_{uf}^j = A_f (h_b - t_{fb}) f_{yb} \qquad (4-4-8)$$

梁腹板受弯承载力：

$$M_{uw}^j = m W_{wpe} f_{yw} \qquad (4-4-9)$$

$$W_{wpc} = \frac{1}{4} (h_b - 2t_{fb} - 2S_r)^2 t_{wb} \qquad (4-4-10)$$

其中，H 形柱（绕强轴）　　　　　　　$m=1$

箱形柱

$$m = \min \left\{ 1, 4\frac{t_{fc}}{d_j} \sqrt{\frac{b_j f_{yc}}{t_{wb} f_{yw}}} \right\}$$

圆管柱

$$m = \min\left\{1, \frac{8}{\sqrt{3}k_1\,k_2\,r}\left(\sqrt{k_2\sqrt{\frac{3k_1}{2}}-4+r\sqrt{\frac{k_1}{2}}}\,\right)\right\}$$

式中　W_{wpe}——梁腹板有效截面的塑性截面模量；

f_{yw}——梁腹板钢材的屈服强度；

h_b——梁截面高度；

d_j——柱上下水平加劲肋（横隔板）内侧之间的距离；

b_j——箱形柱壁板内侧的宽度或圆管柱内直径，$b_j=b_c-2t_{fc}$；

r——圆钢管上下横隔板之间的距离与钢管内径的比值，$r=d_j/b_j$；

t_{fc}——箱形柱或圆管柱壁板的厚度；

f_{yc}——柱钢材屈服强度；

f_{yw}——梁翼缘和梁腹板钢材的屈服强度；

t_{fb}、t_{wb}——梁翼缘和梁腹板的厚度；

f_{yb}——为梁翼缘钢材抗拉强度最小值；

S_r——梁腹板过焊孔高度，高强度螺栓连接时为剪力墙与梁翼缘间间隙的距离；

A_f——梁翼缘面积；

m——腹板连接的受弯承载力系数；

k_1、k_2——圆管柱有关截面和承载力指标，$k_1=b_j/t_{fc}$，$k_2=t_{wb}\,f_{yb}/(t_{fc}f_{yc})$；

b_c——箱形柱壁板宽度或圆形柱外径。

采用塑性设计时，与塑性耗能区连接的极限承载力应大于与其连接构件的屈服承载力。《钢结构设计标准》GB 50017—2017 第 17.1.9 条将前文《建筑抗震设计规范》GB 50011—2010 的式（4-4-1）和式（4-4-2）表示为：

$$M_u^j \geq \eta_j W_E f_y \qquad (4-4-11)$$

$$V_u^j \geq 1.2[2(W_E f_y)/l_n]+V_{Gb} \qquad (4-4-12)$$

式中 W_E 为构件的截面模量，对应于不同的截面板件宽厚比等级，《钢结构设计标准》GB 50017—2017 第 17.1.2 条有规定，取值见表 4-4-2。

构件模量 W_E 取值　　　　表 4-4-2

截面板件宽厚比等级	S1	S2	S3	S4	S5
构件截面模量	$W_E=W_p$		$W_E=\gamma_x W$	$W_E=W$	有效截面模量

注：W_p 为塑性截面模量，W 为弹性截面模量，γ_x 为塑性发展系数。
　　该表明确了考虑梁不同塑性发展程度对应的 M_p 的算法。

4.4.3 连接焊缝强度匹配问题

按照前文对连接问题的讨论，连接设计的承载能力需求高于被连接构件。可否通过提高焊缝强度或焊缝高度来满足连接系数要求呢？

（1）关于焊缝强度确定

焊缝与母材在强度上的配合关系有三种：焊缝强度等于母材、焊缝强度高于母材及焊缝强度低于母材。从结构的安全可靠性考虑，一般要求焊缝强度至少与母材强度相等，即所谓"等强"设计原则。焊接接头的抗脆断性能与接头力学性能的不均质性有很大关系，它不仅决定于焊缝的强度，而且受焊缝的韧性和塑性所制约。因此，焊接材料的选择不仅要保证焊缝具有适宜的强度，更要保证焊缝具有足够高的韧性和塑性，仅考虑强度而不考虑韧性进行的焊接结构设计，并不能可靠地保证其使用的安全性。从抗脆性断裂方面考虑，超强匹配未必有利；在一定条件下，低强匹配反而是可行的。低强匹配比超强匹配更容易改善接头的抗脆断性能。

高强钢焊缝匹配时，采用等强或接近等强匹配，焊接接头最容易获得最优异的抗脆断性能。这是因为等强匹配时所用的焊材，不需要将其韧性提高到优于低强或超强匹配时所要求的韧性，降低焊材强度时，容易改善其韧性，提高焊材强度，想大幅度地提高其韧性则有相当难度。对于高强钢，特别是超高强钢，其配套用的焊接材料韧性储备不高，此时如仍要求焊缝与母材等强或超强，即使焊缝强度达到了等强，焊缝的塑性、韧性会降低到不可接受的程度，抗裂性能显著下降，焊缝的韧性水平可能降低到安全限值以下，出现因其韧性不足而引起脆断。对由于强度级别较高的钢种，要使焊缝金属与母材达到等强匹配则存在很大的技术难度。为了防止出现焊接裂纹，施工条件要求极为严格，施工成本大大提高。对于低强度钢，无论是母材还是焊缝都有较高的韧性储备。因此，按等强原则选用焊接材料时，既可保证强度要求，也不会损害焊缝韧性。

（2）试验结果

试验表明：Q235 与 Q355 钢材焊接时，若采用 E50×× 型焊条，焊缝强度和采用 E43×× 型焊条时的强度提高并不多。

（3）焊缝高度选择

焊缝高度与焊料用量及焊接热量直接相关。焊脚尺寸越大，收缩应力越大并造成焊料及人工的浪费，所以《钢结构设计标准》GB 50017—2017 对焊缝高度也有限制，不能过大。

（4）焊条选用的基本原则

1）考虑工件材质的力学性能。力学性能主要是指强度和韧性，焊条熔敷金属的强度应该与母材相等，同时还要保证韧性指标相等或相近。

2）考虑工件的工作条件和使用特性。如焊接承受动载荷或冲击载荷的工件应选用熔敷金属冲击韧性较高的碱性焊条，在焊接一般结构时则可选用酸性焊条。

3）考虑工件的结构形状及复杂程度。如工件的厚度、接头的刚性、焊缝的位置等。对于焊接结构刚性大、受力情况复杂的工件，选用焊条时，应考虑焊缝塑性，可选用比母材低一级抗拉强度的焊条。

4）考虑焊接施工的条件，如现场的设备条件、施工工作条件等。耐腐蚀、高温或低温等结构，应根据熔敷金属与母材性能相同或相近原则选用焊条。

5）考虑生产效率和经济效率，如选用高效焊条等。

4.4.4 梁柱节点设计

抗震设计给出了节点设计原则：强节点弱杆件，充分说明了节点设计的重要性。结构设计的重要理念和结构构造措施都在节点设计中体现，节点设计需考虑的内容也比较多，设计不当会产生不同的破坏模式。图 4-4-1 给出了部分梁柱节点的破坏形式，有焊缝破坏、层状撕裂、焊缝周边的母材断裂，说明材料选择和节点设计以及焊缝质量都是高层钢结构设计应该高度重视的工作。

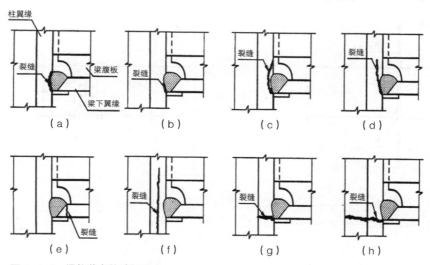

图 4-4-1　梁柱节点的破坏形式

(a) 焊缝 – 柱交界处完全断开；(b) 焊缝 – 柱交界处部分断开；(c) 沿柱翼缘向上扩展，完全断开；(d) 沿柱翼缘向上扩展，部分断开；(e) 焊趾处梁翼缘裂通；(f) 柱翼缘层状撕裂；(g) 柱翼缘裂通（水平或倾斜方向）；(h) 裂缝穿过柱翼缘和部分腹板

4.4.4.1 柱通梁断节点

在我国框架梁柱连接主要采用柱贯通型节点，即在柱内梁翼缘的对应位置设加劲肋或内隔板，梁焊接在柱上。根据梁接头位置的不同，有图4-4-2所示的两种形式。图中两种做法均为刚接节点，不同之处是一个未在柱上预留牛腿，一个预留了牛腿。留牛腿的优点是现场焊接时，工人可依靠它完成连接作业，且梁梁拼接时的连接要求低于梁柱连接，现场连接可以满足要求；缺点是运输不方便。不留牛腿的做法虽然运输方便，但双剪连接施工难度较大。双剪设计时，需使用双夹板，受安装工艺影响，其中一个夹板只能在工地焊接，否则钢梁无法就位。既然其中的一块夹板只能在工地焊接，无法避免腹板（连接板）与柱的现场焊接，还不如直接将腹板焊在柱翼缘上，既可省去两块夹板又可省去连接螺栓，经济性更好。此外，电动拧紧设备的直径一般在100mm左右，靠近柱外皮的一排螺栓必须设在距柱外皮50mm以上。如果直接将腹板焊在柱翼缘上，还可以避免靠近柱的一排螺栓与柱翼缘间的间距过小，螺栓无法使用电动设备拧紧的情况出现。综上，笔者首推预留牛腿做法，其次选择将钢梁直接焊在柱翼缘上的做法，而不太推荐在柱翼缘上预留一块连接板，工地焊另一块连接板的做法——既没有节省螺栓和现场焊接量，也没有减少对现场安装精度的要求。

选用柱通梁断节点，柱的分段吊装的单元划分可以根据现场起重设备的起吊能力，选择钢柱两层一吊或三层一吊，提高吊装效率，减少现场钢柱的接头数量，有利于保

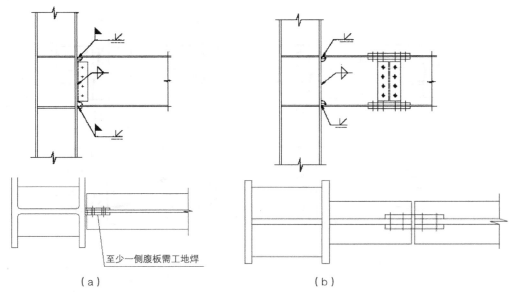

至少一侧腹板需工地焊

（a）   （b）

图4-4-2 柱通梁断节点
（a）形式一；（b）形式二

证焊缝质量。也可以选择更多楼层一起吊装，但需考虑运输方便，通常是构件的长度在 12m 以内运输最方便。构件长度超过 18m 的运输属超长运输，对运输的要求高。故考虑运输方便，选择更多层一起吊的相对比较少。

对于地下部分，钢柱截面和单位长度重量往往较大，吊装单元太长，对起重设备的起吊能力要求较高。大起重设备到坑底比较麻烦，基坑较深时，甚至会受到内支撑的影响。安排起重设备在地面吊装，有时又会受场地和深基坑负荷能力限制，经常无法采用大吨位汽车式起重机；使用现场塔式起重机起吊时，塔式起重机的起吊能力也经常无法满足要求，此时，一层高的钢柱也可以分成多段吊装。但现场分段位置应尽可能与工厂钢板来料宽度一致，减少不必要的焊缝。同时，还应加强现场的焊接质量，尤其是临近嵌固端的分段，应充分利用塔式起重机的起重能力，尽可能加长该吊装单元的长度，且分割出来的最小单元还应放在弯矩最小部位，避免给钢柱抗弯能力带来不利影响。钢柱现场焊缝的高度一般选择在楼面高度以上 1.0~1.3m。该高度与人直立焊接高度接近，方便观察焊缝质量，焊工施焊工作也没那么辛苦。另外一个好处是，该高度也避开了柱弯矩最大位置，焊缝质量缺陷对结构承载力影响相对小一点。

4.4.4.2 梁通柱断节点

在人们习惯思维中，一般认为柱比梁重要，形成塑性铰时，会要求铰出现在梁上而不是柱上，所以梁通柱断节点应用较少。图 4-4-3 是某工程钢骨梁的连接节点。该工程外侧悬挑长度达 8m，且使用荷载达 10kN/m²。受建筑净高限制，梁高不能超过 1.2m，因此，该工程采用了钢骨混凝土梁方案。钢骨梁翼缘壁厚做到了 50mm，与其相连的钢骨柱主要是轴压比控制，钢骨柱壁厚不需太厚，仅 30mm。对于该节点，显然是保证钢梁不断，对悬挑梁的质量保证更有利，故该工程实际采用的是钢梁贯通型节点。

梁贯通节点的现场柱接头位置不同于柱贯通型节点。如果还追求现场焊接的便利

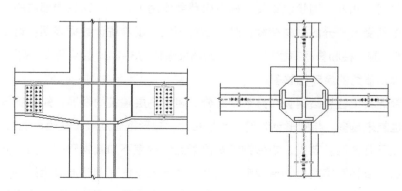

图 4-4-3　某工程钢骨梁的连接节点

性，将柱的接头留在楼板高度以上 1.2m 左右的话，势必增加钢柱的接头数量。若需要这样处理，建议在工厂预留牛腿。

4.4.4.3 梁柱节点钢板厚度差较大的情况处理

《钢结构焊接规范》GB 50661—2011 第 5.6.1 条第 6 款，关于相连接的两块钢板厚度相差较大时规定：宜改变厚板接头受力方向，如图 4-4-4 所示。一方面是因为通常板厚者受力大，板薄者受力较小。另一方面，按此建议设计，焊缝高度相对减小，焊料消耗少，焊接应力小，有利于防止板材产生层状撕裂。对不同板厚间的焊接构造，防撕裂是需要考虑的因素之一。

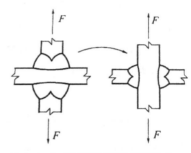

4.5 钢管混凝土柱应用的几个问题

4.5.1 矩形钢管混凝土柱的爆管

图 4-4-4　不同板厚间的焊接方式

钢管混凝土柱就是把混凝土灌入钢管中捣实形成的组合柱，钢管内混凝土的存在能够增大柱子的强度和刚度。混凝土强度等级在 C50 以下的钢管混凝土称为普通钢管混凝土；混凝土强度等级在 C50 以上的钢管混凝土称为高强钢管混凝土；混凝土强度等级在 C100 以上的钢管混凝土称为超高强钢管混凝土。

钢管混凝土结构施工时不需要模板，既节省了模板材料又省了支模、拆模的人工费用，施工不受混凝土养护时间的影响，节省了施工时间。钢管还可以作为劲性骨架，承担施工阶段的施工荷载和结构重量。由于钢管内填有混凝土，在遭受火灾时，钢管柱截面温度场需经过一段时间才能分布均匀，从而减慢钢柱的升温速度，增加了柱子的耐火时间。此外，钢管混凝土柱在火荷载作用下，一旦钢柱局部屈服，其中的混凝土可以承受大部分的轴向荷载，防止结构倒塌。试验统计数据表明：达到一级耐火3h，钢管混凝土柱和普通钢柱相比，可节约防火涂料 1/3~2/3，甚至更多。钢管柱直径（边长）越大，节约的涂料也越多。

钢管混凝土柱有圆钢管和方钢管之分。随着高层建筑的发展，矩形钢管混凝土柱的应用也越来越多。与圆形钢管混凝土柱相比，矩形钢管混凝土柱也表现出一些不足，主要有以下几方面：首先，矩形钢管对混凝土的约束不如圆钢管好。为了防止钢管壁局部屈曲，要控制宽厚比，造成钢材浪费，对高强度钢在钢管混凝土结构中的推广、应用不利。其次，混凝土浇筑阶段，矩形钢管柱在混凝土浇筑过程中也出现了一些爆

图 4-5-1　矩形钢管柱施工过程中的爆管照片

管问题，如图 4-5-1 所示。

相关规范没有明确给出矩形钢管在混凝土侧压力作用下的焊缝承载力验算方法。关于钢管的组合焊缝，《高层民用建筑钢结构技术规程》JGJ 99—2015 第 8.4.2 条对箱形钢柱角部组装焊缝给出了规定：组装焊缝不应小于板厚的 1/3，且不应小于16mm，抗震设计时不应小于板厚的 1/2；当梁与柱刚性连接时，在框架梁翼缘的上、下 500mm 范围内，应采用全熔透焊缝；柱宽大于 600mm 时，应在框架梁翼缘的上、下 600mm 范围内采用应采用全熔透焊缝。《钢结构设计标准》GB 50017—2017 第15.2.1 条做了更严格的处理，直接规定矩形钢管混凝土柱采用钢板、型钢组合时，其壁板间的连接焊缝应采用全熔透焊缝，焊接量巨大。

为防止矩形钢管混凝土柱在混凝土施工过程中出现爆管现象，在设计过程中，对钢管柱角部焊缝进行施工工况的计算也是必要的。矩形钢管混凝土柱角部焊缝在混凝土浇筑过程中会受到三个力：沿板面的拉力、垂直于板面的剪力及面外的弯矩，如图4-5-2 所示，分别计为 N、V、W。这三个力都可以通过混凝土浇筑过程中对管壁产生的侧压力计算求得。由于钢管壁要满足宽厚比要求，当角部焊缝不完全熔透时，可以忽略弯矩的影响。

混凝土浇筑过程中，新浇筑的混凝土对矩形钢管柱侧壁的侧压力可用式（4-5-1）和式（4-5-2）两个公式分别计算，然后取两式中较小值。

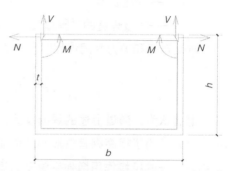

图 4-5-2　矩形钢管混凝土柱浇筑过程中的受力简图

$$F=0.22\gamma_c t_0 \beta_1 \beta_2 V^{1/2} \qquad (4-5-1)$$

$$F=\gamma_c H \qquad (4-5-2)$$

式中　F——新浇筑混凝土对模板的侧压力；

　　　γ_c——混凝土的重力密度（24kN/m³）；

　　　t_0——新浇混凝土的初凝时间，可按实测确定。当缺乏试验资料时，可采用 $t_0=200/(T+15)$ 计算，T 为混凝土的温度；

　　　V——混凝土的浇筑速度（按泵车浇筑速度 30m³/h 进行控制）；

　　　H——混凝土侧压力计算位置处至新浇混凝土顶面的总高度；

　　　β_1——外加剂影响修正系数，不掺外加剂时取 1.0，掺具有缓凝作用的外加剂时取 1.2；

　　　β_2——混凝土坍落度影响修正系数，当坍落度小于 30mm 时，取 0.85；50~90mm 时，取 1.0；110~150mm 时，取 1.15。

假设矩形钢管的截面为 $b \times h$，忽略弯矩的影响，则单位长度焊缝受到的拉力与剪力：

$$N=\frac{1}{2}F(h-2t) \qquad (4-5-3)$$

$$V=\frac{1}{2}F(b-2t) \qquad (4-5-4)$$

根据《钢结构设计标准》GB 50017—2017，T 形连接中，垂直于轴心拉力其强度应按式（4-5-5）计算：

$$\sigma=\frac{N}{l_w h_e} \leqslant f_t^w \qquad (4-5-5)$$

式中　N——轴心拉力或轴心压力；

　　　l_w——焊缝长度；

　　　h_e——对接焊缝的计算厚度；

承受弯矩和剪力共同作用时，按式（4-5-6）计算折算应力：

$$\sqrt{\sigma^2+3\tau^2} \leqslant 1.1 f_t^w \qquad (4-5-6)$$

笔者认为，通过上述的焊缝设计，可以有效防止混凝土浇筑过程中的爆管现象发生。此外，为了提高钢管壁局部屈曲能力还可采取一些构造措施：如设约束拉杆，借助约束拉杆的拉接作用增强钢管壁的稳定性；设置横向对拉片，工作原理与约束拉杆相同；设置角部隅撑，角部隅撑给钢管的每个面提供了两个约束力，限制局部屈曲等。

4.5.2 钢管混凝土柱内混凝土的密实度问题

钢管混凝土柱内的混凝土一般为自密实混凝土，采用高抛或顶升法施工。自密实混凝土不能像普通混凝土那样振捣，施工完成后，混凝土是否密实，是否与钢管粘结成一个整体则无法检验。有工程参考桩基预埋超声管的办法进行超声波检验，受钢管内隔板的影响，效果很不理想。

钢管内混凝土缺陷主要由以下三方面产生：一是泵送混凝土时，泵送系统或者钢管内残留空气等原因，导致混凝土输送不到位或者密实度不够，混凝土与钢管脱空或产生球冠形脱空缺陷。为方便混凝土浇筑，钢管混凝土柱构造上需预留排气孔。二是受混凝土收缩、徐变以及微膨胀剂失效等方面的影响，钢管与混凝土在接触面处产生缝隙，导致混凝土整体与钢管脱粘，形成均匀脱空缺陷。三是形成的水平裂缝。

中国二十冶在珠海横琴总部大厦二期钢管混凝土柱施工前，先按拟定的施工工艺做了一个试验。混凝土强度达到标准后，将钢管纵向抛开，看里面混凝土的密实情况，基本可以证实上述缺陷情况，但不存在大的空洞缺陷。试验揭示的水平裂缝与水平加劲肋有关，即梁柱节点处是混凝土质量控制的关键所在。混凝土与钢管壁的结合，有的部位混凝土和钢管粘接在一起，需用力才能将切开的钢管撕下来，有的则很容易就撕下来。混凝土存在较严重不密实时，在反复荷载的长期作用下会增加钢管与混凝土间的脱粘量，对共同工作不利。混凝土与钢管柱是否脱粘，可用敲击－音频识别技术、电阻抗识别技术等进行检验。

混凝土收缩也会造成混凝土与钢管柱脱粘。对于圆形钢管混凝土柱，《钢结构设计标准》GB 50017—2017 第 15.3.3 条规定，当直径大于 2m 时，应采取有效措施减小混凝土收缩的影响。设计时可以取偏小的套箍系数或不考虑套箍作用。广东省标准《高层建筑钢－混凝土混合结构技术规程》DBJ/T 15-128-2017 第 7.1.7 条的条文说明处理意见如下：考虑混凝土的开裂及徐变影响时，宜适当降低钢筋混凝土部分的抗弯刚度，降低系数可取 0.6~0.8。对于矩形钢管混凝土柱，应考虑角部对混凝土约束作用的减弱，《钢结构设计标准》GB 50017—2017 第 15.2.3 条规定，当长边尺寸大于 1m 时，应采取构造措施增强矩形钢管混凝土的约束作用和减小混凝土收缩的影响。

从材料角度，水泥的量越多，混凝土的收缩越大，越易开裂，因此，调整混凝土集料的级配，减少胶凝材料用量，并控制水灰比是改善混凝土收缩的最好手段。

4.6 工程案例

4.6.1 中建钢构大厦结构设计

4.6.1.1 工程概况

本工程位于规划建设中的深圳市南山区后海中心区内，东侧为中心路，西侧为兰桂三路，南侧为兰月三路，北侧为兰月四路。基地呈长方形，东西长 65m，南北长 44.5m，用地总面积 2892.5m²，建筑总面积 55625.3m²，容积率 13.68。由一栋 26 层塔楼及其 3 层裙房和副楼——钢结构博物馆组成。地下 4 层，建筑总高度 150m。建筑 1~3 层为商业裙房，层高分别为 6.00m+2×5.10m；3 层以上为办公用房，标准层层高为 4.50m，塔楼顶部为自用空中大堂层高为 18.00m，中区空中大堂层高为 9.00m。地下结构层高分别为 4.40m+3×3.90m，设两个核六级人防防护单元，深度 15.60m。副楼主要做展览用，实景照片如图 4-6-1 所示。

图 4-6-1 中建钢构大厦实景照片

建筑平面设计采用与用地完美契合的方正平面布局，塔楼为工字形布局，主要的办公空间布置在建筑南北两侧，相互之间通过空中连桥相连，并结合玻璃幕墙体系形成精美的外观效果。平面各部分具有相对独立的竖向交通核，布局紧凑，使用方便。室内办公空间力求方正、实用，避免出现异形及不利于分隔的室内空间，提高办公空间使用率的同时注重空间划分的灵活性，做到使用灵活、出租灵活，出售灵活、有利于日后的运营管理。

4.6.1.2 结构设计

（1）结构选型与布置

塔楼平面尺寸 $B \times L$=43.6m×43.8m，结构高宽比 H/B=3.44。结构体系为钢框架－中心支撑结构，由矩形钢管柱框架与中心支撑通过钢框架梁及混凝土组合楼板相结合，形成整体结构。地下建筑除地下 4 层人防区域采用钢筋混凝土结构外，其余各层内部

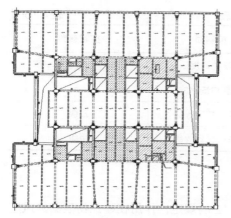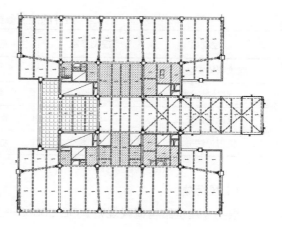

图 4-6-2　结构的典型平面布置图

结构均为钢结构。结构的典型平面布置如图 4-6-2 所示。

支撑主要布置在交通核的四周部位，典型的支撑框架立面如图 4-6-3 所示。内部支撑以人字形为主，核心筒内侧受开门影响，采用了部分 V 字撑；靠近建筑外立面位置，结合建筑造型需要采用单斜撑，对外暴露立面上的钢拉杆，满足了业主和建筑师对体现钢结构元素的诉求，体现建筑之美和企业性质。

（2）设计控制参数

根据建筑所在场地条件、建筑的使用性质以及相关规范，设计的控制参数见表 4-6-1。

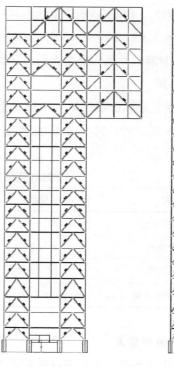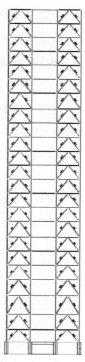

D、E 轴支撑框架立面图　　　　　15 轴支撑框架立面图

图 4-6-3　典型的支撑框架立面图

设计的控制参数表   表 4-6-1

控制项	控制参数	控制项	控制参数
建筑结构安全等级	二级	设防烈度	7 度（0.1g）第一组
设计基准期	50 年	抗震构造措施	7 度
设计使用年限	50 年	钢结构抗震等级	三级
抗震设防分类	丙类	桩基础设计等级	甲级

1）风荷载

根据《建筑结构荷载规范》GB 50009—2012 的规定，作用在建筑物表面的风压标准值为：$w_k = \beta_z \mu_s \mu_z w_0$，其中，$w_k$ 为风荷载标准值，β_z 为高度 z 处的风振系数，μ_s 为风荷载体型系数，μ_z 为风压高度变化系数，w_0 为基本风压，$w_0 = 0.75$kPa（50 年重现期）、$w_0 = 0.90$kPa（100 年重现期）；体型系数依据《建筑结构荷载规范》GB 50009—2012、《高层建筑混凝土结构技术规程》JGJ 3—2010、《高层民用建筑钢结构技术规程》JGJ 99—2015 取；风振系数按《建筑结构荷载规范》GB 50009—2012 中的公式计算；地面粗糙度类别为 B 类。

2）地震作用

根据《建筑抗震设计规范》（2016 年版）GB 50011—2010、《高层民用建筑钢结构技术规程》JGJ 99—2015 确定的地震作用的有关参数见表 4-6-2。

地震作用分析的有关参数   表 4-6-2

类别	参数	类别	参数
设计地震分组	第一组	阻尼比	$\zeta = 0.03$
场地土类别	Ⅱ～Ⅲ类	阻尼调整系数	$\eta_1 = 0.0223$; $\eta_2 = 1.1$
特征周期值	0.45s	下降段衰减指数 γ	0.93
水平地震最大影响系数 α_{max}	0.08		

（3）结构分析结果

本工程采用空间有限元分析程序 ETABS 进行结构计算分析，采用空间有限元分析程序 Midas/Building 进行校核分析，计算结果如下：

1）周期

两个软件计算得到的周期见表 4-6-3，其计算结果比较接近。$T_3/T_1 < 0.8$、$T_2/T_1 > 0.75$ 满足相关规范要求。

X、Y 方向的平动因子及 Z 向扭转因子（列前六个振型） 表 4-6-3

振型	ETABS		Midas/Building		ETABS /Midas
	周期（S）	X : Y : Z	周期（S）	X : Y : Z	
1	4.551	70:0:0	4.619	100:0:0	0.99
2	3.802	0:71:4	3.854	0:99:1	0.99
3	3.555	0:0:64	3.516	0:0:100	1.01
4	1.407	14:0:0	1.426	97:0:0	0.99
5	1.186	0:14:0	1.198	0:94:1	0.99
6	1.156	0:1:14	1.150	0:0:100	1.01
质量参与系数	X 向	100.00%	X 向	97.02%	1.03
	Y 向	100.00%	Y 向	96.93%	1.03

2）层最小剪力系数

两个软件计算得到的层最小剪力系数见表 4-6-4，满足《建筑抗震设计规范》（2016 年版）GB 50011—2010 第 5.2.5 条 λ >1.33% 的要求。

层最小剪力系数 表 4-6-4

层最小剪力系数 λ	ETABS	Midas/Building
X 向	0.014	0.014
Y 向	0.015	0.015

3）最大位移、最大层间位移角

两个软件计算得到的最大位移、最大层间位移角见表 4-6-5，位移比均 <1.2，位移角、位移比满足相关规范要求，结构变形由风载作用控制。

最大位移、最大层间位移角 表 4-6-5

地震作用顶层位移（mm）				地震作用最大层间位移角			
ETABS		Midas/Building		ETABS		Midas/Building	
X 向	Y 向	X 向	Y 向	X 向	Y 向	X 向	Y 向
120	102.7	139.6	111.2	1/877	1/858	1/926	1/1252
风荷载顶层位移（mm）				风荷载最大层间位移角			
ETABS		Midas/Building		ETABS		Midas/Building	
X 向	Y 向	X 向	Y 向	X 向	Y 向	X 向	Y 向
289.9	233.4	324.3	281.3	1/435	1/536	1/398	1/500

4）竖向构件的剪力分配

对于框架支撑结构，框架部分按刚度分配计算得到的地震层剪力应小于结构总地震剪力的 25% 和框架部分计算最大层剪力 1.8 倍的较小值。本工程框架承担的地震剪力比例如图 4-6-4 所示。Y 向框架分担的地震剪力小于总剪力的 25%，需按《高层民用建筑钢结构技术规程》JGJ 99-2015 进行调整。

（4）节点有限元分析

节点有限元分析图如图 4-6-5 所示。

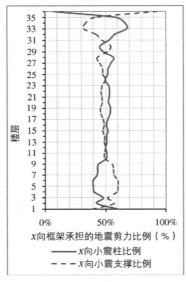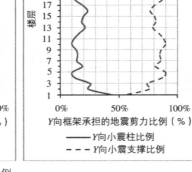

图 4-6-4　框架承担的地震剪力比例

4.6.1.3 结构工作效率研究

（1）支撑的工作效率

由于钢框架结构的抗侧力能力较差，比较难以适应高层和超高层建筑对侧向刚度的需求。因此，在高层和超高层钢结构设计中必须布置一定数量的柱间支撑。支撑布置方式有很多，了解不同支撑的工作性能，采用不同的支撑布置方式对结构的工作效率有很大影响。结合建筑功能的需要和不同的支撑布置，合理的设置才能取得良好的应用效果。

算例：取结构的跨度及层数、材料、截面尺寸以及外部荷载等完全相同的结构，通过改变支撑的布置形式得到图 4-6-6 所示六种不同的结构。对这六种结构模型分别进行计算，可得多遇地震工况下的各层倾覆弯矩、各塔层间位移角和各层剪力，分别如图 4-6-7~ 图 4-6-9 所示。对比计算结果可知：

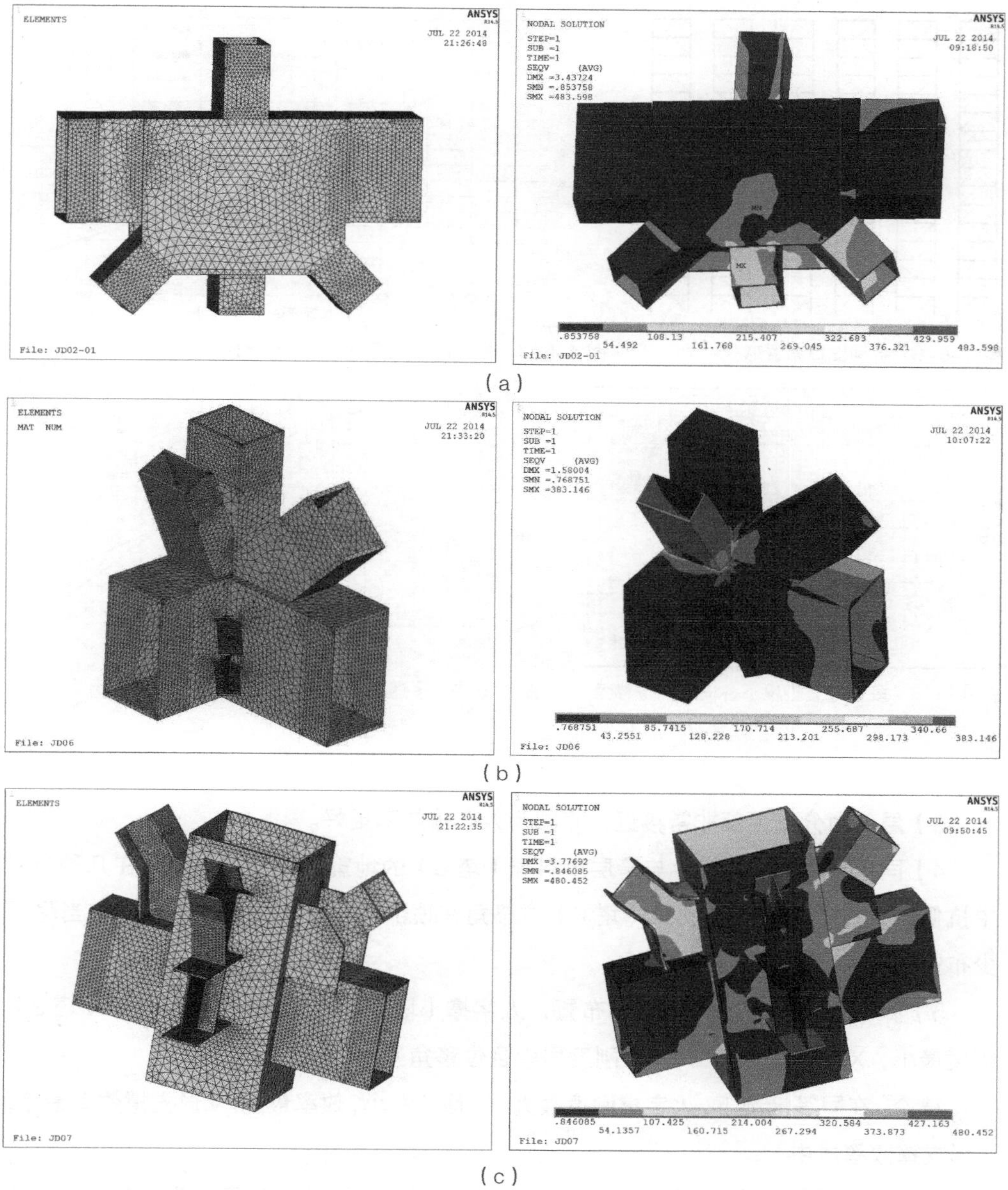

图 4-6-5　节点有限元分析图

（a）1 号节点；（b）2 号节点；（c）3 号节点

1）地震工况下的倾覆弯矩仅底部略有差异，人字撑（塔 1）最大，单斜撑（塔 5）最小。

2）层间位移角显示，人字撑（塔 1）刚度贡献最大，塔 5 和塔 6 即单斜撑刚度贡献最小。

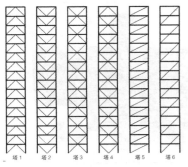

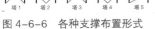

图 4-6-6 各种支撑布置形式

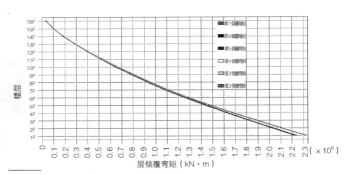

图 4-6-7 多遇地震工况下各层倾覆弯矩

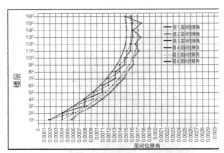

图 4-6-8 多遇地震工况下各塔层间位移角

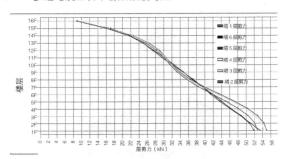

图 4-6-9 多遇地震工况下各层剪力

3）层剪力分布顶部非常接近，底部为人字撑效率更好。

4）同层单斜撑（塔 5）与跨层单斜撑（塔 6）的地震反应基本相近，在几种布置中抗侧刚度最差，跨层单斜撑（塔 6）位移角在顶部变化较大，呈锯齿状，应当尽量少布置跨层单斜撑。

5）除单斜撑外，前 4 种支撑布置，人字撑（塔 1）刚度最大，V 形支撑（塔 2）刚度最小，X 形支撑（塔 3、4）刚度居中且位移角呈锯齿状。

结论：在同等情况下，人字撑刚度最大，位移角最小，效率最高。V 形支撑效率最差，X 形支撑效率居中。

还可用做功大小来分析支撑效率。力的大小乘以力流动的长度即为做功。结构构件中压力功（T）为正值，构件拉力功（C）是负值，两者绝对值之和（$T+C$）即为总的做功，数值越小，表明结构效率越高，如图 4-6-10 所示。

在竖向力及水平力共同作用下，人字撑的压力功：

$T=1.001 \times 1+1 \times 1+1.001 \times 1+(1.412+1.414) \times \mathrm{SQRT}(2)=7\mathrm{J}$

拉力功 $C=0.998 \times 1+1.413 \times \mathrm{SQRT}(2)+0.001 \times 1=3\mathrm{J}$

则 $T+C=7+3=10\mathrm{J}$

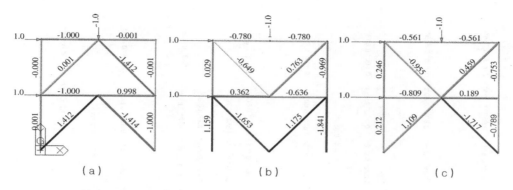

图 4-6-10　不同结构的计算简图
（a）人字撑；（b）V 形支撑；（c）X 形支撑

同理，V 形支撑的 $T+C$=11.9J

X 形支撑的 $T+C$=10.115J

即人字撑总的做功最少，效率最高；X 形支撑效率比其稍差、但很接近，V 形支撑的效率最低，这种规律和前文实例对比分析的结果相同。

分别改变梁、柱及支撑的截面可以发现，在同等情况下，框架柱的截面尺寸对改变支撑框架的侧向刚度是最有效的手段，由于层高小于梁跨，改变柱截面对提高柱的线刚度很有效。这里还要强调一点，支撑框架设计时应避免柱先于支撑破坏，故偏心支撑可根据不同的抗震等级，将设计轴力放大 1.0 ~ 1.4，而中心支撑不能放大。

（2）支撑强弱判断

本工程地上钢结构采用了钢框架 – 中心支撑结构体系，按照《钢结构设计规范》GB 50017—2003 第 5.3.3-1 条按式（4-6-1）判定强弱支撑，确定柱子的计算长度系数。

$$S_b \geqslant 3 \times \left(1.2 \sum N_{bi} - \sum N_{0i} \right) \tag{4-6-1}$$

式中　S_b——为使框架柱从有侧移失稳转化为无侧移失稳所需的支撑的最小刚度；

N_{bi}——框架柱按无侧移失稳计算的承载力；

N_{0i}——框架柱按有侧移失稳计算的承载力。

有些软件无法自动判定支撑强弱，处理办法如下：首先，以其中一层（不带支撑）为例，利用程序分别按照有侧移框架体系和无侧移框架体系，算出有侧移和无侧移的轴心受压构件的稳定系数 φ，图 4-6-11 是首层柱子按有侧移计算的柱子轴心受压构件的稳定系数 φ、图 4-6-12 是首层柱子按无侧移计算的柱子轴心受压构件的稳定系数 φ。利用公式 $N=\varphi Af$ 分别计算出柱有侧移和无侧移的轴压杆承载力，进而可得到式（4-6-1）右侧值。

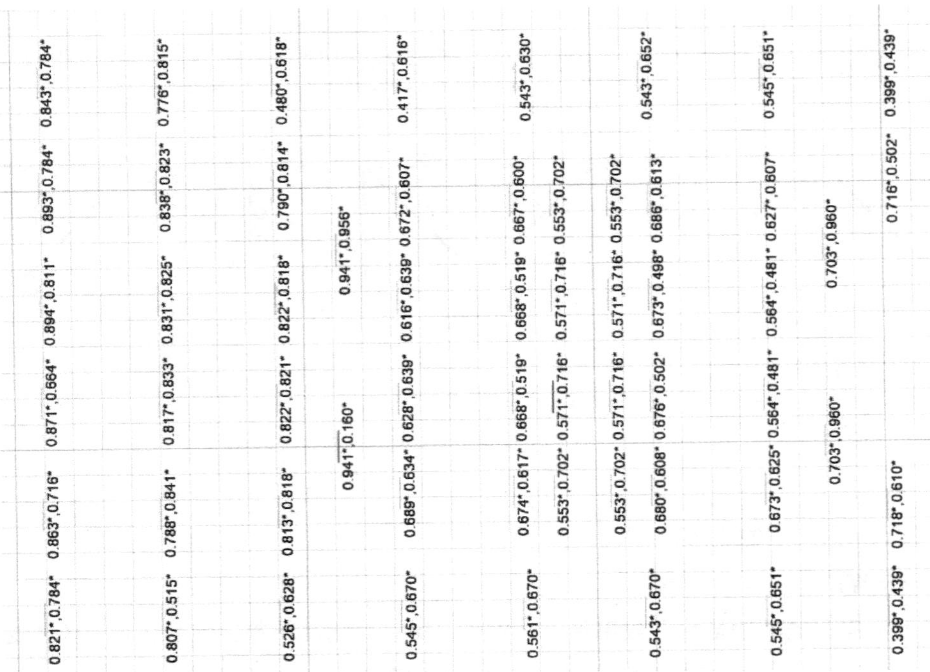

图 4-6-11　首层柱子按有侧移计算的柱子轴心受压构件的稳定系数 φ

（注：该图为计算模型倾斜后的投影图）

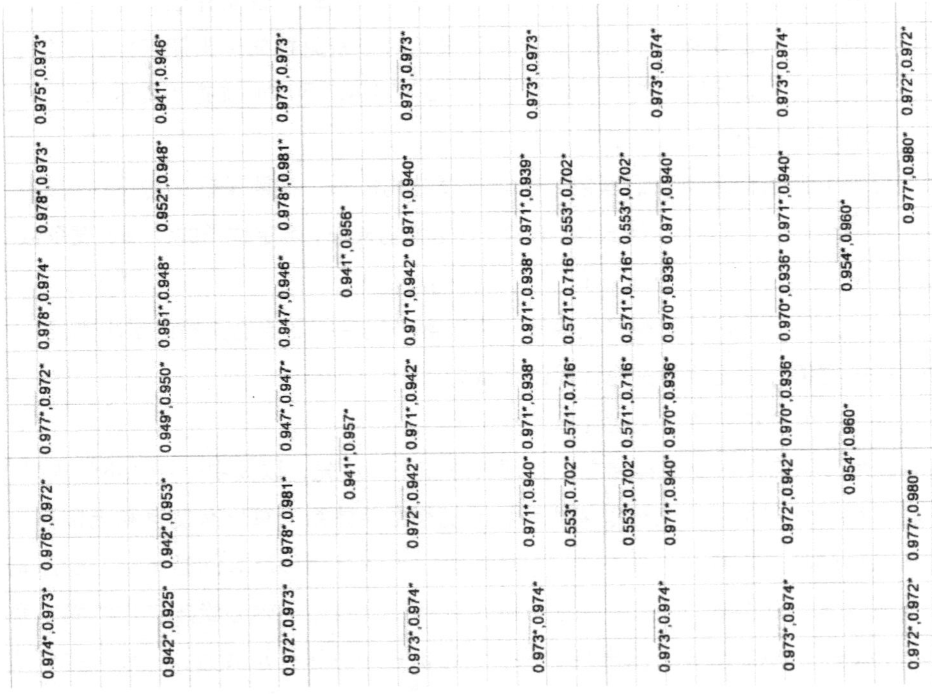

图 4-6-12　首层柱子按无侧移计算的柱子轴心受压构件的稳定系数 φ

其次，以带支撑的实际模型，查出风荷载作用下的层剪力和层间位移角比值，即可得到式（4-6-1）左侧的 S_b，从而判定出强弱支撑框架，计算结果见表 4-6-6。

有侧移与无侧移判断分析表　　　　　　表 4-6-6

无侧移轴压杆稳定承载力之和	有侧移轴压杆稳定承载力之和	$3\left(1.2\sum N_{bi}-\sum N_{0i}\right)$	S_b	$\dfrac{S_b}{3\left(1.2\sum N_{bi}-\sum N_{0i}\right)}$
2.07×10^6	1.38×10^6	3.31×10^6	1.40×10^7	4.23

表中数据说明，本工程满足无侧移条件，可以按无侧移框架设计。实际设计，考虑梁端在某些工况作用下可能会出现塑性变形，对柱的变形约束会降低，为安全起见，对计算长度系数小于 1.0 的柱，计算长度系数仍取 1.0 计算。

（3）地下室钢结构设计

地下室楼盖的受力不同于地上建筑的楼盖结构，它在承担竖向荷载的同时还要承担地下室外墙传来的水平力，是地下室外墙在土压力作用下的支座，楼层梁、板的受力实际是压弯构件。当地下室楼盖为混凝土结构时，混凝土梁为矩形实心截面，土压力对混凝土梁受力的影响不大，当地下室楼盖为钢-混凝土组合结构时，土压力对钢梁的稳定可能会产生影响。图 4-6-13 分析了不同板厚的组合楼盖中，楼板、次梁及主梁各自分担的土压力比例。

基于上述分析，设计措施如下：一是取楼板厚度为 150mm，二是钢梁按压弯构件复核承载力。

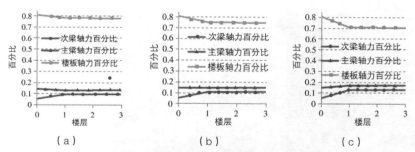

图 4-6-13　不同板厚的组合楼盖中楼板、次梁及主梁分担的土压力比例
（a）150mm；（b）125mm；（c）100mm

4.6.1.4 设计小结

（1）全钢结构地下室楼板承受使用阶段侧向土压力，通过楼板有限元应力分析，

楼板应适当加厚，同时考虑了土压力对钢梁的影响。

（2）地下室钢框架柱与混凝土外墙间采用栓钉连接，钢柱与混凝土外墙共同承担分配到的侧向土压力，施工图设计时应详细分析。

（3）确定支撑所在跨的横梁截面时，不考虑支撑在跨中的支撑作用，且还应考虑支撑引起的不平衡竖向分力和水平分力。为此，在支撑与横梁相交处，梁上下翼缘应设置侧向支承。

4.6.1.5 获奖情况

该项目已顺利取得 LEED 金级、国家绿建 3 星以及深圳绿建金级的认证结果，并且在投入使用后获得了深圳市颁发的运营阶段三星级绿色建筑标识，真正成为一栋可持续发展的绿色生态办公建筑。

4.6.2 汇隆商务中心 2A 塔楼高大中庭钢结构设计

4.6.2.1 工程概况

该项目位于深圳北站东南侧，东临民塘路，南临玉龙路。地下 3 层，地上 45 层，建筑面积 10.4 万 m²。8 层以下为商业、8 层以上为办公，屋面高度为 196.5m，建筑立面沿高度方向采用四段式设计。四个分段中，每一段都有一个约 50m 高的中庭，分别位于建筑的不同立面上，幕墙高度 205.5m。汇隆商务中心总体效果图如图 4-6-14 所示，2A 塔各段平面布置图如图 4-6-15 所示。

图 4-6-14　汇隆商务中心总体效果图

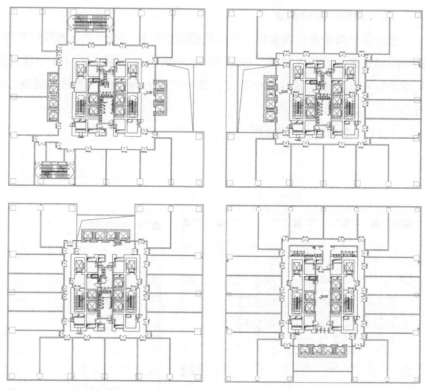

图 4-6-15　2A 塔各段平面布置图

4.6.2.2 结构设计

（1）结构选型与平面布置

2A 塔楼建筑设计平面尺寸为 48.96m×46.80m，核心筒平面尺寸为 19.8m×16.8m，核心筒距外框架的距离分别为 13.30m 和 16.03m，外周框架的轴网分别为 13.1m、9.9m 和 10.36m、6.5m、7.5m。虽然塔楼高度达到 195.50m，但结构最大高宽比达 4.18，核心筒高宽比达 11.60，结构整体尺度适宜。

考虑施工时，50m 高的中庭顶部楼层施工支模难度较大，支模困难，结构设计在该部位采用了钢结构，楼板采用钢筋桁架楼板，方便其与周边楼板钢筋的协调搭接，并对该层补充施工荷载验算，保证该层以上楼层施工时有足够的荷载空间，其余楼层仍为混凝土梁板结构。中庭顶部的外框架采用斜撑转换。最终的结构形式为带钢 V 撑转换的钢筋混凝土框架 – 核心筒结构。为保证中庭的效果，中庭部位外框不设框架梁，中庭以外的上下楼层外框架完整，完全封闭。典型平面布置图如图 4-6-16 所示。

（2）转换斜撑的设置

考虑东立面中庭位置最低，中庭顶部建筑尚有 150m 高，为减轻斜撑转换的负担，该侧沿建筑高度设两道斜撑，每道斜撑分别承担 50m 和 100m 高的建筑负荷。第二道斜撑恰好与西立面斜撑在一个高度，其他三个方向各设一道斜撑转换，如图 4-6-17 所示。

（3）中庭内观光电梯的处理

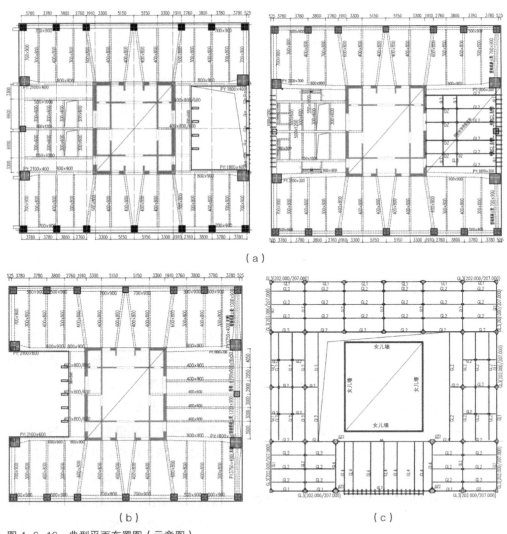

（a）

（b）　　　　　　　　　　　　（c）

图 4-6-16　典型平面布置图（示意图）
（a）标准层布置图；（b）中庭顶部楼层布置图；（c）顶层钢架布置图

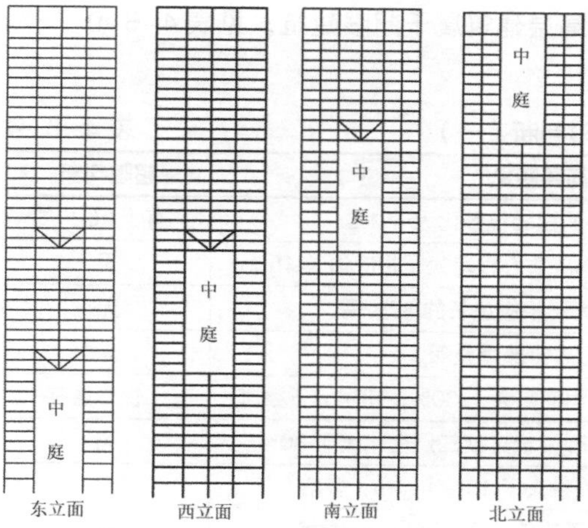

图 4-6-17　各立面斜撑布置示意图

按照建筑方案，每各 50m 高的中庭内设有观光电梯，观光梯井架采用开放式的全钢结构，井架不设立柱，其横梁支撑于各自楼层结构上，中庭顶部楼层下吊机房层，电梯运行的支撑力均传至该楼层。

（4）抗震设防标准及抗震等级

1）抗震设防标准

本工程建筑面积 10.4 万 m^2，使用人数 0.6 万，根据《建筑工程抗震设防分类标准》GB 50223—2008 和本工程的特点，确定本工程办公区抗震设防类别取为标准设防类（丙类）。

商业部分面积（含裙房）使用人数 1.7 万，商业部分重点设防（乙类）。

2）抗震等级

本工程各部位抗震等级见表 4-6-7。

抗震等级细化　　　　　　　　　　　表 4-6-7

部位		抗震等级	备注
商业部分	筒体	特一级	
	框架	一级	
办公部分	筒体	一级	
	框架	一级（Ｖ撑及其相连的柱特一级）	
塔楼相关范围以外的框架		二级	按乙类设防

3）塔楼结构超限检查

a）具有高度超过表 4-6-8 限值的建筑属于超限高层建筑。

超限高层建筑高度　　　　　　　　　　表 4-6-8

检查项目	超限项目	本工程高度	超限判断
高度	混凝土框架－核心筒结构 A 级限高 130m	196.5m	属超 B 级高度超限建筑
	混凝土框架－核心筒结构 B 级限高 180m	196.5m	

b）具有下列 3 项及以上不规则类型的高层建筑属于超限建筑，见表 4-6-9。

不规则类型超限判断（一）　　　　　　　　　　　　　表 4-6-9

序号	不规则类型	简要涵义	超限判断
1a	扭转不规则	考虑偶然偏心的扭转位移比大于 1.2	有（1.32）
1b	偏心布置	偏心距大于 0.15 或相邻层质心相差大于相应边长 15%	无
2a	凹凸不规则	平面凹凸尺寸大于相应边长的 30% 等	无
2b	组合平面	细腰形或角部重叠形	无
3	楼板不连续	有效宽度小于 50%，开洞面积大于 30%；错层大于梁高	有（仅二层有）
4a	刚度突变	相邻层刚度变化大于 70% 或连续三层变化大于 80%	无
4b	尺寸突变	缩进大于 25%，外挑大于 10% 和 4m，多塔	无
5	构件间断	上下墙、柱、支撑不连续，含加强层、连体类	有
6	承载力突变	相邻层受剪承载力变化大于 80%	无
7	其他不规则	如局部的穿层柱、斜柱、夹层、个别构件错层或转换	有
检查结论		超限	

c）具有下列 2 项或同时具有表 4-6-10 和表 4-6-11 中某项不规则类型的高层建筑属于超限高层建筑。

不规则类型超限判断（二）　　　　　　　　　　　　　表 4-6-10

序号	不规则类型	简要涵义	超限判断
1	扭转偏大	裙房以上的较多楼层，考虑偶然偏心的扭转位移比大于 1.4	无
2	扭转刚度弱	扭转周期比大于 0.9，混合结构扭转周期比大于 0.85	无
3	层刚度偏小	本层侧向刚度小于相邻上层的 50%	无
4	塔楼偏置	单塔或多塔与大底盘的质心偏心距大于底盘相应边长的 20%	无
检查结论		不超限	

d）具有下列某一项不规则类型的高层建筑属于超限高层建筑，见表 4-6-11。

不规则类型超限判断（三）　　　　　　　　　　　　　表 4-6-11

序号	不规则类型	简要涵义	备注
1	高位转换	框支墙体的转换构件位置：7 度超过 5 层，8 度超过 3 层	无
2	厚板转换	7~9 度设防的厚板转换结构	无
3	复杂连接	各部分层数、刚度、布置不同的错层，连体两端塔楼高度、体型或者沿大底盘某个主轴方向振动周期显著不同的结构	无
4	多重复杂	结构同时具有转换层、加强层、错层、连体和多塔等复杂类型的 3 种及以上	无
检查结论		不超限	

结构超限检查结论：本工程存在高度超限，并存在扭转不规则、楼板不连续、竖向构件不连续及局部穿层柱等一般不规则项，属于超 B 级高度的一般不规则超限高层建筑。

（5）主要计算结果

结构整体计算的主要指标见表 4-6-12。

结构整体计算的主要指标　　　　　　　　　　表 4-6-12

总重量剪力系数（%）	X=1.35%、Y=1.56%
自振周期（s）	X：5.325、Y：4.313、T：3.696
最大层间位移角	X=1/746（n= 26）对应扭转比 1.06 Y=1/1034（n=37）对应扭转比 1.12
扭转位移比（偏心 5%）	X=1.32（n=37）对应位移角 1/847 Y= 1.32（n=13）对应位移角 1/1310
框架承担的倾覆力矩	倾覆力矩 X=30.7% 、Y= 20%

注：n 为楼层号。

为减小柱截面尺寸和便于钢 V 撑与柱子的连接，框架柱采用了钢骨混凝土柱，主要结构构件截面尺寸及应力情况见表 4-6-13。

主要结构构件截面尺寸及应力情况　　　　　表 4-6-13

构件名称	截面尺寸	应力情况
柱截面	下部 2300mm×2300mm（型钢混凝土） 中部 1800mm×11800mm（混凝土） 顶部 1300mm×1300mm（混凝土）	轴压比 0.62 轴压比 0.58 轴压比 0.49
墙厚	下部 800~900mm 中部 500~700mm 顶部 400mm	轴压比 0.46 轴压比 0.46 轴压比 0.3
V 撑	上弦：钢骨梁 1200mm×900mm（倒置 H700mm×600mm×20mm×70mm，腹板开孔） 下弦：采用箱形钢梁 1400mm×700mm×70mm×70mm 立柱：型钢混凝土柱 1400mm×1400mm （钢骨箱形 700mm×700mm×70mm） 斜撑：矩形钢管 1000mm×700mm×70mm×70mm	应力比 <0.85 轴压比 <0.65 应力比 <0.8

4.6.2.3 钢结构的优化设计

（1）斜撑形式的选择分析

转换方案有人字撑和 V 撑两种。斜撑布置如图 4-6-18 所示。计算分析表明：从整体传力上二者差别不大。主要差别有以下几点，竖向荷载作用下：

1）人字撑下弦拉力较大，而 V 撑上弦压力较大。

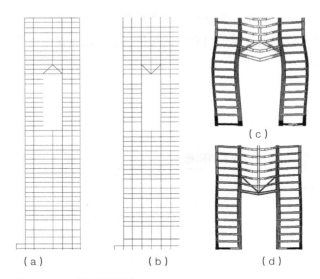

图 4-6-18　斜撑布置图
（a）人字撑方案；（b）V撑方案；（c）人字撑方案变形；
（d）V撑方案变形

图 4-6-19　加临时拉索散拼吊装示意图

2）人字撑的撑杆为压力，需考虑稳定承载力，而V撑的撑杆为拉力，不需考虑稳定问题，构件工作效率高。

3）中庭幕墙为索幕墙，索拉力作用在斜撑下弦，如转换柱不伸至下弦钢梁，下弦跨度增大将使下弦承受很大弯矩，人字撑的节点主要受拉，节点构造较为复杂。

4）考查斜撑周边的构件，采用V撑时周边构件的拉力远低于人字撑，考虑混凝土抗压不抗拉的特性。

除此之外，就是V撑更有利于通过设置临时钢索，利用塔式起重机吊装散件，此外，V撑转换还可以采用整体提升的办法完成施工，如图4-6-19所示。本工程最终采用了V撑方案。

图4-6-20是上托100m高的转换斜撑在恒载作用下的内力图。

（2）关于斜撑是否做连续跨的分析

按照连续梁的思路，转换斜撑做成连续跨其效果将好于单跨，因此，本工程斜撑转换是否也延续这样的思路处理值得研究。为此，我们进行了加两侧斜撑与不加两侧斜撑两种方案的对比分析。图4-6-21表明两侧斜杆内产生了很大的轴力，同时上弦的压力和下弦的拉力均有所增大。从内力上讲两侧斜撑并没有改善转换斜撑的受力。

如图4-6-22给出了两侧加斜撑与不加斜撑对结构竖向变形影响的对比图。从变形图可以看出，恒载作用下，转换斜撑位置竖向变形比最外侧框架柱大，从而使得两

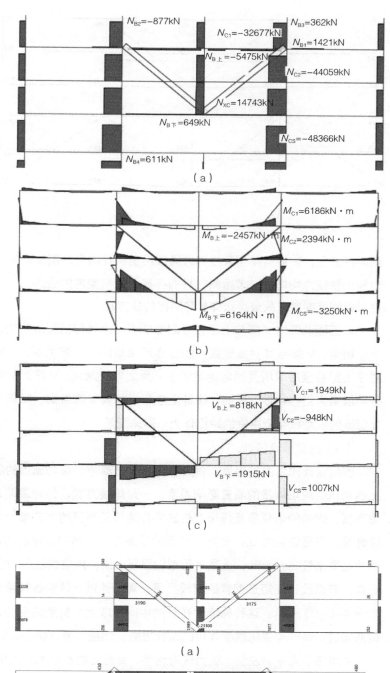

图 4-6-20　恒载作用下转换斜撑的内力图

（a）恒载下的构件内轴力分配示意图；（b）恒载下的构件内弯矩分配示意图；（c）恒载下的构件内剪力分配示意图

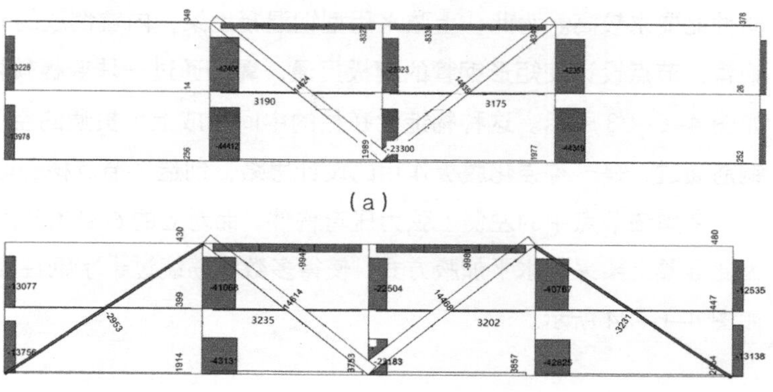

图 4-6-21　两侧加斜撑的作用分析图（一）（单位：kN）

（a）不加两侧斜杆恒载作用下轴力；（b）增加两侧斜杆恒载作用下轴力

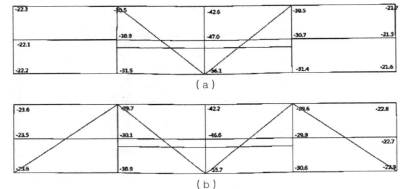

图4-6-22　两侧加斜撑的作用分析图（二）
（a）不加两侧杆恒载作用下竖向位移；（b）增加两侧斜杆恒载作用下竖向位移

侧斜杆受压，转换斜撑框架柱内力通过两侧斜杆向最外侧框架转移，进而使得Ｖ撑拉力和上弦压力均增加。考虑斜拉杆的存在会影响室内的通透性，且斜撑构件越多越容易引起刚度突变，故最终选择单跨斜撑转换方案。

本工程设置的Ｖ撑与上下弦一起形成了一个看似桁架的结构，但从传力上讲，并不是桁架，Ｖ撑与其对应位置上的各楼层梁是刚度分配关系，Ｖ撑的轴向刚度越大，对应上部各楼层梁所受的弯矩就越小，反之弯矩越大。Ｖ撑为轴向受力构件，而对应各楼层梁为受弯构件，因此，设计上应适当加大Ｖ撑截面，降低楼层梁的弯矩，且将楼层梁的底筋按整个中庭的跨度作为一跨来配筋。

（3）关键节点设计

节点设计需考虑的因素：传力直接、构造简单、现场施焊的质量及要有利于混凝土的浇筑。现场焊接的质量影响因素：一是焊接方式，仰焊最差，平焊最好；二是焊角高度，焊药的消耗量及焊接产生的热量随焊角高度的平方增长，故钢板厚度越厚焊接越难；三是连接方式，传力在厚板的平面外时，易引起厚板的层间撕裂，对厚板Ｚ向性能要求较高。为此，上弦采用型钢混凝土梁，内置倒放的Ｈ型钢，斜撑采用矩形钢管，节点设计使矩形钢管的腹板贯通，翼缘通过一块竖板转接在十字柱的翼缘上，如图4-6-23所示。这种构造能在柱的中间形成上下贯通的空腔，便于混凝土浇筑和钢筋通过，是一种强化腹板作用的设计思路，创造了节点核心区做出空腔的条件。

考虑该节点中的左侧上弦为压弯构件，而对应的右侧虽然为拉弯构件但拉力不大，因此混凝土梁采用水平加腋方式，使得多数钢筋绕过十字钢柱翼缘直接锚入柱子内侧，如图4-6-24所示。

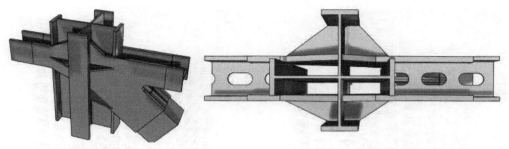

图 4-6-23　斜撑上节点图

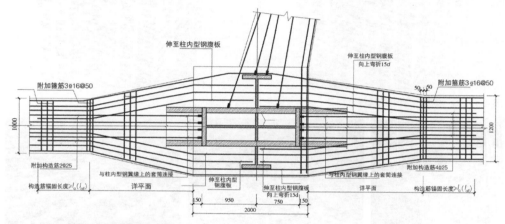

图 4-6-24　斜撑上节点钢筋锚固详图

4.6.2.4　现场施工简介

汇隆商务中心高大中庭的顶部采用了钢结构，施工时施工单位为安全起见，虽然没有采用前文给出的临时斜拉法施工，而是采用了将外侧转换桁架一次提升就位，但这种结构形式给安装带来的便捷性还是毋庸置疑的。桁架就位后，楼层钢梁的安装十分简单，塔式起重机可以直接将整根楼层梁就位安装，施工措施可靠，施工过程中的风险降到了最低，如图 4-6-25 所示。其实，桁架采用提升方法是因为塔式起重机的提升能力不足，如果施工初期选用的塔式起重机规格够大，单件吊装也可以完成本工程的施工。

4.6.2.5　类似工程施工简介

图 4-6-26 是类似的某工程高大空间，高 45m，高大空间上方采用的是钢骨混凝土转换梁结构，施工时采取塔架上方设贝雷架，贝雷架上铺钢梁支模板，施工措施费很高且施工过程中的安全风险巨大，胎架拆除也成了很大问题。

图 4-6-25　中庭转换钢结构提升施工

图 4-6-26　某工程立面开洞部分施工照片

4.6.2.6 小结与体会

（1）本工程建筑立面采用了四段式设计、每段都设有 50m 高的中庭，给结构设计及施工带来了很大挑战。结构设计结合工程实际情况，在立面的每个中庭的顶部设 V 撑转换，并将 V 撑斜腹杆的腹板做强，贯穿至十字形钢柱，方便柱子纵向钢筋穿过。为方便梁钢筋绑扎，梁根部采取了水平加腋措施，该节点构造得到钢结构制作单位和土建施工单位的认可。

（2）将中庭顶部一层的局部楼楼盖设计成钢结构，避免了施工采用高支模等措施，经济效益和施工安全良好。

4.6.2.7 工程获奖

中国建筑优秀勘察设计奖建筑结构二等奖，2020 年，中国建筑工程总公司。

沈阳市优秀工程勘察设计（结构）二等奖，2020 年，沈阳市勘察设计协会。

4.6.3 香港中文大学行政楼大跨连体结构设计

4.6.3.1 工程概况

香港中文大学（深圳）校区在深圳市龙岗区大运公园南侧，龙翔大道以北，用地分上园和下园，多期建设。用地以山地为主，场地起伏较大。建筑设计依山就势，错落有致，不同建筑乃至同一建筑基底位于不同高度的地坪上。行政楼是下园的组成部分，位于山脚下，建筑面积约 1.2 万 m^2。主要用途为会议室、阶梯教室、办公室等，如图 4-6-27 所示。

行政楼通过结构缝分为两部分，缝右边为地上 3 层、地下局部 1 层的演讲厅，结构形式为钢筋混凝土框架结构。结构缝的左边为行政办公楼，共 7 层，结构屋面高度 34m。建筑设计为更好地将后面的山景引入校园，采用了连体造型，实景照片如图 4-6-28 和图 4-6-29 所示。

连体部分为 5 层至屋面层，共三层。连体跨度 36m，5 层平面宽度略小，6、7 层略大，如图 4-6-30 所示，图中虚线为 6、7 层平面外挑 2m 后的轮廓线，上下实线部分为下部楼层的轮廓线。

图 4-6-27　下园照片

4.6.3.2 结构设计

（1）结构选型

根据建筑功能，行政楼 1~4 层，连体左右两边建筑采用混凝土框架结构（与连体相连柱为钢骨柱），在连接体的最底层（第 5 层）利用建筑分割墙，设置三榀分别贯穿两侧塔楼的钢桁架，形成钢桁架支撑的钢框架结构，钢桁架承担本层及连接体以上部分楼层荷载及水平作用。连接体与两侧塔楼的钢骨柱形成刚性连接，结构图如图 4-6-31 所示，连体两侧设后浇带，消除施工过程中竖向变形对楼板的影响。整个结

图 4-6-28　行政楼正面

图 4-6-29　行政楼侧面

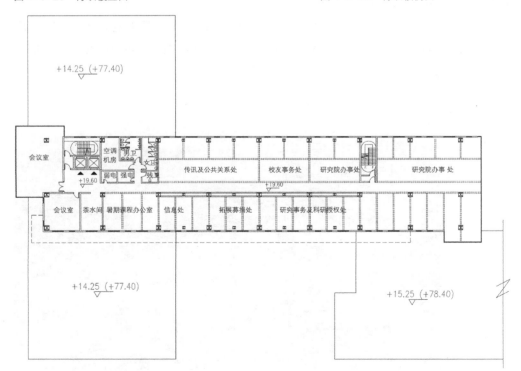

图 4-6-30　连体部分建筑平面图

构的三维模型如图 4-6-32 所示。

主塔楼抗震设防为丙类，当时的设防烈度 6 度（地震安全评价系数 $\alpha_{max}=0.076$），一组，Ⅱ类场地。连体部位及其下一层框架抗震等级为二级，其余为三级。

（2）抗震性能目标

根据本工程的超限情况，选定抗震性能目标为《高层建筑混凝土结构技术规程》JGJ 3—2010 中的 C 级目标，即：多遇地震下满足性能水准 1 要求；设防烈度地震下满足性能水准 3 要求；预估的罕遇地震下满足性能水准 4 要求，见表 4-6-14。

抗震设计要求及抗震性能目标细分表　　　　表 4-6-14

地震烈度			多遇地震	设防地震	罕遇地震
50 年超越概率			63%	10%	2%
规范抗震概念			小震不坏	中震可修	大震不倒
抗震性能水准			第 1 水准	第 3 水准	第 4 水准
宏观损坏程度			小震完好	轻度损坏	中度损坏
允许层间位移角			1/550	—	1/50
构件抗震设计性能目标	关键构件	支撑钢桁架的柱及与钢桁架连接的节点（抗弯）	小震弹性	中震弹性	大震不屈服
		支撑钢桁架的柱及与钢桁架连接的节点（抗剪）	小震弹性	中震弹性	大震不屈服
		桁架弦杆	小震弹性	中震弹性	大震不屈服
		桁架腹杆	小震弹性	中震弹性	大震不屈服
	耗能构件	框架梁（抗弯）	小震弹性	部分进入屈服阶段	允许进入塑性
		框架梁（抗剪）	小震弹性	不屈服	允许部分进入塑性
	普通竖向构件	非支撑钢桁架的柱（压弯）	小震弹性	不屈服	少量塑性
		非支撑钢桁架的柱（抗剪）	小震弹性	中震弹性	大震不屈服
主要整体计算方法			反应谱法、时程分析	弹性反应谱法	弹性反应谱法、动力弹塑性时程分析法

（3）大跨连体在竖向荷载作用下的受力分析

大跨连体施工时，钢结构先施工，混凝土楼板后施工。一是在混凝土楼板达到一定强度之前，是以荷载的形式作用在钢结构上，设计需要按两阶段设计。二要考虑楼板达到强度后，楼板与钢梁之间力的传递问题，楼板对桁架受力的影响有多大以及采取什么样的构造来保证力的有效传递。三是楼板和梁共同工作后，无法保证楼板绝对不开裂，故进行考虑楼板刚度折减后的受力分析。

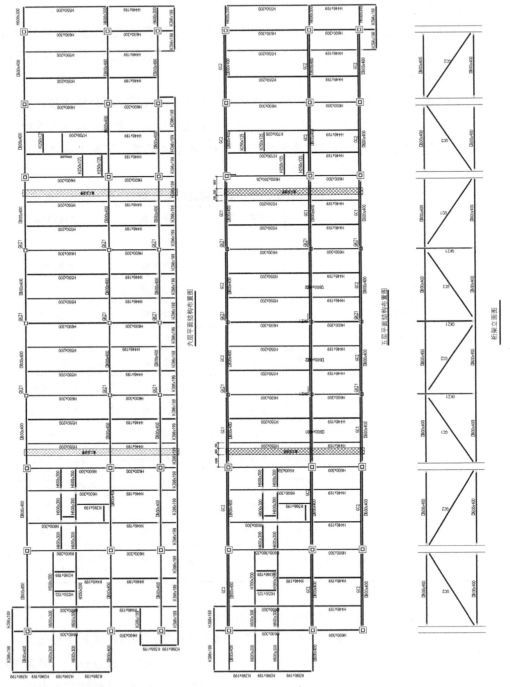

图 4-6-31　连体部分图纸（示意图）

图 4-6-32　行政楼结构三维模型图

为明确在恒荷载及活荷载作用下，大跨连体桁架及其楼板的受力情况，确保楼板及桁架的安全，对大跨连体钢结构桁架分别进行了有楼板和不考虑楼板两种工况的受力分析，确保结构安全。

中间榀受力最大桁架在考虑楼板刚度和不考虑楼板刚度下的轴力如图 4-6-33 所示。

由图 4-6-33 可知：

1）楼板对弦杆影响达 50% 以上，板刚度越大，分担力越多，有楼板和无楼板对腹杆内力影响很小。

2）板的内力生于斜杆，传至弦杆，殃及楼板。

3）从受力分析结果可以看出，桁架的受力呈现出明显的折线拱特点，下弦杆形成明显的拉力。

4）第一跨应力比较大是弯矩作用的结果。

5）连体桁架钢结构按不考虑楼板刚度的最不利情况（1.35 恒 +0.98 活）进行验算，最大应力比 0.76，能够保证桁架安全，可以不考虑楼板的作用。

6）通过对规划楼板混

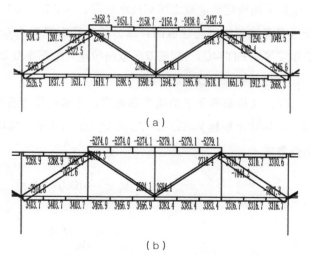

图 4-6-33　中间榀桁架（1.35 恒 +0.98 活）轴力图（单位：kN）
（a）中间榀桁架在考虑楼板刚度下的轴力；（b）中间榀桁架不考虑楼板刚度下的轴力

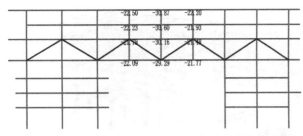

图 4-6-34　中间榀桁架竖向位移（1.0 恒荷载不考虑楼板刚度）

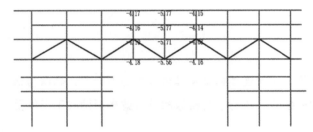

图 4-6-35　中间榀桁架竖向位移（1.0 活荷载不考虑楼板刚度）

凝土的浇筑顺序，先中间由上至下，然后再浇筑两边，可预防和减小楼板的开裂，再通过加强楼板的配筋，能够确保楼板安全，满足设计要求。

7）连体桁架楼板在竖向荷载作用下配筋结果：首层楼板 X 向配筋表现为中间大，两端小的特点，是竖向荷载产生的拉力与弯矩共同作用的结果。二层板跨中配筋很小，同样反映出折线拱的受力特征。

8）不考虑楼板刚度，中间榀桁架的竖向位移如图 4-6-34 和图 4-6-35 所示。

在不考虑楼板刚度的情况下，中间榀桁架在恒载作用下的挠度为 30.9/36000 =1/1165<1/500，恒荷载 + 活荷载的挠度为（30.9+5.8）/36000=1/980<1/250，满足规范要求。

（4）连体部位楼板地震应力分析

根据《高层建筑混凝土结构技术规程》JGJ 3—2010 第 10.5.7 条，对 4 层连接体的楼板在连接部位进行楼板的详细分析。楼板厚度 120mm，混凝土强度等级 C30，钢筋强度等级 HRB400，配筋双层双向拉通，配筋率 0.25%。

1）楼板的截面及承载力控制

为保证楼板具有足够的刚度和强度，能够可靠传递面内的剪力，根据《高层建筑混凝土结构技术规程》JGJ 3—2010 第 10.2.24 条，楼板在小震下的剪力设计值应符合下列要求：

$$V_f \le \frac{1}{\gamma_{RE}}(0.1\beta_c f_c b_f t_f) \qquad (4\text{-}6\text{-}2)$$

$$V_f \le \frac{1}{\gamma_{RE}}(f_y A_s) \qquad (4\text{-}6\text{-}3)$$

式中　V_f——验算截面处楼板的剪力设计值；

　　　f_c——混凝土抗压强度设计值；

β_c——混凝土强度影响系数；

b_f、t_f——楼板的验算截面宽度和厚度；

A_s——穿过楼板验算截面全部钢筋的截面面积；

f_y——钢筋抗拉强度设计值；

γ_{RE}——抗震承载力调整系数，取 0.85。

2）地震作用下楼板应力分析

采用 Midas Gen 软件进行地震作用下楼板的应力分析，分别取小震、中震及大震进行计算。其中小震作用影响系数最大值按场地的安评报告取值，α_{max}=0.076；中震作用影响系数最大值取 α_{max}=0.12；大震作用影响系数最大值取 α_{max}=0.28。

小震荷载作用下，采用混凝土拉应力标准值作为控制楼板开裂的指标，混凝土楼板的拉应力标准值应小于混凝土抗拉强度标准值，验算公式为：

$$\alpha_{k,小震} \leq f_{tk} \tag{4-6-4}$$

中震荷载作用下，只有局部薄弱部位允许开裂，楼板拉应力主要由钢筋承担。楼板应力设计值应小于水平附加钢筋的抗拉强度设计值，验算公式为：

$$\alpha_{中震} \leq \frac{f_y A_s}{\gamma_{RE} \, hs} \tag{4-6-5}$$

大震荷载作用下，混凝土楼板允许开裂，但需保证楼板钢筋不发生屈服，确保在大震下仍能有效传递水平剪力，此时，大震下的楼板应力标准值小于水平附加钢筋的抗拉强度标准值，验算公式为：

$$\alpha_{k,大震} \leq \frac{f_{yk} A_s}{h \, s} \tag{4-6-6}$$

式中　h——楼板厚度；

s——楼板的宽度；

A_s——单位板宽受拉钢筋总面积；

f_{tk}——混凝土轴心抗拉强度标准值；

f_{yk}——钢筋屈服强度标准值。

①小震作用下楼板的应力分析（略）；

②中震作用下楼板的应力分析

a）X 向中震作用下楼板的应力分析

图 4-6-36 是 X 向中震作用下楼板的应力图，可以看出，在 X 向中震作用下楼板应力大面积小于 0.9MPa，特别是与连体连接部位楼板应力均小于 0.5MPa，不需要附加地震应力钢筋。

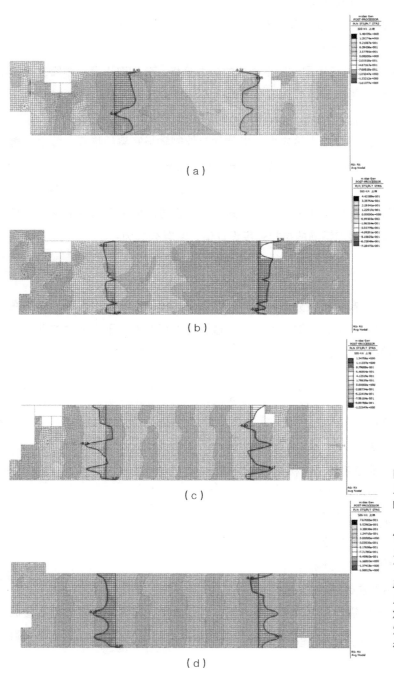

（a）

（b）

（c）

图 4-6-36 *X* 向中震作用下楼板的应力（单位：MPa）
（a）*X* 向中震作用下连体底层楼板 Sig-XX 应力；（b）*X* 向中震作用下连体 2 层楼板 Sig-XX 应力；（c）*X* 向中震作用下连体 3 层楼板 Sig-XX 应力；（d）*X* 向中震作用下连体屋面层楼板 Sig-XX 应力

（d）

b）Y 向中震作用下楼板的应力分析

图 4-6-37 是 Y 向中震作用下楼板的应力图，可以看出，在 Y 向中震作用下楼板应力小于 1.3MPa，连接位置处楼板应力小于 1.2MPa，均处于不开裂状态，不需要附加地震应力钢筋。

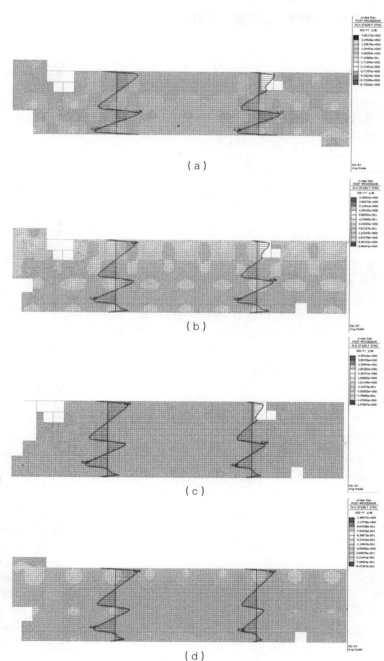

图 4-6-37　Y 向中震作用下楼板的应力（单位：MPa）
（a）Y 向中震作用下连体底层楼板 Sig-YY 应力；
（b）Y 向中震作用下连体 2 层楼板 Sig-YY 应力；
（c）Y 向中震作用下连体 3 层楼板 Sig-YY 应力；
（d）Y 向中震作用下连体屋面层楼板 Sig-YY 应力

③大震作用下楼板的应力分析

a）X向大震作用下楼板的应力分析

图 4-6-38 是 X 向大震作用下楼板的应力图，可以看出，在 X 向大震作用下楼板应力大面积小于 1.6MPa，特别是与连体连接部位楼板应力均小于 1.1MPa，未达到开裂状态，不需要附加地震应力钢筋。

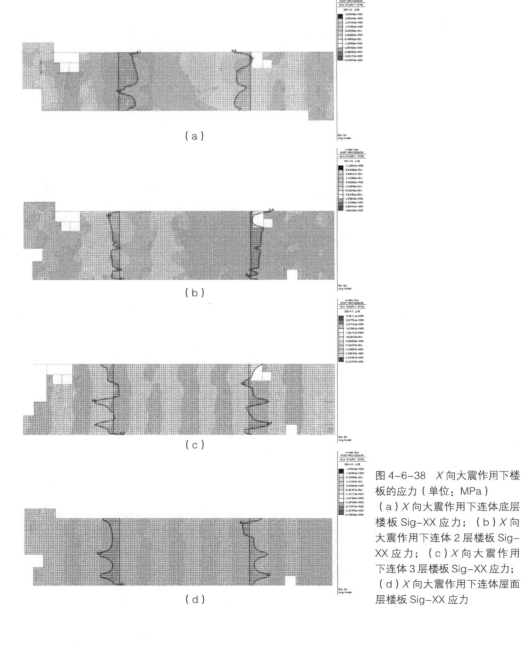

（a）

（b）

（c）

（d）

图 4-6-38　X 向大震作用下楼板的应力（单位：MPa）
（a）X 向大震作用下连体底层楼板 Sig-XX 应力；（b）X 向大震作用下连体 2 层楼板 Sig-XX 应力；（c）X 向大震作用下连体 3 层楼板 Sig-XX 应力；（d）X 向大震作用下连体屋面层楼板 Sig-XX 应力

b）Y 向大震作用下楼板的应力分析

图 4-6-39 是 Y 向大震作用下楼板的应力图，可以看出，在 Y 向大震作用下连体底层大部分楼板应力为 3.0MPa，连体底层需要在 Y 方向附加 0.4% 的地震应力钢筋。连体 2 层大部分楼板应力为 2.0MPa，连体 2 层需要在 Y 方向附加 0.25% 的地震应力钢筋。连体 3 层及 4 层楼板应力小于 1.6MP，均处于不开裂状态，不需要附加地震应力钢筋。

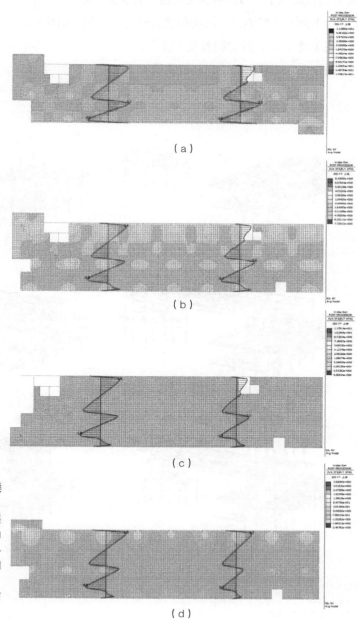

图 4-6-39　Y 向大震作用下楼板的应力（单位：MPa）
（a）Y 向大震作用下连体底层楼板 Sig-YY 应力；（b）Y 向大震作用下连体 2 层楼板 Sig-YY 应力；（c）Y 向大震作用下连体 3 层楼板 Sig-YY 应力；（d）Y 向大震作用下连体屋面层楼板 Sig-YY 应力

4.6.3.3 施工模拟分析（结构体系的形成）

（1）施工阶段划分

钢结构的施工方法与施工企业有很大关系。通过对结构形式的分析，认为下述施工方案较合理：在保证分析精度的前提下，主要分以下 8 个阶段进行施工模拟分析，如图 4-6-40 所示。各阶段仅在其已施工完成的部分添加重力荷载 DL 以及 40% 的活荷载模拟其施工荷载。各施工阶段划分及先后顺序如下：

1）底下 3 层混凝土结构每层划分为 1 个施工阶段；

2）施工 4~5 层型钢混凝土柱子；

3）安装连体桁架（无楼板及次梁）；

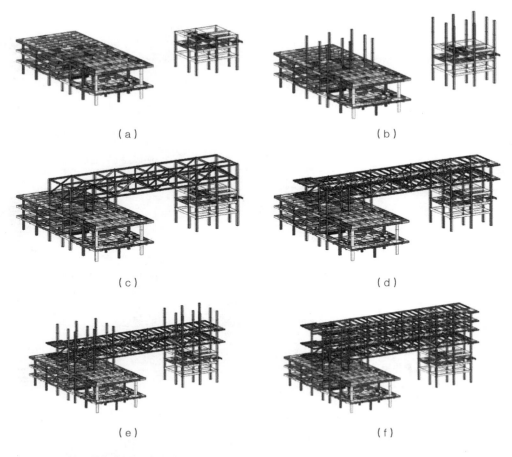

（a）　　　　　　　　　　　　　　（b）

（c）　　　　　　　　　　　　　　（d）

（e）　　　　　　　　　　　　　　（f）

图 4-6-40　施工模拟分析

（a）前 3 个施工阶段；（b）第 4 施工阶段；（c）第 5 施工阶段；（d）第 6 施工阶段；（e）第 7 施工阶段；（f）第 8 施工阶段

4）安装 4~5 层桁架间的次梁、压型钢板并施工 5 层楼板；

5）施工 6~7 层型钢混凝土柱子；

6）安装 6~7 层钢梁并施工楼板；

7）施工 4 层楼板；

8）砌筑墙体及装修。

（2）分析荷载及组合

在模型分析中，考虑了钢结构自重、恒荷载（DL）、施工活荷载（LL）三种竖向荷载，取较保守值 40% 活荷载模拟施工活荷载。由于本工程仅 7 层 34m，施工过程中，无围护结构，风荷载很小，故施工模拟未考虑风荷载作用。校核构件内力时采用组合：DL+0.4LL。

（3）施工分析结果

连体钢桁架在第 5 施工阶段时，中间榀桁架即在吊装阶段，其内力如图 4-6-41 所示，其应力比如图 4-6-42 所示。

由图 4-6-42 可以看出，桁架在安装过程中的各杆件应力比也很小，吊装阶段桁架的承载力及稳定满足要求。

将模拟施工完成后的桁架内力和一次性加载的桁架内力比较，弦杆内力约大了

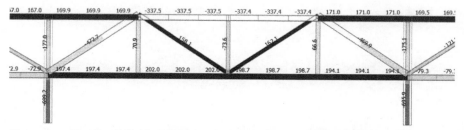

图 4-6-41　第 5 施工阶段中间榀桁架内力（1.0 恒荷载 +1.0 施工活荷载，单位：kN）

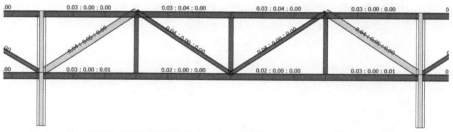

图 4-6-42　第 5 施工阶段中间榀桁架应力比（1.0 恒荷载 +1.0 施工活荷载，单位：kN）

6%，腹杆（支撑）内力约大了 4%。通过施工模拟分析，可以清楚地了解施工阶段对整个结构的影响。两种分析结果表明：相应构件结果差别不大，桁架在考虑施工情况下的应力比均小于 0.85，满足设计要求，施工阶段结构是安全的。

4.6.3.4 小结

对于大跨连体结构，连体部分采用钢结构是一个很好的选择，但这种结构的最终受力状态与楼板状态、施工方式等有关，设计过程中需要进行全面考虑。

第 5 章

大跨度组合楼盖结构设计的
若干问题与工程案例

近几年，随着经济发展和社会进步，人们对建筑的平面布置便利性提出了更高的要求，出现了很多大跨度楼盖结构、各单体建筑间设置大跨钢结构连桥的工程，甚至还出现了一些具有连续多层大空间结构的工程。该类大跨结构跨度一般在 20~40m，为普通楼盖结构梁跨度的二倍以上。由于这类建筑的楼面荷载较大，对楼盖的竖向刚度需求较高，导致构件截面较大。

大跨度楼盖钢 – 混凝土组合结构是钢结构与混凝土板组合的一种结构，特别适合于大跨度楼盖，它既不同于大空间屋盖钢结构又不同于普通的多高层钢结构，是一种相对特殊的结构，故本书将其单列一章来探讨。重点介绍大跨度钢 – 混凝土组合楼盖设计的若干关键技术及典型工程案例。

5.1 连续多层大跨度结构的工程介绍

案例 1：图 5-1-1 所示是深圳市公安局第三代指挥中心的效果图和剖面图。该项目位于深圳市罗湖区解放路 4018 号，市公安局大院内西北角，为集新建、改建于一身的综合性项目，总建筑面积 2.58 万 m²。其中地下 4 层，地上 6 层，建筑总高度约56m。西侧为住宅，东侧为公安局主楼及附属楼，南侧为食堂，7 栋建筑紧密围绕在其周边，属城市建筑密集区的建设项目，建筑的使用功能以大空间为主，建筑设计采

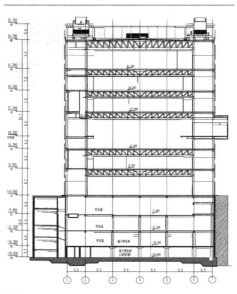

图 5-1-1　深圳市公安局第三代指挥中心的效果图和剖面图

用 6 层连续的大跨空间方案，跨度 34.4m，结构设计采用了单向桁架方案。

案例 2：图 5-1-2 所示是西安奥体中心游泳跳水馆的效果图及热身池处剖面图。项目位于西安市国际港务区，未来城市发展的东北向主轴上，是第十四届全国运动会的主赛场，地下一层，地上四层，总建筑面积约 10 万 m²。游泳馆建筑一般设有热身训练池，顶部空间常作为陆上综合训练厅等功能房间。本项目存在一个跨度为 42m 的楼盖，如采用预应力混凝土梁板结构，其梁高可达 3~4m，对建筑层高影响较大，不能满足建筑要求，故结构设计采用了单向布置的钢梁组合楼板。

案例 3：近几年，深圳地区土地供给日趋紧张，建筑功能又日趋复杂，迫使建筑师设计出很多连续多层为大空间的建筑。深圳很多新建的中小学学校出现了在篮球场、游泳池或多功能厅上方设操场等大跨空间的做法，如图 5-1-3 所示是深圳市众孚小学建筑方案剖面图，该工程位于深圳市福田区，紧邻福田区委大楼。该项目在风雨操场的上方设置了食堂，食堂的屋面为学校的室外运动场，食堂层高 3.9m，结构方案利用这 3.9m 的层高设置了跨层桁架。类似的案例还有深圳外国语学校高中部扩建工程，报告厅的上方是小广场等。

案例 4：图 5-1-4 是深圳市自然博物馆剖面图和效果图，位于深圳市坪山区燕子湖片区，沙新路以北，沙龙路以东，该建筑功能以展览为主，是深圳市十大文化建筑之一。平面由五个圆锥台形成五个功能展区，展区间通过连廊相连，建筑面积近 11

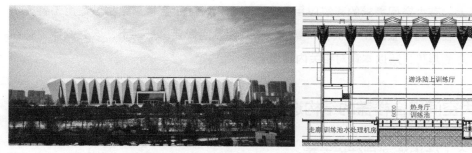

图 5-1-2　西安奥体中心游泳跳水馆的效果图及热身池处剖面图

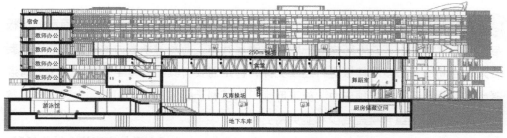

图 5-1-3　深圳市众孚小学剖面图

图 5-1-4 深圳市自然博物馆剖面图和效果图

万 m²。大展厅空间需求量大，导致三四十米跨度的空间布置在建筑的各个高度楼层上。

综上，有大空间需求的建筑应用非常广泛，大跨度组合楼盖结构可适用于各类功能建筑。在日趋紧张的用地状况和复杂多变的建筑空间要求推动下，这类设计大有被推而广之的趋势，所以本章对相关内容做一些探讨。

5.2 大空间组合楼盖的结构选型及设计

5.2.1 结构选型与结构布置

混凝土梁板结构，楼盖自重大。同时，因层高较高，施工过程中单位面积的模板与支架的重量也大，其下部楼层一般很难满足其施工荷载对承载力的要求，故常需要在大跨空间的下部多层楼板进行连续支撑，甚至需要将其荷载传至基础。对于大跨混凝土梁，通常还需施加预应力，施工麻烦，也不利于楼层改造。因此，大跨度楼盖常采用钢 – 混凝土组合楼盖减少和避免高支模。

大跨度钢 – 混凝土组合楼盖可选用的结构形式有实腹组合梁与空腹组合结构两种。

其中，空腹组合结构又可分为蜂窝梁和组合桁架或网架等。实腹组合梁则是由下部钢梁与上部混凝土楼板通过特殊构造形成一体，优点是刚度大，但缺点是用钢量偏大。实腹组合梁结构最好采用单向布置，通风主管线尽量与钢梁的走向一致，以便获得更大的净高；组合桁架结构一般由下部钢桁架与上部混凝土楼板通过特殊构造措施组合而成，使其协同工作、发挥各自材料的特性，优点是桁架的空洞部分可用来布置设备管线，获得更大的净高。结构布置可根据需要分别采用单向和双向布置，布置相对灵活。但其缺点是桁架高度一般较实腹梁高，且刚度偏弱。

大跨度钢结构组合楼盖结构布置有以下几种：

（1）单向钢桁架 + 钢次梁结构。图 5-2-1 是深圳市公安局第三代指挥中心平面布置及设备管线布置图，桁架跨度 34.4m，采用了单向桁架 + 钢次梁结构。该建筑空间大，设备管线多，桁架斜腹杆间布置了设备管线。

图 5-2-2 是深圳众孚小学的结构简图和室内使用方案，是中国建筑东北设计研究院有限公司同深圳复杂体建筑设计咨询有限公司合作完成的设计方案。该工程用地紧张，图示部位桁架下部为游泳池，上部为运动场，跨度 32.4m，桁架高度内做学生食堂。受建筑净高影响和使用功能要求，结构设计将桁架高度跨越一个楼层，增加了桁架高度，提高了楼层结构的竖向刚度。同时，由于桁架涵盖了上下两个楼盖，上下振动时，两个楼盖共同参与振动，振动的质量增大，从而改善楼层的使用舒适度。通过建筑与结构设计的巧妙配合，将食堂餐桌布置同结构布置巧妙结合，有效利用了该空间，完成了餐厅的设计。

（2）单向钢梁结构。对于跨度在 20m × 40m 的矩形空间，可单向布置。图 5-2-3 是西安奥

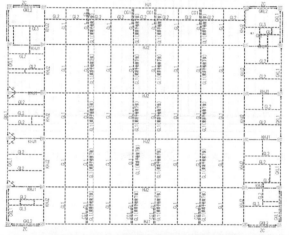

图 5-2-1　深圳市公安局第三代指挥中心平面布置及设备管线布置图

图 5-2-2 深圳众孚小学的结构简图和室内使用方案

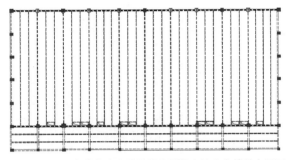

图 5-2-3 西安奥体中心游泳跳水馆热身池上方楼盖布置图

体中心游泳跳水馆热身池上方楼盖布置图，跨度 42.5m，受建筑空间限制，采用实腹钢梁设计。

（3）双向桁架或网架结构。对于双向跨度接近的方形空间，当柱网间距接近时可采用双向布置。图 5-2-4 是某公司设计的某工程空腹桁架布置图。所谓空腹桁架就是上弦层和下弦层间无斜腹杆，立杆承受较大弯矩，所以立杆尺寸较大。这种结构施工时，最好采用满堂红脚手架。为便于施工，也可以另设胎架，增加提升点数量，减小提升过程中的跨度，图中标注的临时支撑就是施工用临时支撑。为防止靠近支座附近的楼板开裂，四周留一部分楼板待卸载后浇筑。

大跨度钢结构楼盖设计应注意的问题：

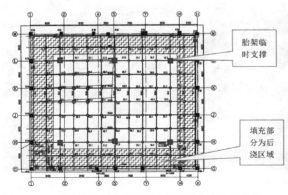

图 5-2-4 某工程采用空腹网架布置图及空腹桁架节点

（1）主梁或主桁架跨高比宜取 8~15，间距宜取 6~8m，方便控制次梁高度；钢次桁架（次梁）宜单方向布置，跨高比可取 18~20，以满足压型钢板或钢筋桁架楼承板的跨度要求。

（2）受建筑层高限制，需采用实腹梁时：由于梁截面高度较高，用钢量中腹板用钢量占比较高，应尽量减小梁腹板厚度；此外，还可考虑采用蜂窝梁或变截面梁等。蜂窝梁与实腹梁的抗弯刚度相差不大，但有利于降低楼盖用钢量和便于设备管道铺设。

（3）大跨度楼盖结构常会受楼层净高限制导致楼盖的竖向刚度相对偏弱。当有人活动时，楼盖的舒适度需要予以关注。

（4）钢结构楼盖施工时，楼板一般采用钢筋桁架楼承板或压型钢板做模板。需要考虑钢筋桁架楼承板或压型钢板的支撑能力。常见的楼承板适用跨度：简支时为 3m 左右，连续跨时可达 3.6~3.8m。

5.2.2 组合梁设计

5.2.2.1 板件宽厚比控制

《钢结构设计标准》GB 50017—2017 及《高层民用建筑钢结构技术规程》JGJ 99—2015 均有关于 H 型钢梁翼缘宽厚比的要求，且上下翼缘一致，没有考虑楼板对上翼缘局部失稳的影响。翼缘失稳状态为翼缘上下波动，如图 5-2-5 所示（该图是青岛理工大学王燕教授在学术交流会上展示的照片）。

对于钢 – 混凝土组合楼盖，钢梁的上翼缘通过栓钉与混凝土楼板紧密连接在一起，翼缘向上失稳时需克服楼板的约束作用，翼缘向下失稳时，栓钉会对其提供一定的拉力，使得翼缘向下失稳不同于无楼板的纯钢梁状态，其失稳时的承载力高于纯钢梁的自由状态。因此，对于这种有混凝土楼板的组合楼盖钢梁，上翼缘的宽厚比可以放松。

《钢结构设计标准》GB 50017—2017 第 14.1.6 条规定：对应于塑性铰截面不同的塑性发展程度，板件宽厚比分别满足 S_1，S_2，S_3 级，当组合梁受压上翼缘不符合塑性设计要求的板件宽厚比限值，但连接件满足下列要求时，仍可采用塑性方法进行设计。

（1）当混凝土板沿全长和组

图 5-2-5　无混凝土楼板的钢梁翼缘失稳照片

合梁接触（如现浇楼板）时，连接件最大间距不大于 $22t_f\varepsilon_k$；当混凝土板和组合梁部分接触（如压型钢板横肋垂直于钢梁）时，连接件最大间距不大于 $15t_f\varepsilon_k$；ε_k 为钢号修正系数，t_f 为钢梁受压上翼缘厚度。

（2）连接件的外侧边缘与钢梁翼缘边缘之间的距离不大于 $9t_f\varepsilon_k$。

使用时还应注意①楼板的形式和栓钉距钢梁边缘的距离。当采用钢筋桁架模板时，可以取大值；当采用压型钢板时，则要取小值。图 5-2-6 是日本某工程的照片，虽然使用了压型钢板，但其压型钢板在支座处将板肋做了处理，使得钢梁与混凝土板沿全长完全接触，各方向的钢梁上翼缘混凝土的厚度等于楼板厚度，与铺板方向无关，其与钢梁的接触关系接近于钢筋桁架楼承板。

②翼缘宽厚比限值是针对受压翼缘的。大跨度组合楼盖中，钢梁跨度很大，竖向荷载作用下，钢框架梁下翼缘很长一段处于受拉状态，仅靠近支座 1/4 跨的下翼缘板处于受压状态。按规范规定控制，跨中可放松，仅按应力需求控制；对于次梁，通常采用铰接连接，竖向荷载作用下，下翼缘受拉，上翼缘受压。充分利用上翼缘与混凝土楼板的关系，可节省一些用钢量。

③根据钢梁受力的大小，钢 - 混凝土组合梁正弯矩作用区段存在以下两种受力状态：一是塑性中和轴在混凝土楼板内；二是塑性中和轴在钢梁截面内，如图5-2-7所示。对于第一种情况，钢梁为全截面受拉。因此，不存在板件稳定问题，故不必遵守板件

图 5-2-6　日本某工程的照片

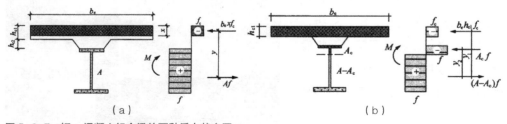

图 5-2-7　钢 - 混凝土组合梁的两种受力状态图
（a）塑性中和轴位于混凝土楼板内；（b）塑性中和轴位于钢梁截面内

宽厚比等级限值。设计时应首先对钢 – 混凝土组合梁做出判断，根据判断结果确定翼缘的宽厚比限值。对于第二种情况，下翼缘始终受拉，也可以不遵守板件宽厚比等级限值，上翼缘宽厚比等级限值可以考虑楼板的有利作用，严格控制上翼缘栓钉的设置间距，在此基础上放松上翼缘宽厚比等级限值。对于腹板，由于楼板的影响，中和轴上移，钢梁变成了拉弯构件，可以参照有关规范适当调整，该工作做得越细致，用钢量将会越合理。

④为提高经济性，H 型钢梁可做成不等宽翼缘，上翼缘窄，下翼缘宽，并适当提高楼板厚度，充分利用混凝土受压。对于截面高度较大的 H 型钢梁，常用截面的钢梁，其腹板的用钢量占比在 30%~40%。如果翼缘取得过窄，腹板用钢量占比会达到 50% 以上。

⑤一般的钢结构中，钢梁腹板的受剪承载力很强，延性很好，基本不会成为钢梁承载力的控制因素，钢梁的承载力通常由稳定和正截面受弯承载力控制。合理控制翼缘的宽度和翼缘的宽厚比，可以实现钢材承载力的充分发挥，节省钢材。

⑥钢 – 混凝土组合楼盖中，混凝土楼板的贡献始终存在，且钢梁截面越高，楼板距中和轴的距离越远，其贡献越大。若不考虑其贡献，用钢量自然会增加。考虑和不考虑楼板的贡献，钢梁的应力比差别至少 20%。目前的软件均可考虑楼板的作用，实践应用中对此展开分析无障碍，建议设计适当考虑楼板的贡献。

5.2.2.2 组合梁的构造要求

组合梁中的压型钢板在钢梁上的支承长度不应小于 50mm。为保证钢梁与混凝土楼板有效共同工作，组合梁栓钉连接件的设置十分必要，栓钉必须与钢梁可靠焊接，且应符合下列规定：

（1）当栓钉焊于钢梁受拉翼缘时，其直径不得大于翼缘板厚度的 1.5 倍；当栓钉焊于无拉应力部位时，其直径不得大于翼缘板厚度的 2.5 倍。

（2）栓钉沿梁轴线方向布置，其间距不大于 5d（d 为栓钉直径）；栓钉垂直于轴线布置其间距不大于 4d，边距不得小于 35mm。当考虑混凝土楼板对翼缘的稳定作用时，栓钉布置尚应满足《钢结构设计标准》GB 50017—2017 第 14.1.6 条的要求。

（3）当栓钉穿透钢板焊接于钢梁时，其直径不得大于 19mm，栓钉高度应大于压型钢板波高加 30m。

（4）栓钉顶面的混凝土保护层厚度不应小于 15mm。

组合梁的混凝土板在下列情况之一时应配置钢筋：

（1）在连续组合板或悬臂组合板的负弯矩区需配置连续钢筋。

（2）在集中荷载区段和孔洞周围配置附加钢筋。

（3）需要改善防火效果时，配置附加的受拉钢筋。

组合梁端部应设置栓钉锚固件。栓钉应设置在端支座的压型钢板凹肋处，穿透压型钢板并将栓钉、钢板均焊于钢梁上。栓钉直径可按下列规定采用：

（1）跨度小于 3m 的板，栓钉直径宜为 13mm 或 16mm。

（2）跨度小于 3~6m 的板，栓钉直径宜为 16mm 或 19mm。

（3）跨度大于 6m 的板，栓钉直径宜为 19mm。栓钉直径大于 20mm 时，保证栓钉焊接质量的难度增加。

5.2.3 关于施工顺序及楼板应力控制

大跨楼盖跨度较大，施工过程中需考虑以下问题：一是钢梁安装常常不能一次完成，安装方案需要考虑运输、吊装等因素后综合确定；二是由于楼盖跨度大，混凝土楼板的形成过程既影响钢结构的最终应力状态，也影响着混凝土楼板自身的受力状态。楼板内往往存在拉应力区，当拉应力达到一定水平时会引起混凝土楼板开裂，影响工程质量。此时需要合理规划桁架安装顺序及楼板浇筑顺序，尽量减少混凝土楼板拉应力。

组合梁安装相对简单，跨度小的可直接安装，跨度大的可在跨中设置胎架，拼装完成后卸载胎架、浇筑混凝土楼板即可。混凝土浇筑过程中，未硬化的混凝土为无应力状态，楼盖在自重作用下不产生应力。混凝土硬化后，楼板只承担附加建筑装修荷载及活荷载作用下的应力。大跨组合梁在支座处往往存在较大拉应力，为减小混凝土的拉应力，避免混凝土开裂，可以要求混凝土浇筑按跨中向支座的方向浇筑或在支座附近留后浇带。大跨桁架楼盖安装相对较为复杂，总体可以分为分块拼装与整体吊装两种方式。当楼盖下方能够设置胎架时，往往采用分块拼装方式。若楼盖位于高空，无法设置胎架，则经常采用整体吊装方式。当桁架为跃层桁架时，需要待桁架形成整体后方可拆卸胎架，否则桁架受力与计算不符合。大跨桁架楼盖的混凝土浇筑顺序一般结合楼盖应力分析结果，先浇筑受压楼层的楼板，最后浇筑受拉区域的楼板，充分释放楼盖自重作用下的混凝土板拉应力。

图 5-2-8 为深圳市公安局第三代指挥中心结构构成图，图 5-2-9 是施工单位中建钢构施工时的胎架布置图。桁架安装时，采用了在中部设置两榀临时胎架，分段拼装。该方法是大跨结构安装的方法之一，可供设计人员参考。楼板混凝土浇筑由中部向根部的顺序安装。计算表明：此种安装方式大大减少了楼板拉应力。

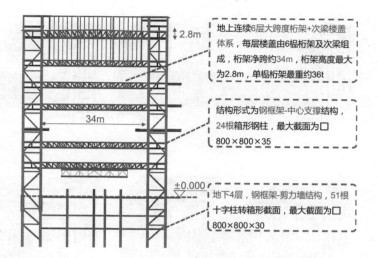

地上连续6层大跨度桁架+次梁楼盖体系，每层楼盖由6榀桁架及次梁组成，桁架净跨约34m，桁架高度最大为2.8m，单榀桁架最重约36t

结构形式为钢框架-中心支撑结构，24根箱形钢柱，最大截面为□800×800×35

地下4层，钢框架-剪力墙结构，51根十字柱转箱形截面，最大截面为□800×800×30

图 5-2-8　深圳市公安局第三代指挥中心结构构成图

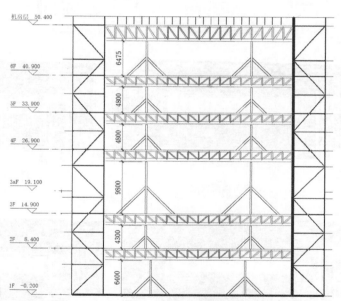

图 5-2-9　施工胎架布置示意图

桁架安装顺序如图 5-2-10 所示，施工模拟分析表明：实际形成结构与设计假定模型基本一致，构件应力水平可控。混凝土楼板由中央向两侧浇筑，有效降低了上层混凝土板在端部支座区域的拉应力水平，减少混凝土楼板的开裂。

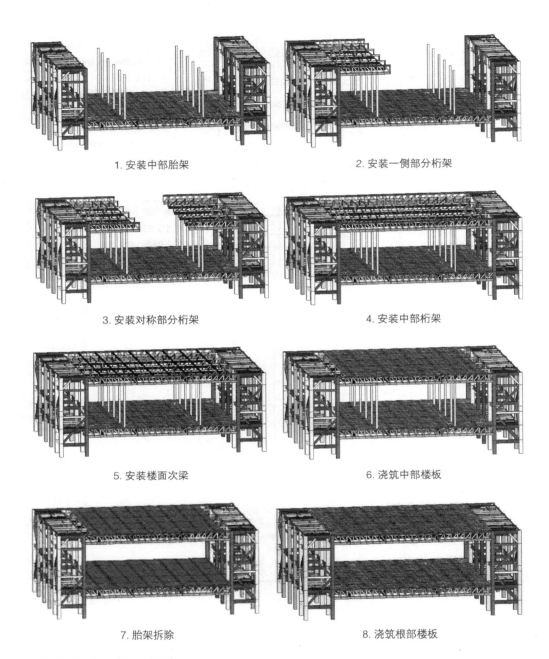

1. 安装中部胎架　　　　　　　　　　　　2. 安装一侧部分桁架

3. 安装对称部分桁架　　　　　　　　　　4. 安装中部桁架

5. 安装楼面次梁　　　　　　　　　　　　6. 浇筑中部楼板

7. 胎架拆除　　　　　　　　　　　　　　8. 浇筑根部楼板

图 5-2-10　桁架安装顺序示意图

5.3 关于舒适度的控制

5.3.1 关于舒适度

舒适度是指人们对客观环境从生理与心理方面所感受到的满意程度，近几年越来越受到关注，是设计中应当关注的问题之一。影响舒适度的因素有频率、加速度、振幅及持时等多种因素，其中各因素可能在不同的范围起主导作用。通常可通过振动频率或者加速度大小进行定量的综合评价。

大跨度楼盖结构竖向刚度偏弱，采用钢结构楼盖时，更易出现舒适度不足问题，主要是在挠度相同的情况下，跨度越大，楼盖跨中的绝对变形大，振动持时长，人们容易感知。

舒适度控制的关键环节是对结构振动进行有效评价，世界各国均有自己的研究成果，但目前还没有一个统一的评价体系和标准。楼盖的舒适度与楼盖的刚度、质量、阻尼比以及使用过程中可能出现的激励荷载等有关。设计中，应用比较方便的是竖向加速度峰值和频率指标，一般民用建筑楼盖竖向振动加速度限值见表 5-3-1。

一般民用建筑楼盖竖向振动加速度限值表　　　　　　　表 5-3-1

人员活动环境	峰值加速度限值（m/s²）		备注
	竖向自振频率不大于 2Hz	竖向自振频率不小于 4Hz	
住宅、办公	0.07	0.05	楼盖结构竖向频率为 2~4Hz 时，峰值加速度可按线性插值选取
商场及室内连廊	0.22	0.15	
不封闭连廊	0.50		
仅有节奏活动	0.40~0.70		

5.3.2 频率控制

结构振动频率是结构的固有特征，一旦激励力出现，则会产生相应的振动。当结构频率与人群激励频率接近时便会产生共振。因此，需要用频率控制来限制结构共振，用加速度限值控制的实际是感知度。《城市人行天桥与人行地道技术规范》CJJ 69—1995 第 2.5.4 条规定，结构竖向自振频率不应小于 3Hz。限制频率的主要原因是人类走、跑、跳的频率多发生在 3Hz 以内，如果楼盖的自振频率也在该范围内，容易引起共振，故需复核振动加速度是否满足表 5-3-1 的要求。

5.3.3 加速度控制

加速度指标反映了楼盖在受到外力激励后产生的振动情况，与人的感知相关。目前各国规范多采用各种形式的加速度指标，主要有：竖向加速度峰值、频率计权均方根加速度、频率计权四次方根振动值等。同时，有关研究也表明舒适度与振动的持时有关，如果振动在5~10个周期内可以完全衰减，感觉不太强烈。ISO 2631-2 中给出了以均方根加速度为指标的基本限值曲线，将人所能忍受的加速度水平要高于连续激励的 10

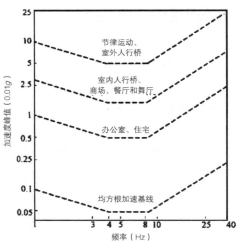

图 5-3-1　不同环境下人舒适度加速度峰值及均方根加速度

倍，即确定评价舒适度的标准应综合考虑多种因素的影响。不同环境可取不同的峰值因子，办公室、住宅可取 10，商场及室内连廊可取 30，室外人行天桥等可取 100 等，将峰值因子与 ISO 2631-2 的均方根加速度基本限值曲线相乘，得到舒适度曲线，如图 5-3-1 所示。

随着计算理论和计算软件的发展使得更精确的楼盖振动成为可能；人群舒适度样本采集的增多对于不同使用条件下的振动加速度限值也愈发明确。

5.3.4 挠度控制

人群荷载作用下的挠度与结构的振动息息相关，可间接反映激励荷载与结构刚度的关系，《城市人行天桥与人行地道技术规范》CJJ 69—1995 第 2.5.2 条规定：天桥上部结构，人群荷载计算的最大竖向挠度不应超过下列允许值：

梁板式主梁跨中　　　　　$L/600$（L 为计算跨度）

梁板式主梁悬臂端　　　　$L_1/300$（L_1 为悬臂长度）

桁架、拱　　　　　　　　$L/800$

5.3.5 激励策动力

关于楼盖行人激励，其激励的策动力较小。对于小跨度楼盖，由于主、次梁的截面尺寸以及振动质量均较小，行人激励产生限值加速度的概率大；对于大跨度楼盖，由于主、次梁的截面尺寸以及振动质量均较大，行人激励产生限值加速度的概率较小，大面积人群有节奏运动引起的限值加速度超值的概率较大。

龙岗区新建的并投入使用的两所将运动场置于大空间屋顶的学校，实际使用中发现，学生集体跑步和做广播体操跳跃运动时，楼盖能够感觉到明显的上下颤动，这两所学校运动场的下方均是篮球场。发现楼盖颤动后，现场检测加速度并没有超出《建筑楼盖结构振动舒适度技术标准》JGJ/T 441—2019 限值，设计院计算的总挠度也符合《混凝土结构设计规范》（2015 年版）GB 50010—2010 要求。针对该问题的讨论认为：一是集体跑步和集体跳跃时的激励力相对偏大，能够产生较大的人群荷载激励下的振幅；二是跨度较大，虽然总挠度满足要求，但梁在人群荷载激励下的竖向变形值却达到了人们能够感知的程度。

大面积人群的集体有节奏的运动是引起大跨度楼盖结构舒适度不满足要求的主要原因，可以理解为激励的策动力较大，通过增大结构刚度来解决这一问题，不经济、也不太现实，最好的解决办法是按照需求设置一定数量的 TMD，用 TMD 的反向振动抵消一部分策动力，从而改善楼盖舒适度。

5.3.6 振动的实际刚度

钢 – 混凝土组合楼盖中，楼板对楼盖的刚度贡献也不小。多个工程舒适度实测结果显示，楼盖的实测频率大约比理论值大 20%，有时可达 40%，主要影响因素有楼板厚度、铺装层的做法和厚度，以及计算模型与结构实际状况间的差异。表 5-3-2 是某工程自振频率理论计算值与实测结果的对比表，该表的数值说明楼板对刚度的贡献约占 20%。楼板贡献与板厚及钢梁的截面高度有关，还与铺装层的厚度及做法有关，故单靠理论计算很难得到准确结果。因此，若通过设置调频质量阻尼器（TMD）来解决楼盖舒适度时，都应进行实测，并根据实测结果和使用情况来进行 TMD 设计，可参见本书第 7.1 节。

某工程自振频率理论计算值与实测结果对比表　　　表 5-3-2

桥梁名称	模态数	频率（Hz）	实测频率（Hz）
A1	3	1.99	2.539
A2	1	1.61	2.051
A3	1	2.05	—
H	2	2.02	2.441

对于大跨度楼盖，大多数工程的楼板舒适度由一般软件计算的频率值均小于实测的数值，具有普遍性。究其原因有下列一些影响因素：

（1）一般软件对于梁单元处理为杆件单元，其端部节点为铰接时楼板振动频率为最低值。但梁上楼板是真实存在的，并没有计入楼板的有利作用，会使得计算偏小。

（2）楼板在平面外是有一定刚度的，因此单根梁的刚度会小于楼盖整体刚度，也就是说楼盖的振动阻抗是整个区域的质量，应采用可考虑楼板平面外刚度的壳单元模拟分析。

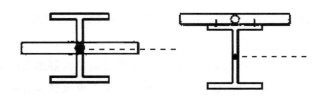

图 5-3-2　计算模型中的楼板和实际工作中的楼板

（3）大多数软件中构件均采用节点连接的处理方式，除特殊处理外、楼板与梁处在同一高度的节点上，楼板位于梁截面中心中和轴上，这就使得梁计算刚度偏小，而楼板的实际位置在梁的上方，如图 5-3-2 所示。对于这一点可对梁刚度乘以一个放大系数来实现。

（4）装饰层以荷载方式参与计算，刚度的计算偏保守。当楼盖面层为砂浆 + 瓷砖等刚度较大的做法时，可将面层按等刚度折算为混凝土计入楼板中。

（5）在结构整体计算模型中，钢结构的次梁一般是按铰接输入的，考虑舒适度分析时，结构处于微振状态，其支座转角变形很小，故可以将次梁按刚接考虑进行计算。

5.4　蜂窝梁的应用技术

蜂窝梁是通过在 H 型钢、工字钢、槽钢的腹板上按一定的折线切割，然后重新组合焊接成一体的新型钢构件。具有重量轻、承载力高、美观、实用、经济等优点。最后形成的蜂窝梁截面高度大于原梁截面，其截面高度与原截面梁之比称为扩大比。根据形成蜂窝的大小不同，蜂窝梁的扩大比一般在 1.3~1.6。在不影响承载力的情况下能够节约钢材 15~30%，节省防护材料 15%~30%。蜂窝梁形成的孔洞不仅美观，还能方便设备管道安装，减小建筑的层高，适合在跨度较大的多高层建筑楼盖上应用。

蜂窝梁的孔形可以是圆形、六角形、四边形等，相同开孔率的圆形孔和六角形孔相比，六角形孔的屈服荷载比圆形孔的高，考虑设计和制作最方便的还是六角形，故本书只介绍六角形孔蜂窝梁，如图 5-4-1 所示。其切割尺寸可按下列公式计算：

$$a=\left(1-\frac{\beta}{2}\right)h \tag{5-4-1}$$

$$b=(\beta-1)h \tag{5-4-2}$$

式中　h——原型钢高度；

　　　β——蜂窝梁的高度与原型钢高度之比，即扩大比。

按此，确定了扩大比，a、b 也就确定了。一般取 $\beta=1.5$，则 $a=0.25h$，$b=0.5h$。

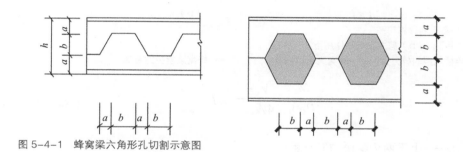

图 5-4-1　蜂窝梁六角形孔切割示意图

5.4.1 蜂窝梁的强度计算

蜂窝梁可以看成有上下两个 T 形截面的型钢分别作为桁架的上下弦，由两块交叉斜放的钢板作腹杆组成的桁架，与常规桁架不同的是，斜腹杆没有共同交于弦杆上的一点，存在一段无腹杆段，称之为梁桥，使得该桁架更像空腹桁架，如图 5-4-2 所示。因此，计算方法不同于常规的桁架和空腹桁架。

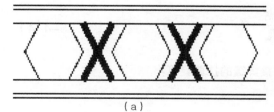
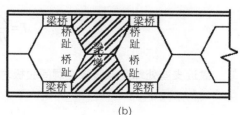

（a）　　　　　　　　　　　　　　　　　（b）

图 5-4-2　蜂窝梁构成图
（a）蜂窝梁构成；（b）蜂窝梁不同部位名称

　　取蜂窝梁的一个单元，根据力的平衡，梁桥处的力如图 5-4-3 所示。梁桥的正应力由蜂窝梁受弯引起的应力和桥梁受剪引起的应力两部分组成，于是可得到式(5-4-3)。

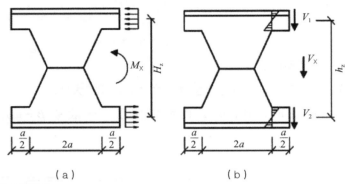

图 5-4-3　蜂窝梁的计算简图
（a）弯矩作用下；（b）剪力次弯矩作用下
V_1、V_2——梁桥承担的剪力；V_x——蜂窝梁承担的总剪力；M_x——蜂窝梁承担的弯矩

$$\sigma = \frac{M_x}{h_z A_t} + \frac{V_x a}{4 W_{Tmin}} \leqslant f \qquad (5\text{-}4\text{-}3)$$

式中　　h_z——上下两个梁桥的形心距；

　　　　A_t——T 形截面梁桥的截面面积；

　　　　a——梁桥跨度；

　　　　f——钢材强度设计值；

　　W_{Tmin}——T 形截面梁桥的抵抗矩。

　　蜂窝梁的抗剪验算包括两方面，一是蜂窝梁腹板空洞截面部位的抗剪，即空洞处 T 形截面的抗剪验算；二是蜂窝梁腹板空洞间腹板对接焊缝的抗剪验算。

　　T 形截面抗剪验算：

$$T = \frac{V_1 S}{I T_w} \leqslant f_v \qquad (5\text{-}4\text{-}4)$$

　　靠近支座处蜂窝梁腹板空洞间腹板对接焊缝的抗剪验算：

$$T = \frac{V L_1}{h_z t_u L_2} \leqslant f_v^w \qquad (5\text{-}4\text{-}5)$$

式中　　V_1——T 形截面的剪力；

　　　S——计算应力处以上（以下）毛截面对中和轴的面积矩；

　　T_w——腹板厚度；

　　f_v——钢材的抗剪强度；

　　f_v^w——对接焊缝强度设计值；

　　V——蜂窝梁剪力；

　　L_1——梁中蜂窝孔中心距；

　　t_u——腹板厚度；

　　L_2——孔间净距（梁等效长度），建议减去 10mm。

5.4.2 蜂窝梁的挠度计算

由于蜂窝梁的腹板因开洞形成了较大削弱，因此，它的挠度计算不能按相同截面高度的 H 型钢梁计算。一方面是剪力造成的 T 形截面梁桥的变形不宜忽略，二是剪力形成的次弯矩造成梁桥的弯曲变形不宜忽略。蜂窝梁的挠度（f）可以看成由弯矩、剪力和剪力次弯矩产生的挠度（f_m、f_v、f_c）之和构成。即：

$$f=f_m+f_v+f_c \tag{5-4-6}$$

这样计算挠度，过程比较复杂，各国规范基本采用了按实腹钢梁受弯构件的挠度 f_{sm} 乘以放大系数 α 的办法来计算，即。

$$f=\alpha f_{sm} \tag{5-4-7}$$

挠度放大系数 α 与跨高比、加载方式、空洞尺寸及形状有关。通常情况下，蜂窝梁采用六角形孔，扩张比小于等于 1.5 时，挠度放大系数可按表 5-4-1 计取。

挠度放大系数 α　　　　　　　　　　　　　　　表 5-4-1

高跨比	1/18	1/20	1/23	1/27	1/32	1/40
放大系数	1.40	1.35	1.25	1.20	1.15	1.10

5.4.3 蜂窝梁的稳定控制

由于蜂窝梁的腹板开洞引起腹板不连续，使得蜂窝梁的稳定计算较为复杂。因此，设计时应尽量通过构造来保证蜂窝梁的稳定，如应用在有完整楼板的楼盖上，避免出现整体侧向失稳。

蜂窝梁的局部稳定包含三方面，一是翼缘外伸长度与翼缘厚度之比；二是腹板无孔处截面高度与腹板厚度之比；三是受压 T 形截面的腹板外伸高度与腹板厚度之比。

翼缘外伸长度与实腹梁类似，可套用实腹梁控制。由于腹板开洞使得蜂窝梁腹板部分稳定较差，故腹板应划分为两部分分别考虑，见图 5-4-3，T 形部分腹板的宽厚比参照轴心受压 T 型钢控制，实腹部分按等截面实腹钢梁控制，最后腹板的宽厚比取二者的最大值。同时，为防止实腹部分失稳，腹板上的空洞应远离支座 250mm 以上，集中荷载处不应有孔洞，并设加劲肋等。

5.4.4 有限元验算

鉴于蜂窝梁的特殊性，简化计算不够准确，对不放心的部位可以采用有限元法进行补充验算。该方法采用壳体单元或实体有限元，能够较好地模拟蜂窝梁的实际受力情况。

5.5 工程案例：深圳市外国语学校高中部扩建工程大跨度钢连桥设计

5.5.1 基本情况

近些年，连桥（廊）是被广泛地应用于不同的建筑楼栋之间的连接，既能提高建筑的通达性，又能形成较强烈的建筑视觉冲击，其跨度一般可达三四十米，如图 5-5-1 所示为深圳市外国语学校高中部扩建工程鸟瞰图，该工程在两栋教学楼之间架设了两个连桥，桥宽 4.6m，跨度 23m。连桥在两栋楼之间以弱连接形式存在，且距地高度较高。

钢连桥的存在会使其两端主体结构的动力特性发生明显改变，对地震不利。同时，为使连桥轻巧和施工方便，省去混凝土结构支模所带来的麻烦，设计采用钢结构，钢梁一端铰接于主体，一端设有滑动支座，钢梁上浇筑混凝土楼板，如图 5-5-2 所示。这种设计，传力简洁，构造清晰，但竖向刚度很差，故设计时应该考虑舒适度问题。

5.5.2 舒适度计算

大跨度连桥，刚度小、质量小、活荷载占比相对较大，容易出现振动舒适性问题，

图 5-5-1　深圳市外国语学校
高中部扩建工程鸟瞰图

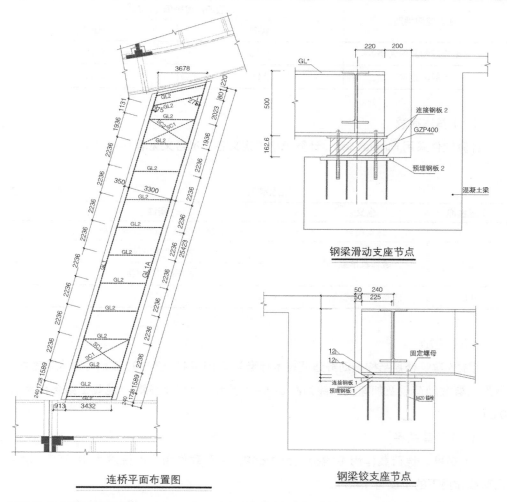

连桥平面布置图

钢梁滑动支座节点

钢梁铰支座节点

图 5-5-2　连桥结构示意图

故设计时，一定要对连桥的竖向振动加以控制。结构振动的大小取决于三个因素，一是结构刚度，二是振动体的质量，三是激励力的大小。

本工程各建筑间的连桥不同于市政的人行天桥，也不是室内连廊。根据国内外对连廊等的研究成果，人行激励条件下，不利频率区间：竖向为 1.25~4.6Hz，横向为 0.5~1.2Hz。大量工程实测和数值分析表明，结构的竖向自振频率小于 3Hz、横向自振频率小于 1.2Hz 时，需要考虑减振处理。本设计参照《建筑楼盖结构振动舒适度技术标准》JGJ/T 441—2019，控制竖向及横向的人群激励下竖向和横向振动峰值加速度均应满足表 5-5-1 的要求。

振动加速度限值　　　　　　　　　　　　　　　表 5-5-1

楼盖使用类别	峰值加速度限值（m/s²）	
	竖向	横向
封闭连廊和室内天桥	0.15	0.10
不封闭连廊	0.50	0.10

（1）基本荷载

计算软件采用 Midas Gen，计算模型中定义各工况含义见表 5-5-2。

基本荷载　　　　　　　　　　　　　　　表 5-5-2

工况名称	含义	备注
DEAD	结构自重	程序计算（包括 100mm 厚混凝土板）
D1	装饰及吊重	面层取 1.5kN/m²
		栏杆取 3.0kN/m
LL	满布屋盖活荷载	3.5kN/m²

（2）激励

根据《建筑楼盖结构振动舒适度技术标准》JGJ/T 441—2019，按照等效人群密度，得到人群激励荷载及加速度曲线如图 5-5-3 所示，阻尼比按钢 - 混凝土组合楼盖取 0.01。

（3）计算结果

1）挠度。恒荷载作用下的挠度为 1/642，活荷载作用下的挠度为 1/1352，恒 + 活荷载作用下的挠度为 1/435。

2）频率与加速度。人群激励竖向加速度均值 0.18 < 0.5，横向加速度均值 0.012

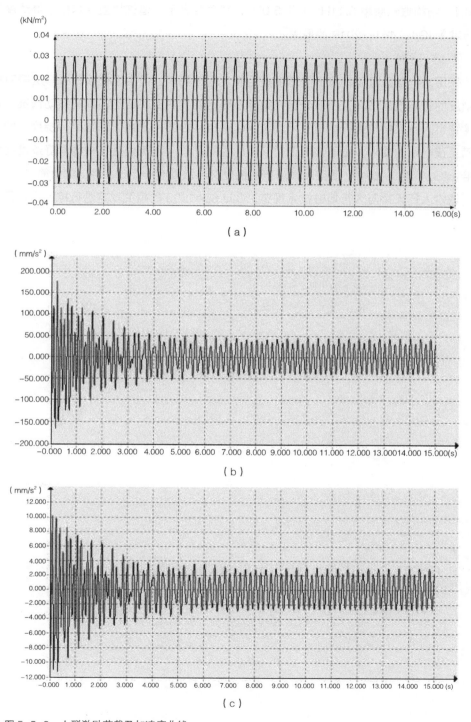

图 5-5-3　人群激励荷载及加速度曲线

（a）人群激励荷载曲线；（b）竖向人群激励加速度曲线；（c）横向人群激励加速度曲线

< 0.1，结构振动频率 3.11Hz 大于 3.0Hz，舒适度满足《建筑楼盖结构振动舒适度技术标准》JGJ/T 441—2019 的要求。

（4）小结

采用人行激励可以计算出舒适度是否满足规范要求，但由于楼板及装修层等对振动刚度的影响难以估算，所以分析结果并不一定能准确反映结构的真实振动情况。对照《城市人行天桥与人行地道技术规范》CJJ 69-1995，上述计算结果，挠度、频率均满足该规范的要求。由于该规范对频率的控制严于《建筑楼盖结构振动舒适度技术标准》JGJ/T 441-2019，活荷载作用下的挠度又与激励有一定的关系，作为简单方法，按《城市人行天桥与人行地道技术规范》CJJ 69-1995 的相关规定进行控制也可行。

第 **6** 章

柱脚设计的若干问题

6.1 柱脚的分类与设计

钢柱脚是钢柱与钢筋混凝土基础或基础梁等连接的节点。按结构的内力分析，可大体分为铰接连接柱脚和刚性固定柱脚，如图6-1-1和图6-1-2所示，但在实际工程应用中，介于二者之间的半刚接柱脚也常见。从应用场景分，有大空间屋盖结构柱脚和多高层钢结构柱脚。大空间屋盖结构柱脚通常称之为支座，以铰接、半刚接为主，多为外露式；多高层框架柱的柱脚可采用埋入式、插入式柱脚及外包式柱脚，多层框架柱的柱脚尚可采用外露式柱脚，单层厂房刚接柱脚可采用插入式柱脚、外露式柱脚，铰接柱脚宜采用外露式柱脚，插入式柱脚在建筑结构中不太常用。

柱脚设计包含地脚螺栓设计、底板（含抗剪件）设计以及底板与柱的连接焊缝设计等。外露式钢柱脚考虑塑性发展时，地脚螺栓和底板与柱的连接焊缝需按本书第2.3.12节考虑连接系数，避免塑性铰因连接强度不足而得不到充分发挥。埋入式和外包式的柱脚被包裹在混凝土结构内，应增加柱脚需满足施工工况的计算。

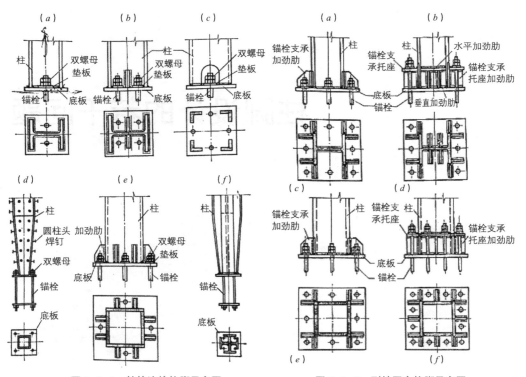

图 6-1-1　铰接连接柱脚示意图　　　　　图 6-1-2　刚性固定柱脚示意图

6.1.1 铰接柱脚设计

铰接连接只传递剪力和轴力，不传递弯矩。对于铰接柱脚设计，一般规定其剪力由柱脚与混凝土间的摩擦来提供，地脚螺栓不承担水平剪力。柱脚与混凝土间的摩擦力 V_f 应满足下列要求：

$$V_f=0.4N \geqslant V \qquad (6-1-1)$$

式中　N——柱底轴力；

　　　V——柱底剪力。

上述处理办法是比较常见的做法。但需注意几个问题：

一是柱子受到拉力时，柱脚与混凝土间的压力不存在，摩擦力也不存在。因此，需设置剪力键或其他结构构造，保证柱底剪力可靠传递，设计时应当引起重视。

二是将柱脚底板设计成无限刚时，柱脚螺栓在柱脚弯矩作用下产生铰接变形时，柱子一侧的地脚螺栓必受一个很大的撬拔力，且柱截面越大，相同的柱脚变形量，地脚螺栓所受的撬拔力越大。因此，靠近铰接端的柱截面尽量减小对连接有利或设计成理想铰。柱脚的实际构造也影响着柱子的计算长度取值，《钢结构设计标准》GB 50017—2017 第 7.4.8 条规定，上端与梁或桁架铰接且不能侧向移动的轴心受压柱，计算长度系数应根据柱脚构造情况采用，对铰轴柱脚应取 1.0，对底板厚度不小于柱翼缘厚度 2 倍的平板支座柱脚可取 0.8。

三是为减小螺栓不紧而造成螺栓刚度的降低，设计应对地脚螺栓在安装时的预拧紧提出要求，锚栓的预紧力应控制在 5~ 8kN/cm^2。

6.1.2 刚性柱脚设计

刚接柱脚可以是外露式，也可以是埋入式和外包式。刚性连接应能保证构件在力学传递上的连续性，可以分为两个层次：一是保证构件极限承载力的连续性即等强连接。这种处理的好处是便于进行标准化设计，设计时完全不用考虑构件的实际受力，只要构件确定了，节点便可确定，称谓刚接一。该做法有利于保证在大震及超大震情况下，塑性铰先出现在柱上。二是保证实际受力的连续性。只要在实际受力情况下节点没有发生交角的变化，便认为是刚性连接，它是一种在实际承载力范围内的刚性连接，一旦真实受力大于该值则产生屈服变形，刚性连接转变为有限刚度的塑性铰连接，称谓刚接二，这种处理办法的好处是可以避免节点因杆件过大其承载力太大而造成设计困难。但由于柱脚极限承载力小于构件极限承载力，当柱脚遭遇超出设计考虑的内

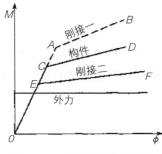

图 6-1-3　不同刚接节点承载力与外力的关系图

力时，可能导致塑性铰先出现在柱脚，不同刚接节点承载力与外力的关系如图 6-1-3 所示。

对于埋入式柱脚和外包式柱脚，因钢柱脚外有混凝土结构，柱脚内部的柱脚本身不会出现塑性铰，可采用刚接二思路，以减小工程施工难度。外露式柱脚相当于端板式连接，无混凝土结构分担柱脚内力，需考虑柱脚的刚度问题。

外露式柱脚的抗弯刚度实际上由两部分组成：一部分是地脚螺栓提供的刚度，其刚度可按式（6-1-2）计算：

$$K_1 = \frac{E n_t A_e (e_t + e_c)^2}{L}　　　　（6-1-2）$$

式中　n_t——地脚螺栓的个数；

　　　E——地脚螺栓的弹性模量；

　　　A_e——地脚螺栓的有效截面面积；

　　　e_t——柱脚截面形心至受拉锚栓群形心的距离；

　　　e_c——柱脚截面形心至柱脚受压翼缘中心的距离；

　　　L——锚栓有效锚固长度。

另一部分刚度是柱脚底板提供的刚度 K_2，端板变形引起的转角为：

$$\theta = \frac{M e^3}{6 E I h_c^2}　　　　（6-1-3）$$

式中　M——柱脚弯矩；

　　　e——锚栓中心至柱边的距离；

　　　h_c——柱截面高度；

　　　I——端板的惯性矩。

有了式（6-1-3），只要确定可接受的转角 θ 即可得 I 值，进而可求得板厚。对于受力较大的柱脚，还可适当增加加劲肋以提高底板刚度。

6.1.3 半刚接柱脚

刚性连接是节点的交角不能改变，且连接具有充分的强度；铰接是节点具有充分的转动能力，且能有效地传递横向剪力与轴力；半刚性连接是节点具有有限的转动刚度，承受弯矩时节点会产生一定的交角变化。在实际工程中，理想的铰接基本不存在，除插板销轴和特殊的滚轴节点外，多数都是半刚接柱脚。设计时可以通过对节点的刚度进行调整，形成半刚接连接。

刚接、铰接及半刚性连接既是一个刚度概念又是一个强度概念。就设计而言，强度设计较方便，而刚度设计较困难。弄清楚刚度与强度之间的关系就可以通过某些措施将刚度设计与强度设计很好地统一

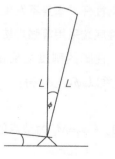

图 6-1-4　力学简图

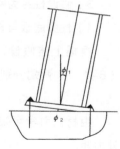

图 6-1-5　柱、基础以及柱脚螺栓关系简图

起来，使设计概念更清晰，方便使用。这里以外露式柱脚为对象加以阐述。

假设柱本身为一刚性杆，将柱与基础之间的连接柱脚简化为一个抗转动的弹簧，其刚度系数为 k，且只有一个自由度，如图 6-1-4 所示，根据能量准则，在柱顶轴力 N 的作用下，体系的能量方程：

$$u = \frac{1}{2}k\phi^2 - NL(1-\cos\phi) \qquad (6-1-4)$$

对 u 求导
$$\frac{\mathrm{d}u}{\mathrm{d}\phi} = k\phi - NL\sin\phi \qquad (6-1-5)$$

求二阶导数
$$\frac{\mathrm{d}^2 u}{\mathrm{d}\phi^2} = k - NL\cos\phi \qquad (6-1-6)$$

式中　u——能量；

　　　k——转动刚度；

　　　ϕ——转角；

　　　N——柱顶轴力；

　　　L——柱子高度。

由 $\frac{\mathrm{d}u}{\mathrm{d}\phi} = 0$ 得　$\phi = 0$ 或 $k\phi = NL\sin\phi$ 时能量方程有极值存在。

又由 $\frac{\mathrm{d}^2 u}{\mathrm{d}\phi^2} > 0$ 时方程有极小值得：$k > NL\cos\phi$

对于小变形结构及 $\phi = 0$ 时，则有：

$$k > NL \qquad (6-1-7)$$

为进一步推导节点刚度和外力的关系做以下几点假设：

1）柱、基础以及柱脚螺栓三者的关系如图 6-1-5 所示。ϕ_1 为柱轴线与垂线的夹角，ϕ_2 为锚栓与底板交点的连线的水平仰角。

2）基础本身可视为完全不动的无限刚体，忽略基础的变化因素，使得讨论简单化。

3）假设柱身为刚性杆，本身不发生弯曲变形。

4）柱脚底板与柱底端采用等强焊接后其变形可忽略。

根据上述假设，柱脚的刚度主要由底板的刚度和地脚螺栓的刚度组成。将式（6-1-7）两端分别乘以 ϕ_1、ϕ_2 得：

$$k\phi_2 > NL\phi_1 \qquad\qquad (6-1-8)$$

由材料力学可知：$k\phi_2=M_p$ 为节点的强度，是节点连接的一个抗力。$NL\phi_1=M$ 为外力矩。

①当柱脚底板刚度无限大时，$\phi_1=\phi_2$ 即刚性连接时节点与柱身具有相同的 $M-\phi$ 关系，式（6-1-8）可改写为：

$$M_p > M \qquad\qquad (6-1-9)$$

此时节点刚度的设计完全等同于节点强度的设计。

②假设柱脚底板刚度为有限刚度且刚度很大，则柱身的倾角 ϕ_1 将略大于底板的仰角 ϕ_2。式（6-1-9）的 M_p 和 M 相差不大，此时的柱脚连接只能是近似的刚接。

③假设柱脚底板刚度为有限刚度且刚度不是很大，则柱身的倾角 ϕ_1 将大于底板的仰角 ϕ_2，式（6-1-8）可表述为 $M_p<M$，此时的柱脚连接是半刚性连接。

④假设柱脚底板刚度很小，在地脚螺栓的拉力作用下，将导致柱脚底板的屈曲变形，M_p 远小于 M，柱脚的连接将由半刚性连接转化为铰接。

6.2 大空间屋盖结构支座

大空间结构在支座处的弯矩较大，同时还常伴随着较大的水平推力，故不同于一般的多高层结构，支座常采用铰接或半刚接设计。

6.2.1 大空间结构的铰接支座设计

大空间结构的柱脚经常暴露在人们的视野中，美学要求较高，为简化柱脚的构造，形成良好的美学造型，常被处理成铰接节点。另外，其柱脚的水平推力经常较大，需要考虑水平力的有效传递。图 6-2-1 是深圳大运中心体育馆的柱脚构造图，该节点设计在组件 B 预留球头，组件 A 扣在组件 B 上的做法，形成了理想的铰接连接。为保证柱底水平剪力的有效传递，设计将柱脚节点的混凝土底座做成了倾斜面，倾斜角度按钢柱脚的竖向力和水平力的合力方向确定，使得钢柱脚对混凝土斜面尽可能以承受压力为主。

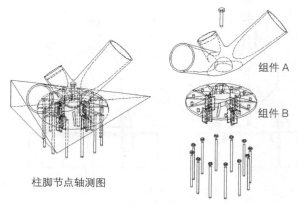

组件 A

组件 B

柱脚节点轴测图

图 6-2-1　深圳大运中心体育馆的柱脚构造图（BHP 方案）

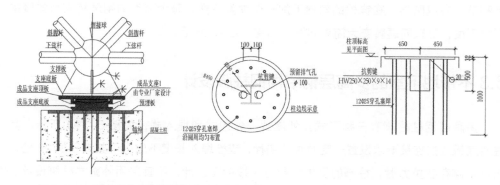

图 6-2-2　西安奥体中心钢屋盖成品支座安装图

　　大空间结构的支座也经常采用成品支座，该支座可能是橡胶支座，也可能是可滑移铰支座，总之可以根据结构设计需要来选择，图 6-2-2 是西安奥体中心钢屋盖成品支座安装图，预埋钢板上设置了抗剪型钢，预埋件和网架支座间设置了盆式支座。

6.2.2 大空间结构的半刚接连接柱脚设计

　　半刚性连接是连接具有有限的转动刚度，承受弯矩时节点会产生一定交角的变化，计算时应计入柱脚与基础交角变化的影响。但其交角究竟发生了哪些变化比较难以准确判定，对一般的设计人员来说比较困难。以下几点可供参考：

　　（1）目前很多软件都有弯矩释放功能，设计人员可以根据设计需要，确定结构分析中的弯矩释放水平，再根据其计算结果进行柱脚的刚度与强度设计。

　　（2）将半刚性连接看成是一个完全的刚接柱脚与一个弹簧的叠加，设计时将锚

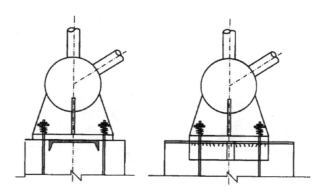

图6-2-3 半刚性连接构造示意图

栓和节点做成刚接，在锚栓的螺栓下加一个弹簧垫圈，整个节点的刚度转变为弹簧垫圈的刚度，复杂问题转变为简单问题，如图6-2-3所示。

6.3 不带地下室的多高层钢结构钢柱脚设计

多高层钢柱柱脚有三种形式：外露式、外包式和埋入式，如图6-3-1所示。其柱脚底板应按连接要求设置一定数量的锚栓，锚栓埋入长度不应小于其直径的25倍。当钢柱脚存在拉力时，柱脚的受拉承载力应按中震设计，不宜采用外露式柱脚设计。震害表明：地面以上的非埋入式柱脚在震区易产生破坏，故特别关键的钢柱脚宜按大震弹塑性受拉设计。

高层建筑中常用外包式和埋入式，《高层民用建筑钢结构技术规程》JGJ 99—

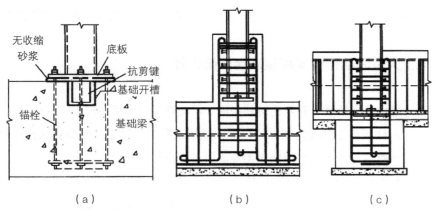

| （a） | （b） | （c） |

图6-3-1 不同形式钢柱柱脚示意图
（a）外露式柱脚；（b）外包式柱脚；（c）埋入式柱脚

2015 第 8.6.1 条规定：抗震设计时，宜优先采用埋入式；在有地下室的高层民用建筑中可采用外包式柱脚；外露式柱脚常用在层数不高的建筑中，常见于门式刚架结构。

6.3.1 埋入式柱脚设计

埋入式柱脚比较可靠，需按构造要求埋入混凝土内，埋入深度和构造措施需满足传力要求。《高层民用建筑钢结构技术规程》JGJ 99—2015 第 8.6.1 条第三款规定：H 形钢柱埋置深度不应小于柱长边的 2 倍，箱形柱的埋置深度不应小于柱截面边长的 2.5 倍，圆管柱的埋置深度不应小于柱外径的 3 倍，且柱脚底板还要设置与下部混凝土连接的锚栓。对于高层建筑，柱截面较大，埋入深度自然较深。因此，采用埋入式柱脚会导致承台厚度较大。柱脚截面范围内有水平构件时，水平构件的钢筋被挡住，无法通过，构造复杂，给施工带来很大麻烦，所以这种做法不太受欢迎。

6.3.2 外包式柱脚

外包式柱脚由钢柱脚和外包混凝土两部分组成，柱脚的轴向压力由钢柱底板直接传给基础，弯矩和剪力由外包混凝土和钢柱脚共同承担。基础顶面以上外包混凝土高度：《高层民用建筑钢结构技术规程》JGJ 99—2015 第 8.6.1 条第二款统一取不小于钢柱截面高度的 2.5 倍，且从柱脚底板到外包层顶部箍筋的距离与外包混凝土宽度之比不应小于 1.0。广东省标准《高层建筑钢 – 混凝土混合结构技术规程》DBJ/T 15—128—2017 第 9.1.2 条，将 H 形截面柱放松至 2.0 倍。对于有地下室的结构，考虑施工的便捷性及美观性，一般会做满一个层高，使施工更方便。

外包式柱脚需注意的是外包混凝土的厚度，按规范 100mm 即可，但考虑混凝土浇筑的便捷性，建议参照钢骨柱的要求，取外包厚度 150mm。《高层民用建筑钢结构技术规程》JGJ 99—2015 第 8.6.3 条还规定，外包混凝土受弯承载力应该等于柱内力和柱脚锚栓承载力的差。外包层承担的比例大，则柱脚承担的比例就小，柱脚设计比较方便，但这样处理的结果无形中加大了柱子的截面，减小了建筑的净空间，不太受欢迎。

带有地下室的结构，钢柱可以利用地下室结构的特点，分别采用埋入式或外包式柱脚。对于没有地下室的全钢结构则有些尴尬，图 6-3-2 是某甲级设计院对某数据机房设计时做的柱脚设计方案比选图。

该工程采用了全钢结构，无地下室，地面设有钢筋混凝土结构板，基础采用了
PHC 预应力管桩，很好地满足了工期与造价的要求。但该场地土强风化埋深不深，如
果该工程采用方案一所示完的埋入式柱脚，则承台厚度很厚，导致短桩数量增加；
如果采用方案二所示的外包式柱脚，因外包层设在底板以下，同样增加了承台埋深，
而且还要增加承台和混凝土板间回填土体工序；如果采用方案三，外包层设在地面以
上，虽然解决了上述问题，但暴露的混凝土外包段影响了建筑空间和建筑效果。不得
已设计院采用了图 6-3-3 所示的处理方式：隐藏式的外露式柱脚。外露式柱脚最大
的好处是水平构件的水平钢筋可以不受影响。但为了使用要求将外露式柱脚隐藏起来，
水平钢筋直接通过的优势就没有了。

图 6-3-4 是深圳春花天桥将钢筋直接插入灌注桩内的钢柱脚处理图。本工程
位于繁华闹市区的十字路交叉口，钢柱周边人员活动频繁，基础采用了人工挖孔桩，
设计选择了将钢柱脚直接埋在灌注桩内。通过上述分析，笔者认为，对于这种无地

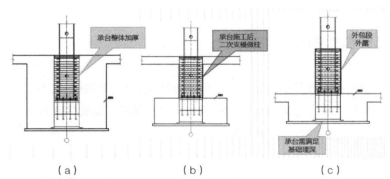

（a）   （b）   （c）

图 6-3-2   柱脚设计方案比选图
（a）方案一：纯埋入式；（b）方案二 a：纯外包式（全部地下）；（c）方案二 b：
纯外包式（地上）

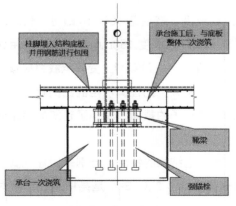

图 6-3-3   隐藏起来的外露式柱脚图

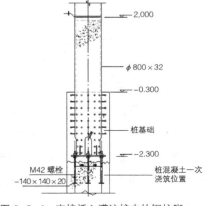

图 6-3-4   直接插入灌注桩内的钢柱脚

下室的全钢结构，采用灌注桩基础时，将钢柱脚埋在灌注桩内或将建筑的一层处理成钢骨柱，使一层的钢柱全部包裹在混凝土内，简化柱脚与基础的连接都是很好的解决方案。

6.3.3 外露式柱脚

外露式柱脚的轴力由底板直接传至混凝土基础，需按《混凝土结构设计规范》（2015 年版）GB 50010—2010 验算柱脚下混凝土的局部承压。抗震设计时，《高层民用建筑钢结构技术规程》JGJ 99—2015 第 8.6.2 条规定，柱与柱脚的连接处，柱脚的极限受弯承载力应大于钢柱的全塑性受弯承载力，这样导致锚栓的数量很多，直径很大。该条的本意应该是控制塑性铰出现在钢柱上，不希望铰出现在连接点以下，造成破坏时修复困难。如果通过性能化设计，大震时，柱脚连接处根本不会发生破坏，就不必满足钢柱的全塑性受弯承载力要求，即按需求比设计。

外露刚接柱脚通过底板锚栓锚固于混凝土基础上，锚栓有效面积由计算确定；钢柱底部的剪力可由底板与混凝土之间的摩擦力传递，摩擦系数可取 0.4，剪力大于底板下的摩擦力时，应设置抗剪件，并由抗剪件承担全部剪力，也可由锚栓承担全部剪力，但此时底板上的锚栓孔直径不应大于锚栓直径加 5mm。

6.4 带地下室高层钢结构柱脚设计

高层建筑不同于一般的单层和多层建筑。第一，随着建筑高度的增加，水平力的作用引起的柱底附加轴力在内力中占了很大比例，有时甚至会出现拉力。第二，高层建筑一般都有地下室，地下室的水平位移受到很大约束，柱脚的弯矩大幅减少。第三，地下室位于地面以下，受地下室以外土体的约束作用明显。第四，《高层建筑混凝土结构技术规程》JGJ 3—2010 第 3.9.5 条规定，当地下室顶层作为上部结构的嵌固端时，地下一层以下抗震构造措施的抗震等级可逐层降低一级。因此，高层建筑钢结构的柱脚设计可以根据地下室的层数，区分不同情况采取不同的设计方法。广东省标准《高层建筑钢－混凝土混合结构技术规程》DBJ/T 15—128—2017 规定：当柱脚存在拉力时，柱脚的受拉承载力一般按中震受拉设计，对特别关键的柱，宜按大震弹塑性受拉设计。对于不存在拉力的钢柱，上部结构计算嵌固在地下室顶板，且 6 度、7 度时有不少于 1 层地下室，或 8 度不少于 2 层地下室时，可采用外露刚接或铰接柱脚，并进行受压、受拉、受剪承载力和局部承压计算。带地下室的钢柱脚采用外露式柱脚和铰接柱脚时，可参考广东省标准《高层建筑钢－混凝土混合结构技术规程》DBJ/T 15—128—2017 进行设计。

　　因外包混凝土的纵筋在柱最外侧，抗弯效率较高，其纵筋按《混凝土结构设计规范》（2015 年版）GB 50010—2010 进行构造设计，同时应在外包部分的钢柱外表面设置栓钉，协调传力。如果外包混凝土的受弯承载力大于等于柱底弯矩，钢柱的锚栓就可以按照铰接设计，简化施工。表 6-4-1 是横琴总部大厦二期的柱底内力情况。该建筑地上高度 280m，地下 3 层，场地设防烈度 7 度，场地类别 III，50 年一遇的基本风压 0.85kPa，场地粗糙度类别 B 类。可以说，该工程承受的水平荷载应该属于国内高层建筑所受水平荷载较大的工程之一了，但从计算结果看，即便是这样的工程，柱底弯矩并不大。

横琴总部大厦二期的柱底内力　　　　　　　　　　　　　　　　表 6-4-1

工况	N（kN）	Vx（kN）	Vy（kN）	Mx（kN·m）	My（kN）
恒荷载（DL）	−62757.5	−100.41	100.02	−53.72	31.42
活荷载（LL）	−8540.91	−8.53	7.33	−13.89	8.54
X 向正偏心地震（E_{XP}）	−7106.19	−128.1	−10.78	−15.65	−204.68
X 向负偏心地震（E_{XM}）	−7168.44	−131.32	−12.53	11.47	−206.2
Y 向正偏心地震（E_{YP}）	−3961.98	−15.05	−11.4	−72.73	−59.35
Y 向负偏心地震（E_{YM}）	−4021.39	−17.68	−11.13	−62.12	−60.71
X 向风荷载（W_X）	−17056.7	−121.94	−13.69	−14.93	−201.97
Y 向风荷载（W_Y）	−13236.1	−51.75	−10.81	−42.07	−113.75
竖向地震	−5578.54	−4.58	−2.91	3.8	8.4
X 向地震（E_X）	−7137.3	−129.71	−11.61	−12.5	−205.44
Y 向地震（E_Y）	−3991.65	−16.33	−11.2	−67.4	−60.03
不利地震 X 向（E_{XO}）	−6865.03	−128.75	−11.19	−12.32	−201.77
不利地震 Y 向（E_{YO}）	−4438.13	−22.54	−11.62	−67.43	−71.29

第 7 章

科研成果简介

创新引领未来，钢结构设计中经常会遇到一些新内容，需要有一定的研究和试验验证，本章筛选了我们工作中涉及的部分试验和研究成果，本章简要介绍一下试验情况和一些研究体会，供同仁参考。

7.1 西安奥体中心游泳跳水馆大跨钢结构楼面舒适度测试

楼盖舒适度影响因素较多，应结合计算分析与实测结果综合分析确定。首先，楼盖面层、吊顶、室内使用设备以及固定隔墙等荷载均对其产生影响。计算时，装修面层的刚度及有关装修荷载难以准确计算。其次，楼盖的实际振动与使用时的激励外力有关。大跨度楼盖质量很大，出现一定时长的能够感知到的振动，需要一定大小的激励力。因此，采用实测，更能准确反映振动的真实情况，根据实测结果采取的措施才能更有效。

7.1.1 我国关于楼盖舒适度标准

我国于 2019 年 7 月颁布了行业标准《建筑楼盖结构振动舒适度技术标准》JGJ/T 441—2019，用于建筑楼盖结构振动舒适度的设计、检测和评估。其对建筑楼盖舒适度控制采用的是竖向振动加速度限值，且对楼盖的自振频率也提出了要求。例如有节奏运动为主的楼盖结构，正常使用时第一阶竖向自振频率不宜低于 4Hz，竖向振动有效最大加速度不应大于表 7-1-1 的限值。

舒适度限值   表 7-1-1

楼盖使用类别	有效最大加速度限值（m/s²）
舞厅、演出舞台、看台、室内运动场地、仅进行有氧健身操的健身房	0.50
同时进行有氧健身操和器械健身的健身房	0.20

《建筑楼盖结构振动舒适度技术标准》JGJ/T 441—2019 第 7.1.1 条规定，以行走激励为主的楼盖结构可按单人行走激励计算楼盖的振动响应，这只适用于同步人数概率较低的情况。对于有节奏运动为主的楼盖结构，则采用等效人群荷载及动力因子来考虑激励荷载，且为有效最大加速度，具体规定如下：

$$\alpha_{pm} = (\Sigma \alpha_{pi}^{1.5})^{\frac{1}{1.5}}$$

式中　α_{pm}——有效最大加速度；

　　　α_{pi}——第 i 阶荷载频率对应的振动峰值加速度。

采用时程分析方法计算舒适度时，规定如下：

（1）舒适度计算时，有节奏运动为主的钢 – 混凝土组合楼盖和混凝土楼盖的阻尼比均可取为 0.06。

（2）根据结构边界条件、实际受力情况进行适当简化，建立符合实际情况的有限元模型。

（3）根据楼盖自振频率合理选择不利振动点和第一阶激励荷载频率。

（4）对于有节奏运动的激励函数，时长不宜少于 15s，积分步长不宜大于 1/（72 倍第一阶激励荷载频率）。

与结构承载力极限状态设计不同，舒适度设计时永久荷载必须按实际使用情况取值。因为荷载激励下楼盖振动加速度除了与结构自振频率有关外，还和有效质量有关。同时，楼盖的铺装层对实际刚度也有贡献。当永久荷载取值大于实际使用情况时，计算得到的振动加速度值偏小，导致舒适度计算偏于不安全，反之则偏于安全。当这些荷载无法确定时，可按《建筑楼盖结构振动舒适度技术标准》JGJ/T 441—2019 相关规定取值。

7.1.2 案例工程概况

西安奥体中心游泳跳水馆是第十四届全国运动会的主赛场，是集游泳、跳水、花样游泳、水球比赛、文化和休闲活动于一体的多功能体育场馆。地下 1 层，地上 4 层，总建筑面积约 10.2 万 m^2，其中地上面积约 6.7 万 m^2，地下面积约 3.5 万 m^2，看台观众座位 4046 个，实景照片如图 7-1-1 所示。

图 7-1-1　游泳跳水馆照片

　　游泳跳水馆整体平面尺寸为 258.0m×217.0m，通过设置结构抗震缝将商业平台与主体结构脱开，地下室不设缝，主体结构的屋面投影尺寸为 168.0m×120.0m，如图 7-1-2 所示。主要由比赛大厅、前厅、综合训练厅、陆上训练厅及附属设备用房组成，建筑剖面图如图 7-1-3 和图 7-1-4 所示。建筑屋面最高点高度 30.150m，四周立面菱形装饰柱（简称装饰柱）柱顶高度 32.830m，比赛大厅净高约 20.00m。主体框架结构的主要柱网尺寸为 8.40m×9.00m，屋盖钢结构采用倒三角立体管桁架结构（边

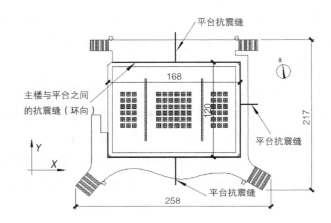

图 7-1-2　结构抗震缝设置图（单位：m）

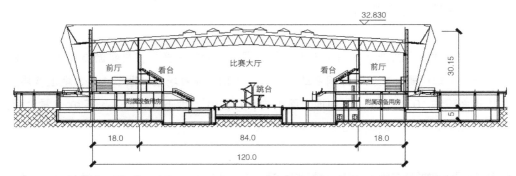

图 7-1-3　建筑横向剖面图（单位：m）

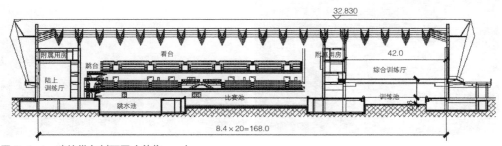

图 7-1-4　建筑纵向剖面图（单位：m）

桁为平面桁架）。立面菱形装饰柱骨架采用圆钢管格构柱，通过水平拉杆与屋面结构相连。观众席为预制清水混凝土看台。游泳馆内比赛设施配置详见表 7-1-2。

比赛设施配置　　　　　　　　　　　　　　　　　　表 7-1-2

比赛设施	数量	具备功能
跳水池	1个	尺寸为 25.0m×25.0m，水深 6.0m
跳塔	1组	设置了 10m、7.5m、5m、3m 跳台各一道，以及 3m 板 3 块，1m 板 2 块
比赛池	1个	50m×25m×3m，10 泳道，可满足游泳、花样游泳、水球等项目
训练池	1个	50m×25m×2m，10 泳道
戏水池	1个	26m×16m×1.2m

游泳跳水馆主体结构采用钢筋混凝土框架结构体系，嵌固端位于地下室顶板，抗震等级二级，其中支撑大跨屋面框架柱、与综合训练厅 42m 跨楼面钢梁相接框架柱的抗震等级提高为一级，主体结构轴测图如图 7-1-5 所示。

该馆除在中间部位设有国际标准的比赛池外，两侧还分别设有跳水池和训练池。训练池上层为综合训练厅，跨度为 42m。

7.1.3 综合训练厅大跨楼板设计

游泳馆建筑一般设有热身训练池，其上空净高要求与比赛池

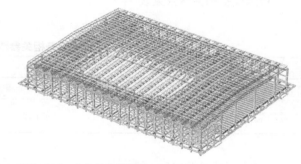

图 7-1-5　主体结构轴测图

相比不高，顶部空间作为陆上综合训练厅功能房间，形成了一个跨度为 42m 的楼盖结构，使用荷载较大。此楼盖，如采用预应力混凝土梁板结构，其梁高可达 3~4m，对建筑层高影响较大，不能满足建筑要求，本工程采用了单向布置的钢梁组合楼板，如图 7-1-6 所示。钢梁采用焊接工字钢梁 H1700mm×650mm×30mm×100mm，采用弯矩调幅设计，端部 1/3 跨减小为 H1700mm×650mm×30mm×60mm，材质 Q345B，钢筋桁架楼承板 150mm 厚。经计算分析，楼板的强度及变形均可满足《组合结构设计规范》JGJ 138—2016 要求，但楼板整体振动频率较低，其第一阶振动频率为 2.97Hz，略小于规范限值，与人致激励的敏感频率（1.5~4.0Hz）相近，因此可能产生比较严重的人致振动问题，可能需要采取措施进行振动控制。设计处理如

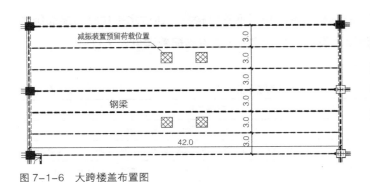

下：楼盖设计时预留了减振装置荷载，待施工完成后进行实测，然后根据测试结果决定TMD安装与否。

图 7-1-6　大跨楼盖布置图

7.1.4 大跨楼板振动测试方案

为更真实地获取实际楼板的动力特性，本项目业主委托上海史狄尔建筑减震科技有限公司对楼板进行了现场振动测试，为后续设计TMD（调谐质量阻尼器）提供了依据。

（1）检测设备

检测设备相关参数见表 7-1-3。

检测设备相关参数　　　　　　　　　　　　　　表 7-1-3

设备名称	型号规格	量程	灵敏度
加速度传感器	IEPE-16100	加速度 ±10g，频率范围 1~2500Hz	50mV/g
振动采集分析仪	MI-7008	±10V	0.5mV（信号 ≤ 100mV） 0.05dB（信号 > 100mV）

（2）现场检测方案

通过理论分析可知，楼板振动的低阶振型的主要变形发生在次梁和次梁之间的楼板上，且与开间大小密切相关，开间越大其振动频率越低，为此测试时以主梁为单位，将楼板分为 10 个测区，分别测试 10 块楼板的自振频率，测试时采用自由振动法，由 20 人（视现场情况而定）在楼板中部起跳而激起楼板自由振动，停止跳动后，通过测试楼板在自由振动过程中的加速度变化测出楼板的振动频率和阻尼比等特性，振动测试时每个测区测试三次，以测试结果的平均值为准（图 7-1-7）。

（3）测区与测点布置

以主梁为边界将楼板分为 10 个区域。结合设计院建议和现场实际考察，将预先待测的 10 个测区改为 5 个代表性区域进行测试，如图 7-1-8 所示，五个所选测区以大写数字标出。

对每个测区，在测区中心点四周设置四个加速度传感器，在传感器两边的矩形区域为跳跃激振人员的站立区域，如图 7-1-9 所示。

（4）测区工况

参考相关文献资料，此楼板上属于低密度人群活动（≤ 1 人 /m²），同步激励人数可能为 $\sqrt{n}$ =18.4，取为 20 人，在跨中测点两侧布置 2 个激励区域，每个区域 10 人进行同步激励。每个测区的激励工况见表 7-1-4。

每个测区的激励工况　　　　　　　表 7-1-4

工况	激励方式	测区人数（人）	采样时间（s）	采样频率（Hz）	测试目标
1	多人单次跳跃冲击	20	2.7	750	频率、阻尼比
2	多人单次跳跃冲击	20	2.7	750	频率、阻尼比
3	多人单次跳跃冲击	20	2.7	750	频率、阻尼比
4	多人固定频率持续跳动	20	10	375	加速度响应

图 7-1-7　现场采集仪器

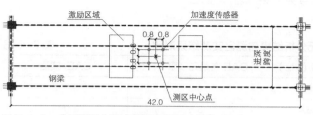

图 7-1-9　典型测区内测点平面布置图（单位：m）

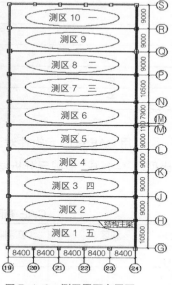

图 7-1-8　测区平面布置图

（5）测试流程

按测点位置布置好传感器，每个测区布置四个传感器，并将传感器采用专门的信号连接线连接至信号采集仪某通道（因其中一固定通道接触问题，最终选用三组通道的测试结果进行分析），对传感器、数据通道以及现场测点位置进行记录，依次连接电脑电源、信号采集仪电源、检测传感器及信号采集仪工作状态是否正常并进行必要的设置，而后正式开始测试。测试时现场测试人员站在指定的区域，在一人指挥下完成工况 1 到工况 3 的测试。采集各工况数据，分析得出楼板的固有频率和阻尼比，根据固有频率完成该测区第 4 组工况的测试。测量完毕后移动传感器位置进行下一测区的测量。

7.1.5 测试结果

各测区楼板的测试主频率和阻尼比，见表 7-1-5，除测区 1 以外的测区竖向振动主频率分布在 3.6~4.4Hz（测区 1 由于结构布置不同且为边跨楼板，实测频率较大），均满足《高层民用建筑钢结构技术规程》JGJ 99—2015 不小于 3Hz 的要求。

各测区楼板的测试主频率和阻尼比实测结果   表 7-1-5

测区	实测频率（Hz）	阻尼比	备注
一	39.55	0.297%	特殊布置区
二	4.395	0.573%	中部板跨
三	3.662	1.200%	中部板跨
四	4.395	1.251%	中部板跨
五	4.028	3.500%	边部板跨

采用 CAE 有限元软件对测区楼板进行仿真模拟分析，其结果与测区实测结果对比见表 7-1-6，有限元分析结果与实测结果基本接近。

CAE 有限元分析结果与测区实测结果对比   表 7-1-6

测区	实测频率（Hz）	CAE 有限元频率（Hz）	CAE/ 实测
二	4.395	4.358	0.992
三	3.662	3.672	1.003
四	4.395	4.374	0.995
五	4.028	3.984	0.989

鉴于测区所测得固有频率的准确程度，按偏于不利的、以接近理论分析的 3.0Hz 作为持续跳动的人致激振频率，进行楼板振动加速度测试，测试持续时间为 10s。为

分析对比，调整有限元模型边界约束条件，使模拟分析频率与实测频率一致，激励荷载工况与实测相同，各测区在持续跳动工况下楼板的实测加速度幅值、CAE 模拟加速度、1sRMS（max）和 10sRMS（max）统计结果见表 7-1-7。表中加速度幅值为各测区的加速度最大值；1sRMS（max），10sRMS（max）分别为时程曲线上以 1s 和 10s 为时间间距的加速度均方根（RMS）的最大值。

各测区实测与有限元（CAE）模拟分析结果　　　　　　表 7-1-7

测区	数据来源	幅值	0.35 倍幅值	1sRMS（max）	10sRMS（max）	1sRMS（max）（规范限定值）	10sRMS（max）（规范限定值）
二	实测	0.571	0.200	0.126	0.100	0.150	1.000
	CAE	0.237	0.083	0.129	0.099	0.150	1.000
三	实测	0.505	0.177	0.136	0.100	0.168	1.120
	CAE	0.485	0.170	0.319	0.210	0.168	1.120
四	实测	0.840	0.294	0.169	0.141	0.150	1.000
	CAE	0.213	0.075	0.127	0.098	0.150	1.000
五	实测	0.423	0.148	0.142	0.090	0.150	1.000
	CAE	0.271	0.095	0.147	0.115	0.150	1.000

本项目测试报告参考 ISO 10137 标准进行评价，具体评价内容为：

（1）对于有静止的人员过道，建议以 1sRMS 值为评价标准，对比表 7-1-7 中的实测值与规范限定值，可以看出，除测区 4 稍微超出限定值外，其他都在限定值范围内。

（2）对于看台和会堂类别的楼板，采用 10sRMS 作为评价指标，可以看出各测区实测值均在规范限定值范围内。本工程楼板使用功能为综合训练厅，可参照本条进行评价。

由上述实测与模拟结果可知，虽然楼板主要振动频率满足要求，但加速度幅值远超《组合结构设计规范》JGJ 138—2016 限值，但参考 ISO 10137 标准又有较大的空间，分析主要原因如下：

（1）据相关资料，当人群密度达到 0.6~1.0 人 /m^2 时，应以行走激励为主要激励，不会产生跳跃激励的可能。当人群都以较高频率自由跳跃不受干扰时，人群密度的上限界定为 ≤ 0.3 人 /m^2，那么按实际活动区域面积计算的同步人数约为测试人数的 1/3 左右，即 7~8 人。因此本项目选择 20 人同步跳跃激励偏大。

（2）一般情况下同步人群应均匀分布在楼板上，本次测试的人群荷载集中在跨中两个区域内，属于最不利情况，实测结果和 CAE 有限元模拟分析结果都偏大。

（3）由于实测时楼板上建筑面层及下部吊顶、吊挂设备等均未完成，也会使结果偏大。

考虑上述三个原因，将加速度幅值乘以 0.35 折减系数进行对比，折减后的幅值基本满足要求。综合考虑实测与 CAE 有限元模拟分析结果，参考 ISO 10137 标准，本项目不考虑采用 TMD 进行减振控制。

7.1.6 小结

大跨度楼盖的舒适度与实际刚度、激励荷载、激励模式等均有关，实际测试更能反映出楼盖振动的真实情况，设计时先预留 TMD 安装荷载，再根据测试结果决定是否加装 TMD。

7.2 千米高层科研的几点体会

千米级摩天大楼是中国建筑工程总公司的科研课题，中国建筑东北设计研究院有限公司承担了建筑和结构部分的研究。这里简单介绍以下结构研究情况，再谈几点体会。

7.2.1 研究情况简介

7.2.1.1 建筑造型与竖向交通

千米高层建筑的规模大，高度高，建筑设计需要考虑建筑使用功能、平面布置、竖向交通、日照采光、消防设施、减小风阻以及结构的高宽比适宜等控制因素。中国建筑东北设计研究院有限公司参与研究的千米高层建筑方案采用了三座千米级单塔超高层建筑（以下称"边塔"）在不同高度进行连合的构型，很好解决了采光与高宽比的矛盾。三座单塔的几何中心为一座圆形的专用交通塔（以下称"芯塔"）直接落地，人员可集中乘坐其中的穿梭电梯直接达到 300m 以上的相隔百米设置的交通公共平台，再由此处分散转换到每个边塔建筑内部核心筒的普通电梯，到达目的地楼层，巧妙利用了百米高层的相关规定，体现了千米高层始于百米的聪明智慧。效果图如图 7-2-1 所示，典型平面图如图 7-2-2 所示。三座边塔及芯塔外立面采用单元式组合玻璃幕墙，凸显千米级摩天大楼的高耸气魄。

7.2.1.2 结构方案

（1）结构体系

千米级摩天大楼结构设计采用了由边塔和芯塔通过刚性平台组成多塔组合巨型框架 – 核心筒结构体系的方案，结构方案新颖、合理。大楼地上主体由三个边单塔与芯塔通过 100m 高底部裙房及裙房以上每 100m 设置的 2 层高的刚性平台连接在一起，形成巨型组合结构。三个周边单塔在连接平台楼层设置伸臂桁架和腰桁架，沿每段边塔的立面弧形长度方向两侧设置 X 形支撑。主塔框架柱采用钢管混凝土柱，核心筒采用外包钢板混凝土组合剪力墙，楼面梁采用钢梁。典型标准层平面布置图如图 7-2-3

图 7-2-1 效果图

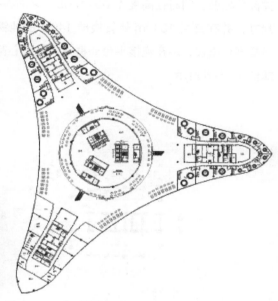

图 7-2-2 典型平面图

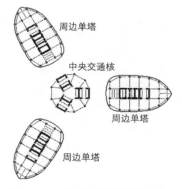

图 7-2-3 典型标准层平面布置图

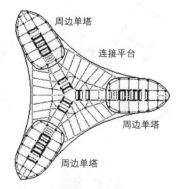

图 7-2-4 多塔巨型组合结构体系示意图

所示，多塔巨型组合结构体系示意图如图 7-2-4 所示。

（2）边塔结构

三个边塔采用巨型框架 – 外包钢板混凝土组合剪力墙核心筒结构体系，平面近似椭圆形，沿建筑高度在长度和宽度方向逐渐内收，平面的最大长度由标高 ±0.000 处83.9m 均匀减小到标高 1000m 处的 66.5m，最大宽度由 49.7m 均匀收缩到 32.6m，如图 7-2-5 所示。其中图 7-2-5（a）中阴影部分为边塔收缩的范围。

（3）芯塔结构

芯塔平面形状为直径 49.8m 的圆形平面，且 ±0.000~1000m 高度范围内平面布置保持不变，由 6 根钢管混凝土框架柱和外包钢板剪力墙组成；在高度 1000m 处收掉部分墙肢，同时在高度 1000~1005m 之间将框架柱向中心倾斜，减小了芯塔的平面尺寸，并在高度 1040m 处转换成 140m 的纯钢结构塔尖；主要框架梁采用箱形截面与框架柱刚接，除在连接平台处框架梁与核心筒刚接外，其余楼层与核心筒均为铰接，如图 7-2-6 所示。

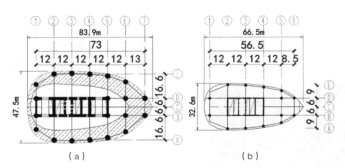

图 7-2-5　边塔平面图
（a）±0.000 单塔平面布置图；（b）1000m 单塔平面布置图

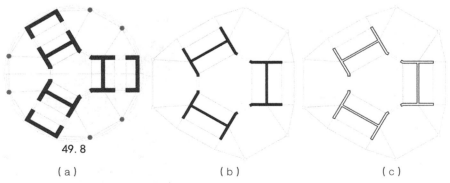

图 7-2-6　芯塔平面布置图
（a）±0.000~1000m 芯塔平面布置；（b）1005m 平面布置；（c）1040m 平面布置

7.2.1.3 构件设计

（1）框架柱

三个边塔与芯塔的所有框架柱均为圆钢管混凝土柱，每个边塔共有 20 根圆钢管混凝土框架柱，包含 6 根直柱（K7、K8、K9），14 根斜柱，柱钢管截面由 2800mm×100mm 逐渐收缩为 1300mm×50mm；芯塔有 6 根钢管混凝土柱，截面由 1800mm×50mm 逐渐收缩为 1300mm×50mm，钢材采用 Q420 钢，如图 7-2-7 所示。

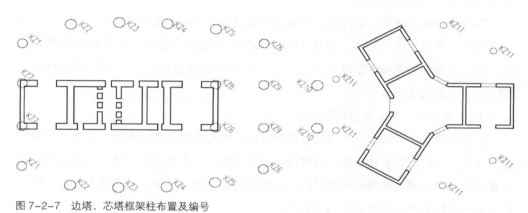

图 7-2-7　边塔、芯塔框架柱布置及编号

（2）核心筒设计

三个边塔与芯塔的剪力墙核心筒从筏板顶向上延伸至大楼顶层，贯通建筑物全高，容纳了主要的垂直交通和机电设备管道，并承担竖向及水平荷载。核心筒均采用外包钢板混凝土组合剪力墙，并沿墙体长度方向设置肋板，形成多腔体钢板混凝土组合剪力墙。核心筒混凝土最大等级为 C120 高强混凝土与外包钢板共同工作，在保证一定延性的前提下，提高了构件受压、受剪承载力，有效降低了结构自重。外包钢板混凝土组合剪力墙优点如下：

1）强度高，刚度大，可以显著减小剪力墙截面厚度，1180m 高的摩天大楼，首层最厚墙厚仅 1700mm，极大地减小了结构自重，减小了地震作用。

2）延性好，抗震抗风性能好。通过小震弹性、中震弹性和大震不屈服作用下分析研究发现，外包钢板混凝土组合剪力墙显著提高了结构的抗震性能，通过弹塑性时程分析，外包钢板混凝土组合剪力墙的钢板 Mises 应力和混凝土的受压损失不大，基本上保持为弹性。

3）采用 C120 高性能混凝土。

4）采用高强度钢材，如 Q420、Q460。

5）工业化水平高，便于施工，节能环保，绿色施工；剪力墙的外包钢板、加劲肋、栓钉可在工厂事先加工完成，在施工现场进行构件拼接焊接，实现免模板浇筑混凝土。设计采用的典型外包钢板剪力墙平面构造如图 7-2-8 所示，核心筒布置及墙肢编号示意图如图 7-2-9 所示。

三个边塔的核心筒均呈矩形布置，位置偏向于芯塔方向，底部尺寸为 48m×12m，标高 1000m 以上逐步收进为 24m×12m，核心筒周边主要墙体厚度由 1700mm 逐步收减为 500mm。

芯塔核心筒平面呈 Y 形布置，位置居平面正中，质心与刚心基本一致，Y 形筒每个枝杈的外伸长度为 16.5m，宽度 12m，1000m 高度以下该核心筒平面外轮廓无变化，核心筒周边主要墙体厚度从下至上由 1350mm 收减至 600mm，筒内墙体厚度由 1200mm 逐渐内收至 500mm。

（3）边塔伸臂桁架及腰桁架设计

为了协调每个边塔核心筒与其框架的变形，提高边塔的整体刚度，在各个连接平台处设置了伸臂桁架和腰桁架。伸臂桁架使框架柱与核心筒共同工作，一起抵抗水平地震与风作用；腰桁架架设在边塔的周边框架柱处，减小框架柱剪力滞后效应。伸臂桁架与腰桁架示意图如图 7-2-10 所示。

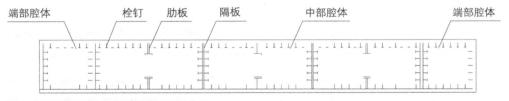

图 7-2-8　典型外包钢板剪力墙平面构造图

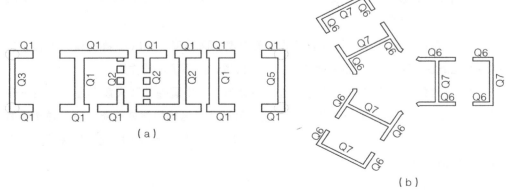

（a）

（b）

图 7-2-9　核心筒布置及墙肢编号示意图
（a）周边单塔核心筒剪力墙编号；（b）芯塔核心筒剪力墙编号

（4）巨型支撑

每个边塔沿平面弧形长度方向两侧每 100m 高设置一道 X 形巨型支撑，支撑为箱形截面，最大截面尺寸为 1700mm×950mm×110mm×50mm。支撑各段在各柱间呈直线布置，由于外框柱为曲面布置，因此整根支撑为空间折线。支撑与柱通过特殊构造相互脱开，受力清晰，大大简化其节点构造，解决了构件制作和安装的复杂问题。通过楼面体系设置水平支撑，对其面内外进行约束，降低计算长度，确保其与结构整体的协调变形。单塔典型 X 形巨型支撑示意图如图 7-2-11 所示。

（5）边塔与芯塔的连接平台设计

三个边塔与芯塔沿建筑高度，通过每 100m、2 层 15m 高平台进行刚性连接，在 200m 及其以上每 100m 各连接平台处设置了多道连接桁架，分别为：外部桁架、中

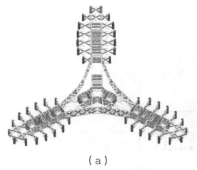
（a）

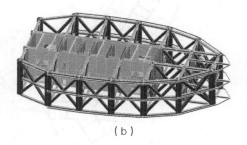
（b）

图 7-2-10　伸臂桁架与腰桁架示意图
（a）伸臂桁架；（b）腰桁架

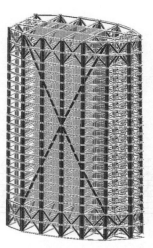

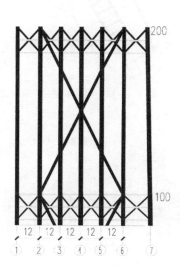

图 7-2-11　单塔典型 X 形巨型支撑示意图

部桁架及内部桁架，具体布置如图 7-2-12 所示。外部桁架通过边塔的外侧框架柱将两座边塔连接起来，桁架跨度 86.8m；中部桁架通过边塔的框架柱和芯塔框架柱将两座边塔和芯塔连接起来，边塔框架柱与芯塔框架柱的间距为 31.7m，两根芯塔框架柱之间的距离为 15m；内部桁架通过每个边塔框架柱与芯塔剪力墙连接起来，桁架跨度 24.6m；同时为了增加连接平台结构的整体性和抗弯刚度，在外部桁架的下部设置了四层高的人字形支撑，图 7-2-13 是典型 X 形巨型支撑示意图。为增大楼面水平刚度，同时防止大震下楼板与框架梁、桁架上下弦杆脱开后，产生框架梁、桁架上下弦杆无侧向支撑问题，在连接平台的顶、底楼层平面内设置了水平支撑。

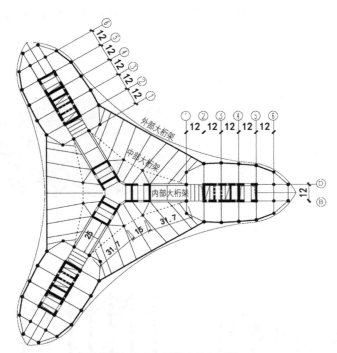

图 7-2-12　周边单塔与中央交通核连接布置图

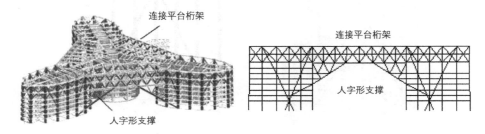

图 7-2-13　典型 X 形巨型支撑示意图

7.2.2 几点体会

7.2.2.1 超高层建筑的受力特点与材料用量

在超高层建筑中，随着建筑物高度不断增加，主体结构承受的竖向荷载不断增加，所承受风作用及地震作用等的水平侧力也相应加大，有时抵抗水平侧力将成为建筑结构研究与设计的控制因素，选用安全、合理、高效、经济的结构体系对于超高层建筑来说显得尤为重要。图 7-2-14 给出了单位用钢量与房屋高度的关系。

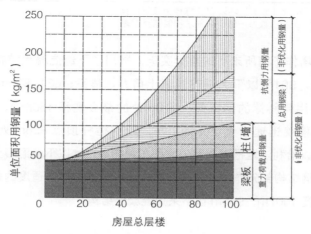

图 7-2-14　单位用钢量与房屋高度的关系图

7.2.2.2 超高层建筑的材料使用

超高层建筑结构体系的发展，离不开对建造结构主体所采用材料的研究与应用。建筑用钢材具有自重轻、延性好，可实现工业化加工与现场安装速度快等特点，但存在刚度小、变形大、防火要求高等缺点；混凝土具有刚度大、造价低、工艺简单、防火好等优点，也存在自重大，延性不足等缺点。

随着研究的深入，可以说，"全钢结构优于混凝土结构，适合于超高层建筑"，这是 20 世纪六七十年代的普遍共识。到了 20 世纪八九十年代，人们发现纯钢结构已经不能满足建筑高度进一步升高的要求，其原因在于钢结构的侧向刚度提高难以跟上高度的迅速增长。表 7-2-1 列出了目前各个高度级别超高层建筑采用的主体结构材料情况。从中可知，在 300 栋建筑中，采用钢材为结构主体材料的建筑为 29 栋，占 9.7%，采用混凝土材料为 138 栋，占 46%，采用钢 - 混凝土的混合材料为 133 栋，占 44.3%；其中，300m 以下超高层建筑以混凝土为主，300m 以上则以混合材料为主。随着建筑高度的不断攀升，目前世界上超过 500m 的 6 项工程的结构主体均采用了混合材料。

截至 2016 年的世界最高 300 栋建筑按高度不同结构建材应用情况　表 7-2-1

建筑高度 结构建材	800m 以上 （%）	600~700m （%）	500~600m （%）	400~500m （%）	300~400m （%）	250~300m （%）	总体占比 （%）
钢 –S				1（0.3）	10（3.3）	18（6.0）	9.7
混凝土 –C				3（1.0）	35（11.7）	100（33.3）	46.0
混合 –M	1（0.3）	2（0.7）	3（1.0）	10（3.3）	44（14.7）	73（24.3）	44.3
合计	1（0.3）	2（0.7）	3（1.0）	14（4.7）	89（29.7）	191（63.3）	100.0

注：1. 括号内数字为百分比（%），均以 300 栋楼为分母计算；
　　2. 由于括号内数字保留小数点一位，个别求和值略有误差。

　　迪拜哈利法塔作了前所未有的重大突破，采用了下部混凝土结构、上部钢结构的全新结构体系。601m 以下为钢筋混凝土剪力墙体系；601~828m 为钢结构，其中 601~760m 采用带斜撑的钢框架。601m 处的最大侧移 450mm，到了钢框架顶点 760m 处，位移就迅速增大至 1250mm；到钢桅杆顶点 828m 处，位移就达到 1450mm 了。所以哈利法塔把酒店和公寓都布置在 601m 以下的混凝土结构部分；而将 601m 以上的钢结构部分作为办公楼使用，适应了人们对舒适度的需求。同样，沙特王国大厦，高度 1007m，965m 以下采用混凝土结构。

7.2.2.3 超高层结构形式应用情况

　　超高层建筑结构体系的合理性，从安全、经济的角度主要表现在抗侧力体系的效能上，由最初的框架、剪力墙结构等基本体系，发展为框架 – 剪力墙（支撑）体系、框架 – 筒体体系、筒中筒体系、巨型框架体系、巨型框架体系 + 巨型支撑体系等，见表 7-2-2。

我国一些部分建成和在建的超高层建筑采用的结构体系　表 7-2-2

序号	建筑名称（高度）	结构体系构成
1	上海中心大厦 （632.0m）	核心筒（型钢或钢板混凝土）+ 巨型框架（巨型型钢混凝土柱 + 箱形空间环形钢桁架 + 径向伸臂钢桁架）+ 伸臂钢桁架 + 次框架（钢柱、钢梁）+ 楼面（钢梁与混凝土组合）
2	广州周大福金融中心（530.0m）	核心筒（型钢混凝土）+ 巨型框架（矩形钢管混凝土柱 + 环形钢桁架）+ 伸臂钢桁架 + 次框架（钢柱、钢梁）+ 楼面（钢梁与混凝土组合）
3	上海环球金融中心（492.0m）	核心筒（型钢混凝土）+ 巨型单向斜支撑（钢管混凝土）+ 巨型框架（巨型型钢混凝土柱 + 环形钢桁架 + 径向伸臂钢桁架）+ 次框架（钢柱、钢梁）+ 楼面（钢梁与混凝土组合）

续表

序号	建筑名称（高度）	结构体系构成
4	紫峰大厦（450.0m）	核心筒（钢筋混凝土）+ 框架（型钢混凝土柱 + 钢梁）+ 伸臂钢桁架 + 腰钢桁架 + 楼面（钢梁与混凝土组合）
5	京基 100（441.8m）	核心筒（型钢混凝土）+X 形巨型斜支撑（箱形截面钢）+ 框架（矩形钢管混凝土柱 + 钢梁）+ 伸臂钢桁架 + 腰钢桁架 + 楼面（钢梁与混凝土组合）
6	广州国际金融中心（438.6m）	核心筒（钢筋混凝土）+ 外筒（圆钢管混凝土形成的菱形网格）+ 楼面（钢梁与混凝土组合）
7	金茂大厦（420.5m）	核心筒（钢筋混凝土）+ 巨型框架（型钢混凝土柱 + 环形钢桁架）+ 伸臂钢桁架 + 次框架（钢柱、钢梁）+ 楼面（钢梁与混凝土组合）
8	中信广场（390.2m）	核心筒（钢筋混凝土）+ 框架（钢筋混凝土柱、梁）+ 楼面（混凝土）
9	信兴广场（384.0m）	核心筒（型钢混凝土）+ 框架（矩形钢管混凝土柱、钢梁）+ 伸臂钢桁架 + 腰钢桁架 + 楼面（钢梁与混凝土组合）
10	裕景大连塔 1 号（383.1m）	核心筒（型钢混凝土）+ 巨型单向斜支撑（矩形钢管混凝土）+ 巨型框架（型钢混凝土柱 + 箱形钢桁架）+ 次框架 + 楼面（钢梁与混凝土组合）
11	沈阳市府恒隆广场 1 号楼（350.6m）	核心筒（型钢混凝土）+ 框架（型钢混凝土柱 + 钢梁）+ 伸臂钢桁架 + 腰桁架 + 楼面（钢梁与混凝土组合）
12	广晟国际大厦（350.3m）	核心筒（钢筋混凝土）+ 框架（型钢混凝土柱 + 钢管混凝土柱 + 混凝土梁）+ 楼面（混凝土）
13	天津 117 大厦（597.0m）	核心筒（内置钢板混凝土）+ X 形巨型斜支撑（箱形截面钢）+ 巨型框架（钢管混凝土柱 + 箱形钢桁架）+ 次框架 + 楼面（钢梁与混凝土组合）
14	中国尊（528.0m）	核心筒（内置钢板混凝土）+ X 形巨型斜支撑（箱形截面钢）+ 巨型框架（钢管混凝土柱 + 箱形钢桁架）+ 次框架 + 楼面（钢梁与混凝土组合）
15	大连国贸中心大厦（433.0m）	核心筒（内置钢板混凝土）+ 框架（钢管混凝土柱 + 钢梁）+ 伸臂钢桁架 + 腰桁架 + 楼面（钢梁与混凝土组合）
16	大连绿地中心（518.0m）	核心筒（内置钢板或型钢混凝土）+ 巨型框架（型钢混凝土柱 + 环形钢桁架）+ 次框架 + 楼面（钢梁与混凝土组合）
17	平安金融中心（592.5m）	核心筒（内置钢板或型钢混凝土）+ 巨型框架（型钢混凝土柱 + 箱形钢桁架）+ 次框架 + 楼面（钢梁与混凝土组合）
18	苏州中南中心大厦（499.2m）	核心筒（内置钢板或型钢混凝土）+ 巨型框架（型钢混凝土柱 + 箱形钢桁架）+ 次框架 + 楼面（钢梁与混凝土组合）
19	武汉绿地中心（475.6m）	核心筒（型钢混凝土）+ 巨型框架（型钢混凝土柱 + 箱形钢桁架）+ 次框架 + 楼面（钢梁与混凝土组合）

　　有时，为了较好地控制超高层建筑的位移，需要沿建筑高度隔一段设一层（或多层）由伸臂桁架、腰桁架组成的加强层，加强核心筒与框架柱的连接，用以缓解框架柱的剪力滞后效应和满足建筑整体位移控制，就形成了框架 – 筒体 – 伸臂钢架的改进的结

构体系。超高层建筑中，如果对剪力墙的承载力及延性有较高要求，也可以将其核心筒剪力墙设计为内置或外包钢板的剪力墙来满足要求。

近年来超高层建筑的发展还表现出构件巨型化的趋势，如巨型柱、巨型支撑以及它们与巨型桁架组成的巨型框架体系。设计经验表明，设置加强层的方法比增加主结构侧向刚度更经济，但也带来一些设计问题：

（1）造成核心筒的地震剪力和弯矩突变。有分析研究表明，在加强层附近地震剪力造成集中分布，有时要超过一倍，同样弯矩存在突变。核心筒是高层结构抗震的第一道防线，为保证整个结构的安全度，必须对核心筒采取更多的抗震加强措施。

（2）使加强层与其上下层之间产生刚度突变。因加强层本身刚度很大，通常比相关的柱刚度大很多，其构件又存在较大剪力，很难满足"强柱弱梁""强剪弱弯"的要求，所以在加强层上下层容易形成薄弱层，使有关框架柱与剪力墙在地震时率先破坏，从而引起整个建筑的破坏。

（3）使加强层与其上下层之间产生楼层受剪承载力突变。因加强层的伸臂桁架或环形桁架大部分采用斜腹杆桁架，同时加强层的框架柱和核心筒采取了相应的抗震措施，配筋或配钢率增大，导致加强层的楼层受剪承载力增大，从而使得下层与加强层的楼层受剪承载力比减小，形成薄弱层。

（4）使有关外柱内力变化加剧。在伸臂桁架端部产生竖向力，使与其连接的外柱内力增加或者减小，从而使柱内力变化加剧且外柱受力不均，按最不利条件设计时会影响经济性。

（5）增加设计与施工的工作量与难度。一般伸臂桁架与环形桁架都是钢结构，且轴力较大，与之相连的上下柱和核心筒一般都为钢筋混凝土结构。为了使二者间有效连接传递内力，通常需要在相关的混凝土结构中设置型钢构架，这样会增加设计与施工的工作量和难度、造价增加、工期延长。

（6）会增加地震响应。由于刚度增加会使第一、二周期减短，因而使地震响应增加，有时也会达到 2% 左右。

7.2.2.4 超高摩天楼的出路——建筑造型

千米高层研究初期，图 7-2-15 所示的单塔也是研究方案之一，结构体系采用了传统的超高层常用体系，计算表明：用传统的结构体系完成千米高层设计可行，但以下几点很重要：

（1）千米高层外筒能否形成对结构抗侧刚度的形成很重要。

（2）伸臂桁架贡献相比外筒体为小。

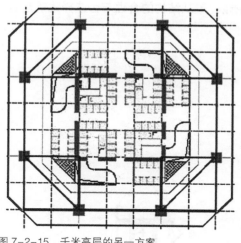

图 7-2-15　千米高层的另一方案

（3）千米高层选址对其经济性的影响加大。对本算例来讲，基本风压 $0.5kN/m^2$，地震设防烈度 7 度（$0.1g$）是合适的，风压较大的地方建这种高层建筑，解决水平力的成本很高。

（4）千米高层平面尺寸较大，为减小跨度需设内排柱，取消这些柱对竖向荷载传递不利，且可能增加很多梁高。

为了保证建筑功能使用的合理性，需要考虑到建筑的平面进深问题，尽量将每个房间的进深控制在合理的范围内，如武汉绿地中心、迪拜哈利法塔采用三叉形的建筑平面布置，如图 7-2-16 和图 7-2-17 所示。其他如图 7-2-18 和图 7-2-19 均是类似构型，说明平面不规则造型才是保证建筑使用功能的合理造型。

上述千米级高层建筑的造型告诉我们一个事实，平面不规则、连体将是未来建筑的重要造型元素。另外，为了满足结构的抗震和抗风要求，超高层建筑沿高度方向经常做成下大上小的"楔形"，用以减小上部质量和迎风面，达到增加结构稳定减少地

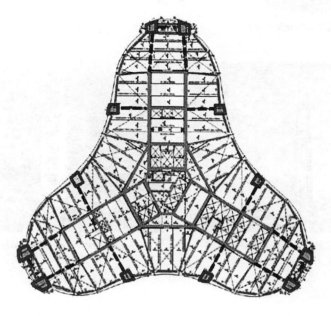

图 7-2-16　武汉绿地中心平面图

震作用和风阻力的目的。这方面的例子很多,所以,单从结构的合理与否选择建筑造型,前景并不广阔。

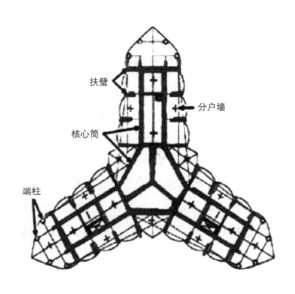

图 7-2-17　迪拜哈利法塔效果图与平面图

图 7-2-18　美国迈阿密 Miapolis 大厦 975m

图 7-2-19　迪拜一号 1000、800、600m 三栋

参考文献

[1] 中华人民共和国国家标准 . 钢结构设计标准 GB 50017—2017[S]. 北京：中国建筑工业出版社 .

[2] 中华人民共和国行业标准 . 高层民用建筑钢结构技术规程 JGJ 99—2015[S]. 北京：中国建筑工业出版社 .

[3] 中华人民共和国国家标准 . 结构用无缝钢管 GB/T 8162—2018[S]. 北京：中国标准出版社 .

[4] 中华人民共和国行业标准 . 高层建筑混凝土结构技术规程 JGJ 3—2010[S]. 北京：中国建筑工业出版社 .

[5] 中华人民共和国国家标准 . 混凝土结构设计规范（2015 年版）GB 50010—2010[S]. 北京：中国建筑工业出版社 .

[6] 中华人民共和国国家标准 . 建筑抗震设计规范（2016 年版）GB 50011—2010[S]. 北京：中国建筑工业出版社 .

[7] 中华人民共和国行业标准 . 组合结构设计规范 JGJ 138—2016[S]. 北京：中国建筑工业出版社 .

[8] 广东省地方标准 . 高层建筑钢 – 混凝土混合结构技术规程 DBJ/T 15—128—2017[S]. 北京：中国城市出版社 .

[9] 中华人民共和国国家标准 . 钢管混凝土结构技术规范 GB 50936—2014[S]. 北京：中国建筑工业出版社 .

[10] 中华人民共和国行业标准 . 空间网格结构技术规程 JGJ 7—2010[S]. 北京：中国建筑工业出版社 .

[11] 中华人民共和国行业标准 . 建筑楼盖结构振动舒适度技术标准 JGJ/T 441—2019[S]. 北京：中国建筑工业出版社 .

[12] 中华人民共和国国家标准 . 钢结构工程施工质量验收标准 GB 50205—2020[S]. 北京：中国计划出版社 .

[13] 中华人民共和国国家标准 . 钢结构焊接规范 GB 50661—2011[S]. 北京：中国建筑工业出版社 .

[14] 中华人民共和国国家标准 . 建筑钢结构防火技术规范 GB 51249—2017[S]. 北京：中国计划出版社 .

[15] 中国工程建设标准化协会标准 . 建筑钢结构防火技术规程 CECS 200:2006[S]. 北京：中国计划出版社 .

[16] 中华人民共和国行业标准 . 建筑金属围护系统工程技术标准 JGJ/T 473—2019[S]. 北京：中国建筑工业出版社 .

[17] 中华人民共和国行业标准 . 城市人行天桥与人行地道技术规范 CJJ 69—1995[S]. 北京：中国建筑工业出版社 .

[18] 吴京，隋庆海，周臻 . 深圳大运中心体育馆整体钢屋盖模型试验研究 [J]. 建筑结构学报，2010(4).

[19] 隋庆海 . 航站楼建筑结构体系若干问题的探讨 [J]. 建筑钢结构进展，2012(4).

[20] 隋庆海 . 关于超大航站楼建筑设缝问题的调查与研究 [J]. 建筑钢结构进展，2011(10).

[21] 隋庆海 . 外露式钢柱脚节点连接设计的几个问题雏议 [J]. 建筑钢结构进展，2005(2).

[22] 隋庆海 . 关于航站楼建筑屋盖结构形式发展的总结与展望 [J]. 建筑钢结构进展，2011(8).

[23] 隋庆海，史德博，申豫斌，等 . 深圳大运中心体育馆钢屋盖结构的优化设计 [J]. 建筑钢结构进展，2010(4).

[24] 隋庆海，孙建奖，申豫斌 . 铸钢与钢管相贯焊组合节点的研究与试验 [J]. 建筑钢结构进展，2010(8).

[25] 隋庆海，申豫斌，吴一红，等 . 郑州新郑国际机场改扩建工程钢屋盖的创新设计介绍 [J]. 建筑钢结构进展，2007(8).

[26] 隋庆海 . 大空间建筑幕墙桁架式立柱设计的有关问题探讨 [J]. 钢结构，2007(12).

[27] 隋庆海，赵刚 . 关于未来铸钢节点发展趋势与出路的探讨 [J]. 建筑钢结构进展，2012(10).

[28] 隋庆海，杨建华 . 汇隆商务中心 2A# 塔楼结构设计及关键技术 [J]. 建筑结构，2019(3).

[29] 隋庆海，张亚伟 . 西安奥体中心体育馆结构设计及若干技术介绍 [J]. 建筑钢结构进展，2020(12).

[30] 隋庆海 . 新郑国际机场 T2 航站楼结构设计与分析 [J]. 建筑结构，2015(4).

[31] 隋庆海，申豫斌，吴一红 . 郑州新郑国际机场改扩建工程钢屋盖结构设计 [J]. 建筑结构，2008(2).

[32] 隋庆海，吴一红，申豫斌 . 新郑机场下顶侧拉式圆钢管节点承载力的分析与试验 [J]. 建筑结构，2008(2).

[33] 吴一红，陈勇 . 千米级摩天大楼结构设计关键技术研究 [M]. 北京：中国建筑工业出版社，2018.

[34] 布正伟 . 结构构思论 [M]. 北京：机械工业出版社，2006.

[35] 刘声扬 . 钢结构疑难释义 [M]. 北京：中国建筑工业出版社，1998.

[36] 刘新，时虎 . 钢结构防腐蚀和防火涂装 [M]. 北京：化学工业出版社，2005.

[37] 潘鹏，叶列平，钱稼茹，等 . 建筑结构消能减震设计与案例 [M]. 北京：清华大学出版社，2014.

[38] 蓝天，张毅刚 . 大跨度屋盖结构抗震设计 [M]. 北京：中国建筑工业出版社，2000.

[39] 陈绍蕃 . 钢结构稳定设计指南 [M]. 北京：中国建筑工业出版社，2004.

[40] 李和华 . 钢结构连接节点设计手册 [M]. 北京：中国建筑工业出版社，1992.

[41] 魏明钟 . 钢结构设计新规范应用讲评 [M]. 北京：中国建筑工业出版社，1991.

[42] 杜侠伟 . 大跨度钢结构楼盖振动舒适度分析 [J]. 建筑钢结构进展，2020（8）.

[43] 童根树 . 钢结构设计方法 [M]. 北京：中国建筑工业出版社，2007.

后 记

　　我一直觉得，最初想编写本书是一时的冲动，有些胆大妄为。在此书基本完稿之时，我又感觉到了"千淘万漉虽辛苦，吹尽狂沙始到金"的快感。首先，在编写过程中，对不够清楚的内容需要查找资料、寻找论据，一些似是而非的问题得到了澄清，提高了自己；对相对清楚的内容，需要重新确认，坚定了自己。其次是有些自以为是的观点和论述写出来后，同事看了提出质疑，需要重新思考，更需要动很多脑子，伤很多脑筋。不过，就是在这样一来一回的过程中，使得我们对某些问题的认识更清楚，觉得自己因此收获了很多，感觉自己当初决定干这件事很有意义。

　　写书和写文章有很大不同，文章篇幅短，改一遍很快。书的篇幅长、内容多，反复一遍要很长时间，况且钢结构设计基础理论很深奥，疑难问题很多，书中不足之处，甚至是错误之处可能还有很多，望同仁批评指正。

图书在版编目（CIP）数据

建筑钢结构设计疑难问题解析与工程案例 = The
Analysis of Problems in Steel Structure Design and
the Engineering Projects / 隋庆海等著 . —北京：
中国建筑工业出版社，2022.8（2024.1重印）
ISBN 978-7-112-27641-7

Ⅰ.①建… Ⅱ.①隋… Ⅲ.①建筑结构—钢结构—结
构设计 Ⅳ.① TU391.04

中国版本图书馆CIP数据核字（2022）第 129675 号

本书主要介绍了在钢结构设计中容易碰到的一些疑难问题的解决方案，而且根据各类结构类型列出了
部分工程实例进行分析，以提供具体参考数据。本书内容共 7 章，分别为：钢结构建筑的现状与发展前景、
建筑钢结构设计常见的疑难问题、大空间钢屋盖结构设计的若干问题与工程案例、多高层钢结构设计的若
干问题与工程案例、大跨度组合楼盖结构设计的若干问题与工程案例、柱脚设计的若干问题、科研成果简介。
本书适合钢结构专业的设计、施工和管理人员参考使用。

责任编辑：高　悦　万　李
责任校对：张　颖

建筑钢结构设计疑难问题解析与工程案例
The Analysis of Problems in Steel Structure Design and
the Engineering Projects
隋庆海　刘国银　阳小泉　著
＊
中国建筑工业出版社出版、发行（北京海淀三里河路 9 号）
各地新华书店、建筑书店经销
北京海视强森文化传媒有限公司制版
建工社（河北）印刷有限公司印刷
＊
开本：787 毫米 × 1092 毫米　1/16　印张：19　字数：360 千字
2022 年 11 月第一版　2024 年 1 月第三次印刷
定价：**65.00** 元
ISBN 978-7-112-27641-7
（39744）